工业和信息化部“十四五”规划教材

机场工程结构设计

吴 瑾 张丽芳 唐 敢 毛利军 主编

科 学 出 版 社

北 京

内 容 简 介

本书面向机场工程结构对象，以机场工程建筑物(结构物)为索引，每种结构物单独列章，共7章，包括绪论、航站楼结构设计、塔台结构设计、机库结构设计、地下储油库(含卸油站)结构设计、滑行道桥结构设计、其他配套设施结构设计。以土木工程建筑结构、桥梁工程相关内容为背景知识，突出机场工程结构的特点，以“选型—构造—分析—设计”为统一逻辑进行编排。

本书可作为民航院校及土木类专业机场工程方向本科生的教材，也可作为相关方向研究生的参考教材或工程技术人员的参考书。

图书在版编目(CIP)数据

机场工程结构设计/吴瑾等主编. —北京：科学出版社，2022.9
工业和信息化部“十四五”规划教材
ISBN 978-7-03-072875-3

Ⅰ. ①机… Ⅱ. ①吴… Ⅲ. ①机场建筑物－结构设计－高等学校－教材 Ⅳ. ①TU279.7

中国版本图书馆CIP数据核字（2022）第145088号

责任编辑：余 江 陈 琪 / 责任校对：刘 芳
责任印制：张 伟 / 封面设计：迷底书装

科 学 出 版 社出版
北京东黄城根北街16号
邮政编码：100717
http://www.sciencep.com
北京九州迅驰传媒文化有限公司 印刷
科学出版社发行 各地新华书店经销
*
2022年9月第 一 版 开本：787×1092 1/16
2024年1月第二次印刷 印张：11 1/4
字数：267 000

定价：59.00元
(如有印装质量问题，我社负责调换)

前　言

民航是战略性产业，在国家开启全面建设社会主义现代化强国的新征程中发挥着基础性、先导性作用。中国民用航空局 2018 年发布的《新时代民航强国建设行动纲要》指出，到 2035 年我国运输机场数量将达到 450 个；2022 年发布的《“十四五”通用航空发展专项规划》明确，“十四五”末，力争在册通用机场达到 500 个。可以预计，在未来一二十年，我国将大力推进机场建设，通用机场建设极可能成为下一个“中国高铁”。目前，全国设置土木工程专业机场工程方向的高校较少，民航基础设施建设方面的人才相对短缺，急需培养一批机场工程基础设施建设的工程师。

南京航空航天大学土木工程专业坚持机场工程方向特色发展，在传统土木工程专业教育的基础上加强机场工程相关知识的传授和能力培养，增设了机场工程相关课程及实践环节，如“机场结构设计”“机场环境工程”“机场道面设计与维护”等。鉴于国内在机场工程结构设计方面的教材及参考书相对匮乏，为了配合课程建设，编写本书作为“机场结构设计”课程的教材。

本书在编写过程中，充分吸取了近几年来该课程教学的经验及机场建设的最新成果，力求体现研究型大学本科教学的要求，本书的特点如下。

(1) 以机场工程建筑物(结构物)——航站楼、塔台、机库、地下储油库(含卸油站)、滑行道桥及其他配套设施结构为对象，配合案例，对各类结构的选型、结构设计逐一展开论述。

(2) 以机场工程建筑物(结构物)为索引，每种结构物单独列章，章节体系完整且相对独立。

(3) 通过展示我国现代化大型机场的建设成果及工程案例，将社会主义核心价值观教育及科学精神等思政元素融入教材内容，实现思想政治教育与知识体系教育的有机统一。

(4) 围绕机场建筑结构特点，明确机场工程结构设计要点，注重建筑工程、机场工程、力学等多学科交叉与融合，培养学生解决机场结构设计中复杂工程问题的能力。

参加本书编写的有南京航空航天大学吴瑾(第 1、5、7 章)、张丽芳(第 6 章)、唐敢(第 2、4 章)、毛利军(第 3 章)。

由于编者水平有限，书中难免存在不妥之处，敬请读者批评指正。

编　者

2022 年 6 月于南京

目　录

第1章　绪　　论

航空运输作为高效率运输方式，在国内外得到了大力发展，成为拉近地区间距离、增进国际文化交流以及经济持续快速发展不可或缺的重要组成部分。相比其他运输方式，其安全性、舒适性及运输效率也得到了很大提高。在各种运输方式当中，航空运输的地位逐步提高，并成为不可或缺的运输方式之一。机场是空中交通与地面交通相互转换的设施，主要用于飞机的起降、停放与活动，其中包含相关的建筑物及设施，以确保飞机的稳定运行，保证货物、旅客的顺利转接，保证空中与地面的交通秩序。

1.1　机场的起源与发展

1910 年，在德国出现了世界上真正意义上的机场，该机场用帐篷作为如今的机库停放飞机，同时飞机的起飞与降落完全借助人为挥动信号旗来实现。由于缺少夜间照明设施，飞机无法在夜间安全起降。

20 世纪 20～40 年代，欧美国家航线大量开通，因此混凝土跑道、候机大厅等设施应运而生，这也是现代机场的前身，当时的机场建设仅仅针对飞机的工作。第二次世界大战时期，飞机的重要性日益凸显，到战争结束时，世界范围内飞机的运输与机场设施均得到了进一步发展。

随着国际之间交往逐渐频繁，航空技术与飞行技术也快速发展，这使得民用航空与航空运输的规模日趋庞大，对机场规模的要求越来越高，因此大型机场开始出现。

空中运输大众化始于 20 世纪 50 年代末期，航空运输成为地方经济发展的重要组成部分，对机场设施与建设的要求也越来越高。先进的机场设施可以满足航空运输发展需求，同时也使得周边的商业、旅游业等得到发展，并带动所在地区的经济发展。但随着飞机制造能力的提升，机场功能与规模的发展，以及飞机噪声的增加，机场改建和扩建对居民区的干扰问题也逐渐凸显出来，机场建设要考虑长期的城市协调发展等多种要素。

1.2　机场工程结构类型

机场的建设既要满足飞机的起降需求，也要具有飞行与地面转接等功能。机场的主要设施包含航站楼、塔台、机库以及其他配套设施等。机场建筑对大空间的要求较高，同时对通风采光的需求较大，因此根据机场规模的不同，多采用大跨空间结构，通过钢结构或钢筋混凝土框架与钢结构的组合等形式实现。

机场的主要结构形式多为混凝土以及平板网架组合结构，混凝土结构的主要特点是取材方便，具有更好的整体性、耐久性及抗火性等，一些小型民用机场采用了此种结构，是普及较早的结构形式。沈阳桃仙国际机场老航站楼(图 1-1)以混凝土框架结构的形式建设，柱网较小，而且没有采光天窗；深圳宝安国际机场老航站楼尽管采用三角形平板网架来搭建值机大厅以改善大厅空间，但仍然没有设置采光天窗，因此于 2003 年进行了改建，增加了漫射光天窗；郑州新郑国际机场老航站楼在设计时采用了斜交柱网，但斜交柱网的使用导致结构设施影响行人流动，因此在改造时取消了此种结构形式；北京首都国际机场老航站楼(图 1-2)的屋顶为空间曲线形焊接预应力薄壁钢管结构，指廊采用板柱、剪力墙结构，将曲线形钢结构用在屋顶建设上。高耸结构也可以采用混凝土框架剪力墙的形式，如机场塔台的建设，西安咸阳国际机场在新塔台结构设计时最终采用型钢混凝土结构，使其自重减轻、结构抗弯和抗拉能力得到改善。

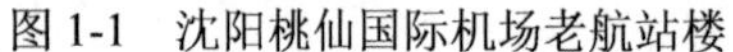

图 1-1　沈阳桃仙国际机场老航站楼

图 1-2　北京首都国际机场老航站楼

巴黎戴高乐机场将混凝土做成曲线状的壳体单元，由外侧曲线状的钢结构受拉构件进行加强，使得混凝土结构在形式应用上得到了创新，但这种创新并不成功，2004 年发生倒塌事故，造成人员伤亡(图 1-3)。

图 1-3　巴黎戴高乐机场事故现场

混凝土结构自身重量大、抗裂性差限制了大型机场的设计与建造，而钢结构具有强度高、塑性韧性好、材质均匀、方便计算、计算结果可靠等特点，因此大型机场工程多以钢筋混凝土作为竖向支撑或基座部分，上方采用空间桁架、网壳结构以最大限度地扩大机场建筑的空间，提高人与设备的流动性。上海浦东国际机场一期工程将钢筋混凝土结构用于基座和地上二层部分，并且布置了剪力墙，用来保证基座部分的刚度，钢结构则用在二层以上部分；广州白云国际机场航站楼分为主楼、东西两幢连续楼，由四条高架连廊连接。北京大兴国际机场航站楼、北京首都国际机场航站楼、上海浦东国际机场

T1 航站楼、成都双流国际机场航站楼等均以钢结构为主(图 1-4)。塔台结构体系则大多采用钢筋混凝土筒体结构，为高耸结构(图 1-5)。

(a)北京大兴国际机场

(b)北京首都国际机场

图 1-4 以钢结构为主建设的机场航站楼

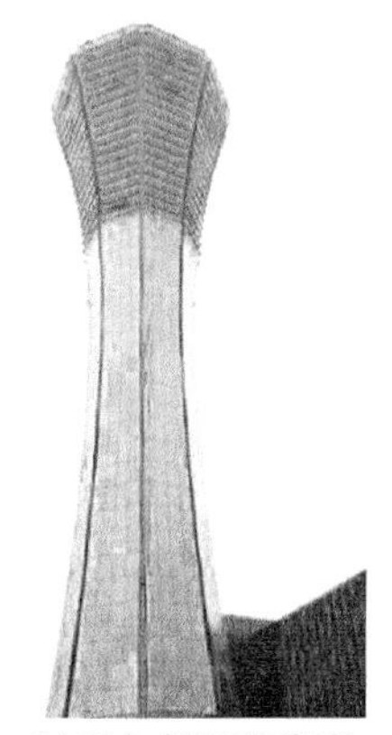
(a)西安咸阳国际机场

(b)广州白云国际机场

图 1-5 机场塔台

同样地，钢结构也满足机库的建设需求，北京首都国际机场机库采用箱型空间桁架两跨连续刚架(图 1-6)，屋盖选用了三层网架方案以满足变形要求、减少内力等；澳门国际机场则采用预应力钢拱结构建设机库屋盖。该技术起源于澳大利亚，并已推广到美国、加拿大、英国、日本等。

图 1-6 北京首都国际机场机库

1.3　机场工程结构设计原则

1.3.1　作用效应组合

为了保证机场在施工和使用时满足安全性要求与功能性要求，同时保证荷载产生的内力导致结构发生的变形在规定限值内，需要在结构设计时进行结构计算。

基本荷载组合为恒载+活载+风荷载，其中风荷载根据工程所处地域情况分为常风荷载和台风荷载。风荷载由风荷载试验确定。

结构或结构构件的破坏或过度变形的承载能力极限状态设计，以荷载效应小于抗力来控制，采用式(1-1)进行设计：

$$\gamma_0 S_d \leqslant R_d \tag{1-1}$$

式中，γ_0为结构重要性系数；S_d为荷载组合的效应设计值；R_d为结构抗力的设计值。

非抗震设计组合依据《建筑结构可靠性设计统一标准》(GB 50068—2018)及《工程结构通用规范》(GB 55001—2021)，抗震设计组合依据《建筑抗震设计规范(附条文说明)(2016年版)》(GB 50011—2010)。

(1)非抗震设计组合。

非抗震设计根据结构设计要求进行基本组合和偶然组合。

基本组合：

$$S_d = \sum_{i=1}^{m} \gamma_{Gi} G_{ik} + \gamma_P P + \gamma_{Q1}\gamma_{L1} Q_{1k} + \sum_{j>1}^{n} \gamma_{Qj}\psi_{cj}\gamma_{Lj} Q_{jk} \tag{1-2}$$

式中，G_{ik}为第i个永久作用的标准值；P为预应力作用的有关代表值；Q_{1k}为第1个可变作用的标准值；Q_{jk}为第j个可变作用的标准值；γ_{Gi}为永久作用的分项系数，按表1-1采用；γ_P为预应力作用的分项系数，按表1-1采用；γ_{Q1}、γ_{Qj}为可变作用的分项系数，按表1-1采用；γ_{L1}、γ_{Lj}为考虑结构设计使用年限的荷载调整系数，按表1-2采用；ψ_{cj}为可变作用的组合值系数，按表1-3采用。

表 1-1　建筑结构的作用分项系数

作用分项系数	适用情况	
	当作用效应对承载力不利时	当作用效应对承载力有利时
γ_G	1.3	≤1.0
γ_P	1.3	≤1.0
γ_Q	1.5	0

表 1-2　考虑结构设计使用年限的荷载调整系数 γ_L

结构设计使用年限/年	γ_L
5	0.9
50	1.0
100	1.1

注：设计使用年限为25年的结构，γ_L按材料结构设计标准的规定取用。

表 1-3 组合值系数

可变荷载种类		组合值系数
雪荷载		0.7
屋面活荷载		不计入
按实际情况计算的楼面活荷载		1.0
按等效均面荷载计算的楼面活荷载	藏书库、档案库	0.9
	其他民用建筑	0.7

偶然组合：

$$S_d = \sum_{i\geqslant 1} G_{ik} + P + A_d + (\psi_{f1}\text{或}\psi_{q1})Q_{1k} + \sum_{j>1}\psi_{qj}Q_{jk} \tag{1-3}$$

式中，A_d 为第 i 个偶然作用的设计值；ψ_{f1} 为第 1 个可变作用的频遇值系数，按有关标准的规定采用；ψ_{q1}、ψ_{qj} 为第 1 个和第 j 个可变作用的准永久值系数，按有关标准的规定采用。

(2) 抗震设计组合。

对内力组合设计值的计算：

$$S = \gamma_G S_{GE} + \gamma_{Eh} S_{Ehk} + \gamma_{Ev} S_{Evk} + \psi_w \gamma_w S_{wk} \tag{1-4}$$

式中，γ_G 为重力荷载分项系数；S_{GE} 为重力荷载代表值的效应；γ_{Eh}、γ_{Ev} 分别为水平、竖向地震作用分项系数，应按表 1-4 采用；S_{Ehk} 为水平地震作用标准值的效应；S_{Evk} 为竖向地震作用标准值的效应；ψ_w 为风荷载组合值系数，一般结构取 0.0，风荷载起控制作用的建筑应采用 0.2；γ_w 为风荷载分项系数，应采用 1.4；S_{wk} 为风荷载标准值的效应。

表 1-4 地震作用分项系数

地震作用	γ_{Eh}	γ_{Ev}
仅计算水平地震作用	1.3	0.0
仅计算竖向地震作用	0.0	1.3
同时计算水平与竖向地震作用(水平地震为主)	1.3	0.5
同时计算水平与竖向地震作用(竖向地震为主)	0.5	1.3

对于钢结构，应进行变形控制，其设计式为

$$\upsilon_{GK} + \upsilon_{Q1K} + \sum_{i=2}^{n} \psi_{ci} \upsilon_{QiK} \leqslant [\upsilon] \tag{1-5}$$

式中，υ_{GK} 为钢结构构件的变形值；υ_{Q1K} 为起控制作用的第一个可变荷载标准值在结构或结构构件中产生的变形值；υ_{QiK} 为结构中由第 i 个其他可变荷载标准值产生的变形值；$[\upsilon]$ 为容许变形值。

按表 1-2 取用结构活荷载的设计使用年限调整系数。一般情况下，机场建筑的设计使用年限为 50～100 年，因此调整系数取 1.0 或 1.1。

1.3.2 结构可靠性设计原则

结构的可靠度主要取决于两方面：一是结构上的作用；二是结构自身的内力。影响结构自身内力的主要因素是材料性能、构件尺寸参数以及计算精度等。可以用结构功能函数描述结构的工作性能，在进行结构设计时有 n 个随机变量影响结构可靠性，即 $x_1, x_2, \cdots, x_n$，用结构功能函数表达这 n 个随机变量：

$$Z = g(x_1, x_2, \cdots, x_n) \tag{1-6}$$

简化为只有结构构件的荷载效应 S 和抗力 R 来表达结构的功能函数：

$$Z = g(R, S) = R - S \tag{1-7}$$

通过不同取值，可以描述结构的工作状态：

(1) 当 $Z>0$ 时，结构处于可靠状态；

(2) 当 $Z=0$ 时，结构处于极限状态；

(3) 当 $Z<0$ 时，结构处于失效状态。

按照《建筑结构可靠性设计统一标准》(GB 50068—2018) 内容所述，由结构构件的失效模式以及构件安全等级(表 1-5)等因素来确定可靠度。针对结构不同的耐久性、安全性和适用性来确定可靠度水平。

表 1-5　建筑结构的安全等级

安全等级	破坏后果
一级	很严重：对人的生命、经济、社会或环境影响很大
二级	严重：对人的生命、经济、社会或环境影响较大
三级	不严重：对人的生命、经济、社会或环境影响较小

对于结构构件的可靠度分析，可结合充分的统计数据、使用经验与经济等因素来确定。

各类结构构件的安全等级对应的可靠指标取值宜每级相差 0.5，见表 1-6。

表 1-6　结构构件的可靠指标 β

破坏类型	安全等级		
	一级	二级	三级
延性破坏	3.7	3.2	2.7
脆性破坏	4.2	3.7	3.2

从表 1-6 中可以看出，当结构构件发生延性破坏时，可靠指标 β 值低于脆性破坏时的 β 值。

正常使用情况下，结构在极限状态的可靠指标一般取 0～1.5，可逆程度越高，取值越低。结构在移去荷载作用后却永久保持超越状态即为不可逆极限状态，反之为可逆极限状态。

第 2 章　航站楼结构设计

旅客在登机前或抵达后，办理各种手续以及休息的机场场所称为航站楼。航站楼既可以提供旅客服务，方便旅客进出和等候飞机；又可以提供地面服务，包括行李查询、飞机维修维护、机票销售等。旅客分布时空的不均匀性和非规律性导致航站楼设计具有一定的复杂性，航站楼各功能区面积的划分将会影响旅客的进出交通情况和机场的相关服务设施情况，进而影响旅客的服务满意程度。

在建筑设计中，通过对航站楼时间和空间资源的合理搭配，能够一定程度地减少交通堵塞和面积过大造成的不必要的闲置浪费，对于机场运行效率和旅客服务满意程度的提升具有一定的指导作用。而对于结构设计而言，结构形式是工程师需要加以认真考虑的关键性因素之一。航站楼的结构形式对于航站楼建筑造型、内部空间、造价工期等具有重大影响。除承担荷载等基本结构功能外，恰当的结构形式也体现出建筑设计上的美感。成功的航站楼设计是建筑美学与结构美学有机结合的结果。

2.1　航站楼功能需求

2.1.1　航站楼功能设计

机场航站楼不仅满足了旅客业务办理的需求，更融合了餐饮、娱乐、商店等生活服务设施，也包含了银行、邮局、旅游咨询台等公共服务设施。

在进行航站楼中建筑功能布置和旅客流动设计时，往往遵循以下四个基本准则：

(1) 对旅客清楚明了的定位；

(2) 尽可能短的步行距离；

(3) 尽可能少的层次变换；

(4) 将到达的旅客和离开的旅客分开。

1. 航站楼的主要功能

机场航站楼的主要功能如下：

(1) 推进运输模式的变化(火车、汽车、地铁等和飞机的换乘)；

(2) 办理旅客登机、海关申报及移民等相关手续；

(3) 给旅客提供休息、盥洗、餐饮、购物、会谈等各项服务；

(4) 对旅客进行有组织的分流，便于他们登机启程。

这四项功能往往是相互紧密联系的。为满足上述功能，航站楼内的空间往往被划分成各种功能空间，以提供各项服务，使旅客方便流动，也要清晰地让旅客明白各空间的使用和分布情况。

另外，由于航站楼内的运动既有顺向的，也有逆向的，因此在划分各区域尤其是候机大厅时应该考虑赋予其逆向工作的能力。

2. 航站楼功能划分

航站楼平面布置及各区域的轮廓划分往往是依据旅客及其行李的离开或抵达关系来设计的。

离境大厅和抵达大厅作为航站楼的主要公共空间，必然会在某处空间接合，但这两个空间又需要单独区分开。往往设置供旅客通行所需的人行过道，在解决可能存在的逆向流动问题的同时，也能利用通道将离境大厅和抵达大厅分开。当然，也存在把两块区域结合起来的机场航站楼，如上海浦东国际机场 T2 航站楼和成都双流国际机场就将离境大厅和抵达大厅在某个空间合二为一。

航站楼中离境大厅和抵达大厅的空间组成成分是有所区别的。离境大厅中比较重要的组成部分有售票处、等候区、旅客和行李检票处、信息咨询点、餐饮区域、卫生间、紧急救助室等。抵达大厅比较重要的组成部分有旅客抵达大厅、卫生间、行李提取处、海关管理处等。

除以上空间组成以外，离境大厅和抵达大厅都必须设有很多方便旅客出行的公共设施。这些功能区的形成是航站楼建筑设计的主要任务。如图 2-1 所示的客流流程图往往成为航站楼建筑功能设计和平面布置的参考依据与设计方式。

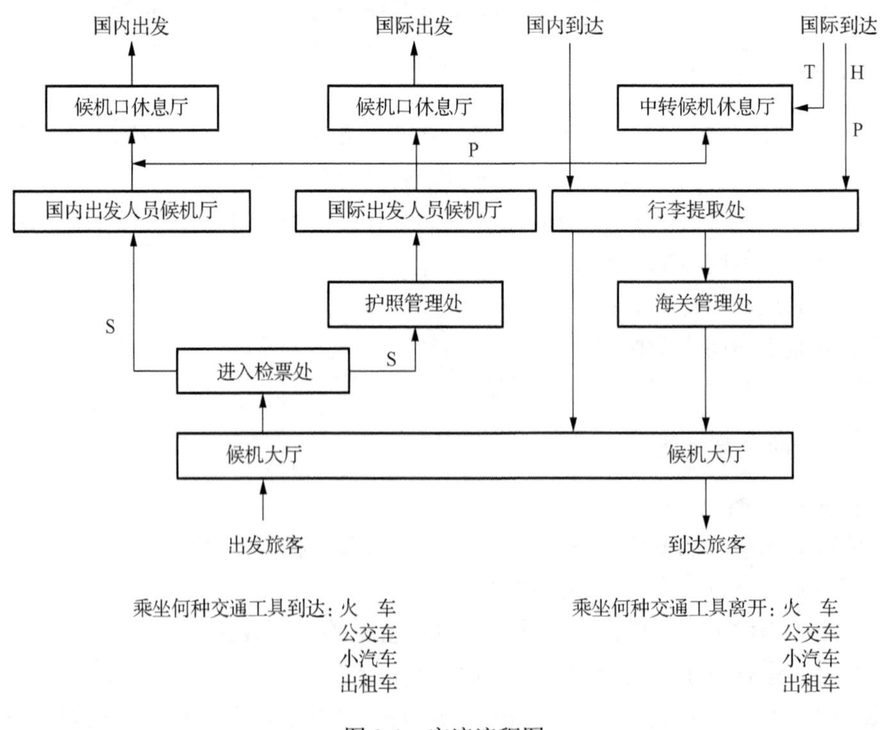

图 2-1　客流流程图

S-安全检查；H-健康检查；P-护照管理；T-中转进入检票处

2.1.2　航站楼设计布局及面积

1. 航站楼设计布局

一般情况下，可以根据各自的布局优点，将航站楼分为以下类型。

(1) 简单航站楼(单元式航站楼、半集中或分散式航站楼)；

(2) 远机位摆渡式航站楼(远距离依赖运输转接车式航站楼、集中式航站楼)；

(3) 前列式航站楼(开放式线型航站楼、半集中或分散式航站楼)；

(4) 廊道式航站楼(带指廊的中心航站楼、集中式航站楼)；

(5) 卫星厅式航站楼(带远距离卫星站的中心航站楼、集中式航站楼)。

一般情况下，设计师可以直接选择最合适的机场系统和航站楼设计布局，但是当考虑机场要进行非原地改造的扩建需求时，这种选择通常有它的局限性。例如，带指廊的中心航站楼被航空公司普遍看好，但其在扩建方面就缺少灵活机动性；而开放式线型航站楼和单元式航站楼就适合用于需要周期性扩建的情况。

2. 航站楼面积

根据美国联邦航空管理局(Federal Aviation Administration，FAA)建议的航站楼设计空间标准，建议各个区域的机场旅客人均标准空间面积如下。

(1) 检票排队区：1.4m^2；

(2) 等候和活动区：1.9m^2；

(3) 停滞区：1m^2；

(4) 行李提取区：1.6m^2；

(5) 政府职能部门检查区：1m^2。

综合考虑上述旅客空间标准，通过计算可以得出，国内航班旅客在航站楼的高峰小时人均空间为 14m^2，国际航班则为 24m^2。以上空间还要增加 20%，以满足现代安全要求：出发和抵达的旅客在空侧完全分开，并且要求有专门的安全行李托运系统。这样，每个旅客所需的总面积可达 29m^2。

由于旅客空间标准同时反映了使用的水平和空间利用的效率，因此这些标准仅供参考。另外，堵塞并非指航站楼在正常工作状态下的情况，而是在高峰时期出现的过分拥挤。

2.2　航站楼建筑设计

2.2.1　航站楼平面设计

航站楼构型选择是所有机场设计和航站楼平面设计的首要问题，机场运营好坏也与航站楼构型挂钩。机场航站楼的基本构型有指廊型、卫星型(有指廊或无指廊)、中置式(线型或 X 型)、线型、转运车型等(图 2-2)。

集中和分散的问题是进行航站楼平面设计的另一个重要问题。考虑到旅客需要办理登机手续，首先将旅客集中，在方便办理各项手续的同时通过商场来刺激潜在的消费需求。登机口与登机口之间的距离需根据机型翼展不同(表 2-1)有所区别。机位之间的间隔应在 50～85m 以满足飞机之间的净距要求，航站楼构型也要考虑到登机口的间距。

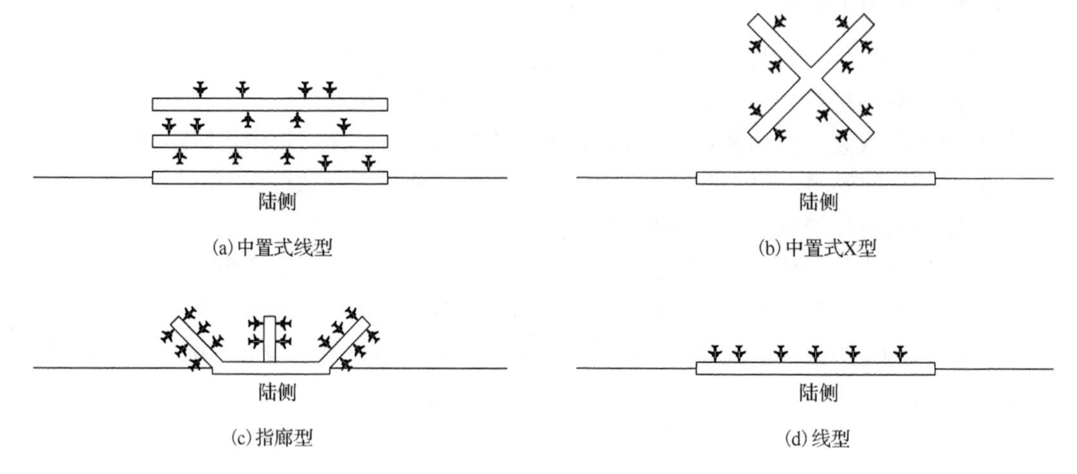

图 2-2 航站楼基本构型示意

表 2-1 典型机型的翼展

机型	翼展/m	机型	翼展/m
A300-B4	44.8	B707-300	44.4
A380-800	79.8	B747-8（洲际客机）	68.4
CL-44D-4	43.4	B767-300	47.6
图-134A	29.0	B777-200LR	64.8（伸展状态）

1. 航站楼构型

1)指廊型航站楼

指廊型航站楼俯视来看像是手指，因此得名。从图 2-2 中可以看出，指廊建筑从航站楼主体延伸出来，机位位于指廊建筑两侧。这样布局的好处是使一些机位与航站楼主体的距离更近，方便旅客登机。

另一种布局会把指廊末端设计得宽一些，俯视来看就形成了一个字母“T”。末端加宽往往是为了在 T 型交叉处设计给多架飞机提供服务的小中心区。这样的小中心区可以使旅客共用其中的设施，从而可以节省 30%以上的候机室空间。但是，这种布局中，许多飞机距离旅客所在的航站楼主体较远，导致旅客登机的步行距离增加许多。为了解决步行距离的问题，设计师经常设计短指廊或使用捷运系统。图 2-3 是北京大兴国际机场的指廊型航站楼。

2)卫星型航站楼

相较于指廊型，卫星型减少了分布于指廊两侧的机位并把机位都集中到末端，实际上属于 T 型指廊的一种扩展构型。

一般情况下，卫星厅与中央值机区在地上连接。也有一些设计把指廊置于地下，这样做的好处是能使飞机沿卫星型航站楼周围自由调度。这不仅有利于飞机操作，而且可以为航空公司节省时间和费用。卫星型航站楼与旅客航站楼的主体连接也有所不同，一部分通过捷运系统连接，另一部分则不是。表 2-2 和图 2-4 列举出一些卫星型航站楼的例子。

图 2-3　北京大兴国际机场的指廊型航站楼

表 2-2　采用卫星型航站楼的机场示例

与航站楼主体连接设施的垂直位置	捷运系统	
	无	有
地上	米兰马尔彭萨机场	坦帕国际机场
	东京成田国际机场(T1)	东京成田国际机场(T2)
地下	巴黎戴高乐机场(T1)	西雅图科卡马国际机场
	日内瓦国际机场	

图 2-4　东京成田国际机场的卫星型航站楼

3) 中置式航站楼

中置式航站楼往往是机场航站楼建筑群的一部分，通常独立地位于两条跑道之间，也可位于跑道边缘。其长度往往达到 1000m，布置约 50 个机位。与卫星型航站楼相比较，中置式航站楼在规模和距航站楼主体陆侧距离等方面均有所不同，但差别均不明显。

考虑到旅客数量和步行距离，旅客在抵达中央大楼时通常使用捷运系统。使用可靠、经济的捷运系统对中置式中央大楼的发展与运营来说是必不可少的。

线型中置式航站楼和 X 型中置式航站楼是中置式航站楼的两种基本构型。线型中置式航站楼是在两侧都设有机位的简单长形航站楼(图 2-5)。在布置上，航站楼中部往往较宽，可以设置中心购物区域，周围设置旅客步道系统。飞机可以在线型中置式航站楼机位和跑道之间穿过，因此飞机延误的情况会减少。

图 2-5　亚特兰大哈兹菲尔德国际机场的线型中置式航站楼

X 型中置式航站楼的交叉指廊与跑道的夹角为 45° 或 135°，这种构型适合于场地有限的情况。设计者可以设计垂直于平行跑道的短线型中置式航站楼或者有更多飞机停放空间的斜交式中置式航站楼来应对跑道间区域较窄的问题。由 X 型旋转 45° 可以衍生出交叉型或十字形中置式航站楼，通过减少从航站楼两端延伸出来的距离使旅客在航站楼内的步行距离减短。亚特兰大哈兹菲尔德国际机场、丹佛国际机场和伦敦斯坦斯特德机场都采用了几个平行的线型中置式航站楼，相比之下，X 型中置式航站楼一般只布置一个。

4) 线型航站楼

为了解决指廊型航站楼旅客步行距离过长的问题，设计师提出了线型航站楼的概念。线型航站楼狭长，飞机直接停在航站楼一侧，另一侧作为进场道路和停车场，通过这样的设计，旅客可以直接乘车到达登机口，然后步行登机。1970 年以后，包括巴黎戴高乐机场(T2 A-D)和慕尼黑机场(图 2-6)在内的一系列机场都按照线型航站楼来设计。后来出现了将陆侧停车区域设计成弧线的设计，这样的设计不仅使建筑更具美感，还可以为空侧飞机翼展提供更大的空间。

图 2-6　慕尼黑机场的线型航站楼

由于每个登机口前都必须设有值机柜台和安检设备，而不是集中设置在中央服务区域，从而效率低；加上单个机位无法为商场提供足够的客流，线型航站楼一般不设置零售商业区域，收益也少。因此，目前这种单纯减少步行距离的航站楼设计已经很少使用。

5)转运车型航站楼

为了避免旅客步行距离过长和节省建造指廊的费用，有设计师提出转运车型航站楼。直接用摆渡车将旅客从航站楼送至要搭乘的飞机。这种构型可以减少旅客步行距离，节省大量的建设费用，而且摆渡车可以停放在机坪任意合适的位置(图2-7)。

图2-7　摆渡车

然而，摆渡车的使用场景有限，规模小，成本高，需要培训专门的驾驶员来驾驶摆渡车，总体上单一的转运车型航站楼弊大于利。

目前，只有极少数机场使用单一的转运车型航站楼，如华盛顿杜勒斯国际机场。这种单一的转运车型航站楼正逐渐消失，而是转变为混合构型并被广泛应用。

6)集中式和分散式布局

集中式布局只有一幢大型航站楼，可以设置通往机场的专用通道，火车和其他公共交通方式进出机场也很方便。

分散式布局则修建许多小型航站楼(图2-8)，它的优点是缩短了旅客的步行距离，设计上更加人性化；缺点是航站楼相互之间须进行旅客的转运，不能为所有旅客提供便捷的中心地铁站。

图2-8　纽瓦克自由国际机场的分散式布局航站楼

2. 航站楼构型选择

整体水平、季节变化与中转率这三个旅客交通特性和可扩展或适应不同类型交通的灵活性共同决定了航站楼的性能，其中前者是主要影响因素。

选择航站楼构型不仅考虑的是单层次的分析方法，而且需要综合考虑航站楼的各项需求，要采用系统的研究方法。通过分析以往的设计结果、结合创新的内容，才可能设计出最合适的构型。

经验表明，较好的航站楼构型设计应：

(1) 考虑特定的环境、地点、交通类型，以及各使用者的需要；

(2) 满足客户和业主的各种特殊需要，而这些需要很难用简单的原理来描述；

(3) 具有灵活性，在航站楼使用期限内，其构型能够满足旅客不断变化的需要。

2.2.2 航站楼剖面设计

在进行航站楼剖面设计时，往往采用在航站楼内改变楼层面的方式，既可以将到达和出发的旅客分开，也有利于行李运输和安全，从而提高旅客和行李运输的运行效率。

选择单层、两层还是多层航站楼，往往需要考虑以下 4 个因素：①旅客人数；②到达与中转旅客及国内航班与国际航班旅客是否容易混乱；③步行距离和机场容量的关系；④使用该航站楼的飞机类型和大小。

目前常用的基本布局如下：

(1) 单层航站楼、单层道路抵达、停机坪与飞机相连，主要用于最简单的小型机场；

(2) 一层半或两层航站楼、单层道路抵达、高架通道连接飞机，主要用于中小型机场；

(3) 两层航站楼、双层道路抵达、高架通道连接飞机，主要用于最普及的大中型机场；

(4) 两层或三层航站楼、高架双层道路抵达、高架通道连接飞机，主要用于大型、特大型机场。

另外，为了应对多层航站楼较复杂的流线问题，设计时的一项重要任务是建立高效的运输模式并给人清楚的方向感。因而，建筑设计应提供合理的标志和提示以帮助人们找到方向，并用不同的标志将一些重要关口，如主要出入口、检票处和海关标出。

2.2.3 航站楼立面设计

航站楼往往是整个机场的中心，其立面造型通常代表了整个机场的形象，也常常是一个城市或地区的门户。另外，航站楼也是地面与空中交通的枢纽，应具有交通建筑的特点，立面设计的定位应该是轻盈、流畅、通透。

大型航站楼的平面构成一般分为两种：一种是由许多单元体组合而成，这些单元体还可以组合成立面，其设计的特点是通过巧妙的比例和尺寸使重复与连续的单元体产生美感(图 2-9、图 2-10)；另一种是以不同平面的使用空间为基础，通过覆盖在这些使用空间上的大跨度屋面造型来表达交通建筑的动态感，具有极强的震撼力(图 2-11、图 2-12)。

图 2-9　中国香港国际机场

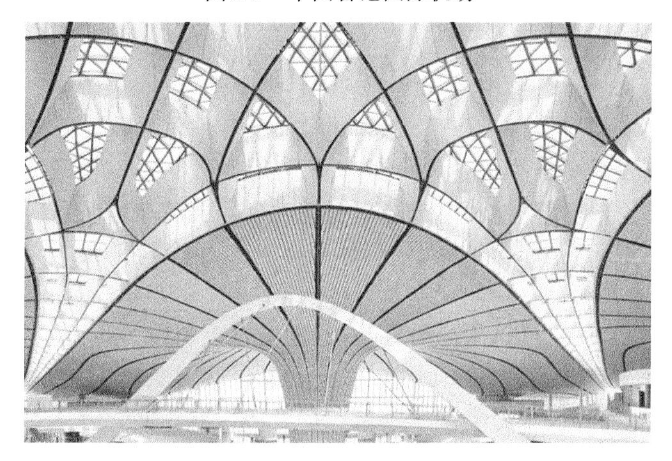

图 2-10　北京大兴国际机场

图 2-11　上海浦东国际机场

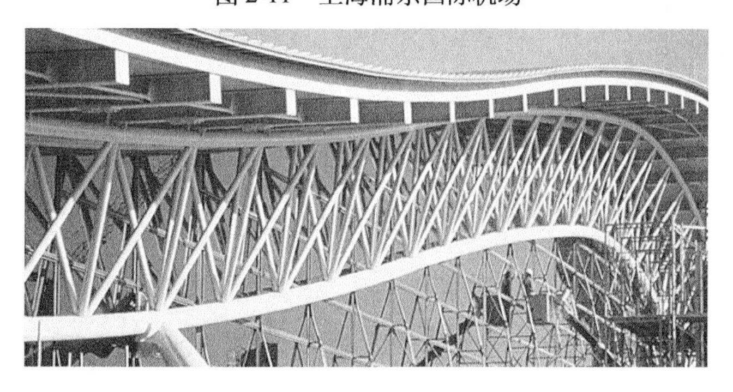

图 2-12　日本关西国际机场

2.3 航站楼结构选型

航站楼结构通常可以分为室内主体和屋盖结构，根据建筑造型与功能要求以及结构受力的特点，室内主体主要采用混凝土框架结构体系，屋盖主要采用大跨度空间钢结构体系。

2.3.1 航站楼室内主体混凝土结构选型

1. 结构体系的确定

结构设计时，应首先综合考虑航站楼功能、航站楼高度和层数、航站楼抗震设防类别和烈度、所在场地的地基条件、现场施工等因素，确定航站楼室内主体的结构体系。然后进行具体的结构布置，应注意：

(1) 航站楼结构设计应采取尽量合理的建筑设计和结构布置，考虑有哪些结构和施工措施是必要的，尽量避免或少设置结构变形缝；

(2) 在满足航站楼使用功能和建筑造型的基础上，合理布置柱、墙等竖向构件和梁、板等水平构件，使其形成整体的空间结构体系，从而有效抵抗航站楼所受的竖向荷载和水平荷载；

(3) 合理布置主要用于抵抗水平荷载的结构构件(抗剪构件)，使结构的抗侧力刚度中心尽量与水平荷载合力线重合或接近，以减少因其偏心对航站楼产生的扭矩；

(4) 结构宜布置为超静定结构，应避免由部分结构或构件的破坏导致整个结构垮塌。

2. 地基及基础设计

地质条件、承载力、上部结构等是决定基础形式的重要因素，需要根据不同的情况综合考虑。根据工程地质勘查资料，综合考虑结构类型、地质条件、施工条件等因素，进行地基及基础设计。地基和基础的设计步骤如下：

(1) 确定地基承载力；

(2) 选择地基和基础的类型；

(3) 选择基础埋深；

(4) 确定基础结构形式和材料；

(5) 确定基础布置和尺寸；

(6) 验算地基和基础的稳定性、沉降；

(7) 进行施工图设计并绘制基础的施工详图。

3. 局部调整

在整体设计的基础上对局部构造进行调整及优化，主要包括如下几项。

(1) 结构主要受力构件，如承重较大的柱可采用钢柱或钢骨混凝土柱，板跨度较大时可采用井字梁或预应力空心楼板；

(2) 非结构构件，需要考虑其对主体结构的有利及不利影响，并应有可靠的连接构造；

(3) 考虑装修需要及其他专业对结构构件的要求等。

4. 抗震设计

抗震设计是航站楼结构设计中的一项重要环节。《建筑工程抗震设防分类标准》(GB 50223—2008) 中规定：空运建筑中，国际或国内主要干线机场中的航站楼抗震设防类别应划为重点设防类。

航站楼结构方案的确定还应考虑施工技术、材料供应等条件，做到便于施工，符合实际。

2.3.2 航站楼屋盖钢结构选型

航站楼屋盖部分主要为大跨度空间钢结构，其常用的结构形式有如下几种。

1. 悬索结构形式

悬索结构的主要受力构件是预应力高强度索，索通常由钢绞线、钢丝绳或高强度材料制成的钢丝束制成，也可以由高强度钢筋或预应力钢筋制成。

悬索结构通过索的轴向预张力抵抗外部荷载，索不承受弯矩，从而可以充分利用材料的抗拉强度。因而，悬索结构的自重往往较小，可以跨越较大跨度，安装时不需要大型吊装设备，但其支撑结构往往需要承受较大的荷载。

悬索结构使用灵活，可以应用于多种建筑形式，可创造物理性能良好的建筑空间。声学要求较高的公共建筑可以采用双曲凹碟形悬索屋盖，其具有良好的声学性能。采用悬索屋盖也比较容易满足室内照明的高要求。图 2-13、图 2-14 为采用悬索结构的航站楼。

图 2-13　美国旧金山国际机场航站楼

图 2-14　华盛顿杜勒斯国际机场航站楼

2. 桁架结构形式

桁架中的杆件大部分情况下受拉力或压力，其应力分布均匀，材料自重较轻且不容易损坏。但是钢桁架的杆件和节点较多，构造较为复杂。

萨格勒布国际机场航站楼(图 2-15)由沿两个方向弯曲的空间桁架组成包络结构，部署了数以万计的预制钢管和节点，由动态框架结构构成了大厅的顶部。北京大兴国际机场航站楼(图 2-16)由支撑结构及上部屋盖两大钢结构部分构成。平面关于南北中轴线对称分布，竖向分布于 2～4 层楼面；上部屋盖为由若干不规则自由曲面组合而成的不规则曲面球节点双向交叉桁架结构。

图 2-15　萨格勒布国际机场航站楼

3. 张拉膜结构形式

张拉膜结构作为一种可塑性强、适应性强的结构体系，由稳定的双曲空间张拉膜面、支撑杆系、支撑索和边索组成。其大致可分为索网式结构和屋脊式结构两种。张拉膜结构体系的表现力强，结构性能强，但相应的造价稍高，施工要求也高。图 2-17、图 2-18 为张拉膜结构航站楼。

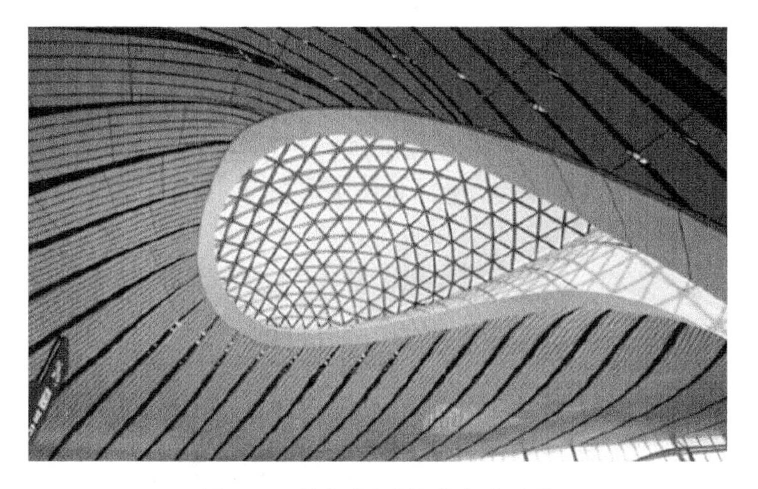

图 2-16　北京大兴国际机场航站楼

图 2-17　丹佛国际机场航站楼

图 2-18　中国香港国际机场航站楼

4. 树枝状支撑结构形式

树枝状支撑结构的外形酷似树木，由主干和分支组成，从主干派生出一级分支，再由一级分支派生出二级分支。它相当于用多点支承代替传统柱的单点支承，受力更加均匀，既能减小上部水平构件的跨度，也不影响下部空间的使用功能。图 2-19、图 2-20 为采用树枝状支撑结构航站楼。

图 2-19　上海浦东国际机场 T2 航站楼

图 2-20　德国斯图加特机场航站楼

2.4　航站楼静力设计

2.4.1　荷载取值及荷载组合

1. 永久荷载

永久荷载应包括结构构件、围护构件、面层及装饰、固定设备、长期储物等的自重，结构自重的标准值可按结构构件的设计尺寸与材料单位体积的自重计算确定。

2. 活荷载

均布活荷载标准值可按照国家规范《建筑结构荷载规范》(GB 50009—2012)选用，机场大厅的均布活荷载标准值常常按3.5kN/m^{2}考虑，通风机房和电梯机房取为7.0kN/m^2，不上人屋面的均布活荷载标准值取为0.5kN/m^2。

3. 风荷载

航站楼屋盖往往跨度大、结构柔、自重轻，属于典型的风荷载敏感结构，故结构设计中的基本风压w_0取值应适当提高(如取100年重现期)。地面粗糙度可按《建筑结构荷载规范》(GB 50009—2012)选取。

计算风荷载标准值的公式如下：

$$w_k = \beta_z \mu_s \mu_z w_0 \tag{2-1}$$

式中，β_z为风振系数；μ_s为体型系数；μ_z为风压高度变化系数，根据《建筑结构荷载规范》(GB 50009—2012)中的表8.2.1按高度分段取值。

对于体型复杂、跨度大的航站楼，风振系数、体型系数等由风洞试验确定。

4. 雪荷载

航站楼屋盖结构同样对雪荷载敏感，取100年重现期的基本雪压，屋面高低起伏不同时，应考虑二次堆雪和雪荷载不均匀分布，对屋面凹陷处按《建筑结构荷载规范》(GB 50009—2012)的7.2.1条取积雪分布系数。

5. 温度荷载

根据工程当地的气候特征资料，同时参考《建筑结构荷载规范》，结构考虑温度作用，取升温和降温两种工况。

6. 地震作用

根据实际工程情况选择采用底部剪力法或振型分解反应谱法等计算地震作用。混凝土和钢结构的抗震等级由工程实际确定。

航站楼混凝土和钢结构部分多为大跨度结构，可依据《建筑抗震设计规范(附条文说明)(2016年版)》(GB 50011—2010)的5.1.1条，根据实际确定是否考虑竖向地震作用；依据《建筑抗震设计规范(附条文说明)(2016年版)》的5.1.4条及5.3.2条进行地震作用计算。

荷载组合要求详见1.3节。

2.4.2 航站楼结构设计

1. 结构单元划分

航站楼多属于超长的大型混凝土结构，体型复杂，平立面不规则，依据《建筑抗震设计规范(附条文说明)(2016 年版)》(GB 50011—2010)和《混凝土结构设计规范(2015年版)》(GB 50010—2010)，应对航站楼结构进行结构单元划分，合理布置变形缝，各个结构单元可单独设计。

2. 混凝土结构计算模型

为满足建筑布局灵活多变的功能要求，综合考虑，航站楼室内主体结构多采用现浇钢筋混凝土框架结构。

1)航站楼框架结构的组成和布置

(1)柱网和承重框架的布置。

框架结构的柱网布置需要同时满足生产工艺的要求和建筑平面布置的要求，也要使得结构受力合理、施工便利。

一般情况下，柱在两个方向均应有梁拉结，即沿房屋纵、横方向均应布置梁系，使实际的框架结构形成一个空间受力体系。但为计算分析方便起见，可把实际框架结构看成纵、横两个方向的平面框架。沿建筑物长向的称为纵向框架，沿建筑物短向的称为横向框架。纵向框架和横向框架分别承受各自方向上的水平力，而楼面竖向荷载会因为不同的楼盖布置方式而产生不同的传递方式：如现浇平板楼盖，竖向荷载向距离较近的梁上传递；对于预制板楼盖，竖向荷载则传至搁置预制板的梁上。按楼面竖向荷载传递路线的不同，承重框架的布置方案有横向框架承重、纵向框架承重和纵横向框架混合承重等几种。

(2)变形缝的设置。

由于航站楼的功能复杂、平面狭长、形状复杂和不对称，因此各部分的刚度、高度、重量相差较大，通常需要设置变形缝(伸缩缝、沉降缝、防震缝)来解决热胀冷缩、不均匀沉降、地震作用等因素所引起的结构或构件的损坏。

2)航站楼框架结构内力与水平位移的计算方法

如图 2-21 所示，框架结构是一个空间受力体系，结构分析时有按空间结构分析和简化为平面结构分析两种方法。在制订方案和初步设计阶段，为尽快确定结构布置方案和构件截面尺寸，可以采用简单的近似计算方法进行估算。现浇钢筋混凝土框架结构按弹性理论的近似计算方法主要有竖向荷载作用下的分层法、水平荷载作用下的反弯点法和改进反弯点法(D 值法)。随着计算机性能和设计软件计算能力的提高，目前结构计算多采用空间结构分析方法。

按弹性方法计算得到的框架层间水平位移 Δu 除以层高 h，得弹性层间位移角 θ_e 的正切。由于 θ_e 较小，故可近似地认为 $\theta_e=\Delta u/h$。我国《建筑抗震设计规范(附条文说明)(2016年版)》规定了钢筋混凝土框架结构弹性层间位移角限值为 1/550。

3)内力组合

(1)最不利内力组合。

框架结构梁、柱的最不利内力组合主要如下。梁端截面：$+M_{max}$、$-M_{max}$、V_{max}。梁跨中截面：$+M_{max}$。柱端截面：$|M|_{max}$ 及相应的 N、V，N_{max} 及相应的 M，N_{min} 及相应的 M。

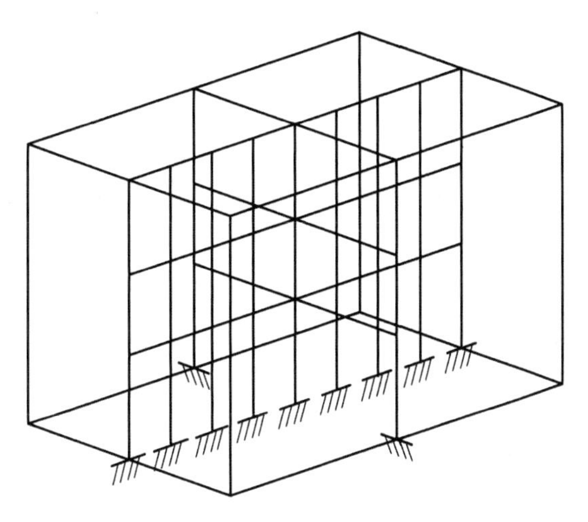

(a)空间框架计算模型

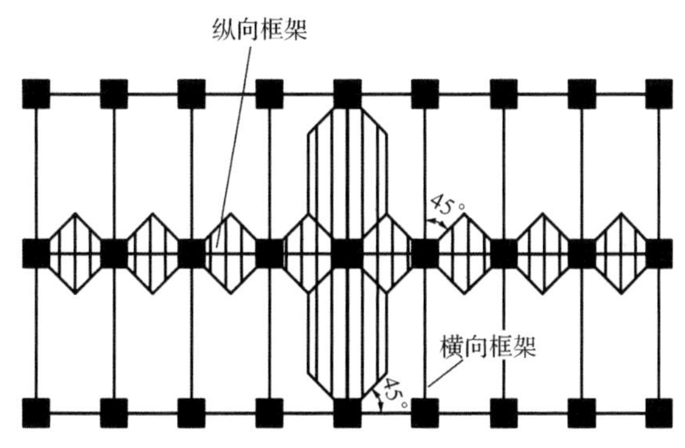

(b)横向框架、纵向框架的竖向荷载负荷面积

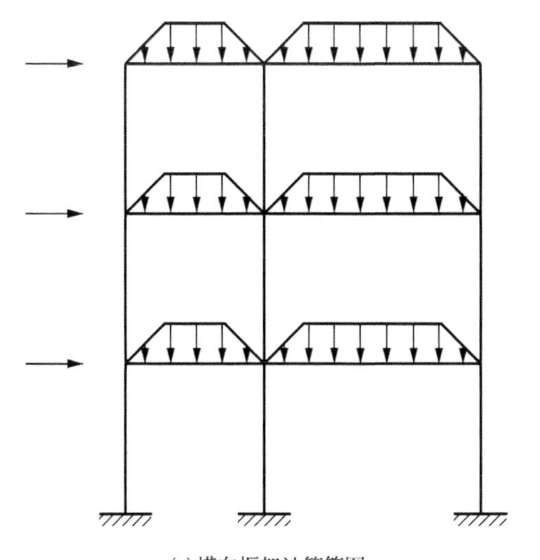

(c)横向框架计算简图

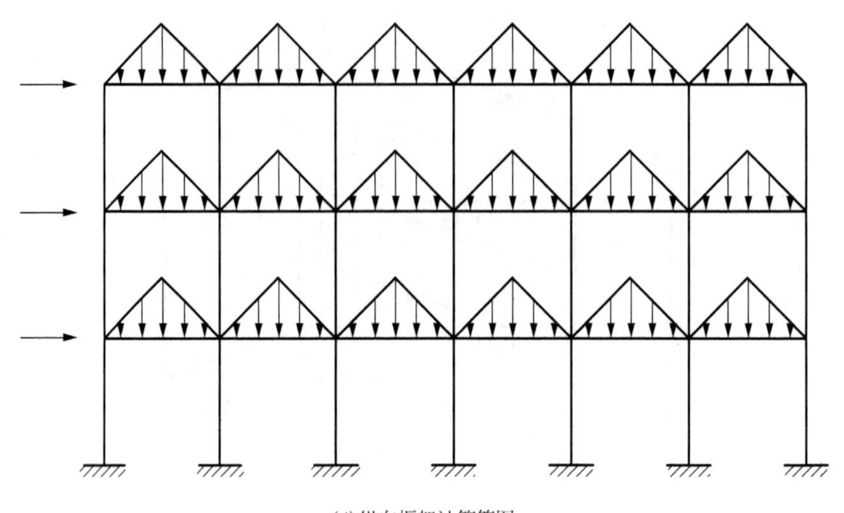

(d)纵向框架计算简图

图 2-21　框架结构的计算单元和计算简图

同时，在进行截面设计时，框架梁跨中截面正弯矩设计值不应小于竖向荷载作用下按简支梁计算的跨中弯矩设计值的 50%。

(2)竖向活荷载的最不利位置。

考虑活荷载最不利位置主要有四种方法：分跨计算组合法、最不利荷载位置法、分层组合法、满布荷载法。

分跨计算组合法：先将活荷载逐层逐跨单独地作用在结构上，分别计算出结构内力分布，根据不同构件、不同截面、不同内力情况，叠加组合出最不利内力。

最不利荷载位置法：采用影响线方法，直接确定某一指定构件截面产生最不利内力的活荷载位置。

分层组合法：对活荷载的最不利位置作如下简化：①对于梁，只考虑本层活荷载的最不利布置，而不考虑其他层活荷载的影响；②对于柱端弯矩，只考虑柱相邻上、下层的活荷载的影响，而不考虑其他层活荷载的影响；③对于柱最大轴力，则考虑在该层以上所有层中与该柱相邻的梁上满布活荷载的情况，但对于与柱不相邻的上层活荷载，仅考虑其轴向力的传递而不考虑其弯矩的作用。

满布荷载法：当活荷载产生的内力远小于永久荷载及水平力所产生的内力时，可不考虑活荷载的最不利布置，但求得的梁跨中弯矩比最不利荷载位置法的计算结果要小，因此往往对梁跨中弯矩乘以 1.1～1.2 的系数予以增大。

(3)梁端弯矩调幅。

按照框架结构的合理破坏形式，在梁端出现塑性铰是允许的，为了便于浇捣混凝土，也往往希望节点处梁的负钢筋放得少些。因此，在进行框架结构设计时，一般均对梁端弯矩进行调幅，即人为地减小梁端负弯矩，减少节点附近梁顶面的配筋量。

必须注意，只对竖向荷载作用下的内力进行弯矩调幅，即水平荷载作用下产生的弯矩不参与调幅，因此，弯矩调幅应在内力组合之前进行。

梁端弯矩调幅后，在相应荷载作用下的跨中弯矩必将增加，如图 2-22 所示。此时，应校核该梁的静力平衡条件，即调幅后梁端弯矩 M_A、M_B 的平均值与跨中最大正弯矩 M_{C0} 之和应不小于按简支梁计算的跨中弯矩值 M_0：

$$\frac{\left|M_A+M_B\right|}{2}+M_{C0}\geqslant M_0 \tag{2-2}$$

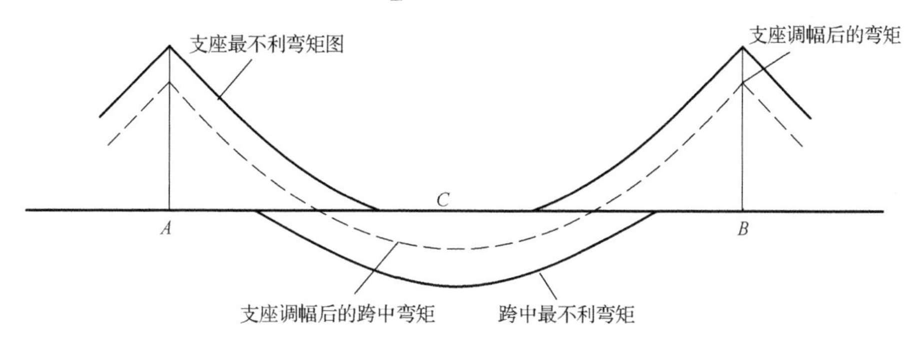

图 2-22　支座弯矩调幅

4) 构件截面设计

(1) 框架梁设计。

应分别针对非抗震设计与抗震设计，进行梁的正截面受弯和斜截面受剪承载力计算，取最大值进行相应的配筋计算。

(2) 框架柱设计。

综合考虑最不利内力组合，采用计算所得的最大配筋面积作为实际配筋面积最小限值，同时注意各柱的剪跨比和轴压比均应满足规范要求。另外，在进行柱截面承载力计算时应注意，依据《混凝土结构设计规范(2015 年版)》(GB 50010—2010) 规定，在一、二、三、四级抗震等级框架结构的底层，柱下端截面组合的弯矩设计值应分别乘以增大系数 1.7、1.5、1.3 和 1.2。

3. 钢结构计算模型

航站楼屋盖结构类型有桁架、网架、悬索和张拉膜结构等，其中桁架结构类型较为常见，桁架结构的外形简洁、流畅，可适用于多种结构造型，结构受力明确，这里主要讲述桁架钢屋盖结构的计算方法。

1) 桁架主要尺寸确定

桁架的主要尺寸包括它的跨度 L 和高度 h(包括梯形屋架的端部高度 h_0)。

跨度：桁架的跨度应根据使用和工艺方面的要求确定，同时应考虑结构布置的经济性和合理性。

高度：桁架的高度由建筑要求、经济高度、刚度条件、运输界限及屋面坡度等因素来决定，桁架的最大高度一般不能超过运输界限(铁路运输界限为 3.85m)，最小高度应满足桁架挠度容许值(永久及可变荷载标准值产生的挠度的容许值为 $L/400$，可变荷载标准值产生的挠度的容许值为 $L/500$)。对于梯形桁架，通常根据桁架形式和工程经验确定端部高度 h_0，然后根据屋面材料和屋面坡度确定跨中高度。

2) 屋盖支撑布置与设计

由于弦杆与腹杆在屋架平面内构成了几何不变体系且具有较大的刚度，平面桁架钢屋架能承受屋架平面内的各种荷载。但在垂直于屋架平面方向(通常称为屋架平面外)，不设支撑体系的平面屋架的刚度和稳定性很差，不能承受水平荷载。因此，当采用平面桁架作为主要承重结构时，支撑是屋盖结构的必要组成部分。

屋盖支撑系统一般包括：①横向水平支撑；②纵向水平支撑；③垂直支撑；④系杆。

3) 桁架杆件设计

(1) 桁架杆件的计算长度与容许长细比。

① 弦杆和单系腹杆的计算长度。

杆件的计算长度 l_0 为其几何长度 l 与计算长度系数 μ 的乘积，其值取决于屈曲时构件两端位移所受到的约束程度。

在桁架平面内(图 2-23)，弦杆、支座竖杆和支座斜杆的两端节点上相交的压杆多、拉杆少，杆件本身的线刚度又大，所以嵌固程度较弱，同时考虑到这些杆件在桁架中较重要，一般偏安全地将其视为铰接，计算长度系数 μ 取为 1.0，即 $l_{0x}=l$。对于非支座处腹杆，往往一端与受压(上)弦杆相连，嵌固程度不大，近于铰接；另一端与受拉(下)弦杆相连，嵌固程度较大，近于刚接，计算长度取 $l_{0x}=0.8l$；在斜平面(斜平面是指与桁架平面斜交的平面，适用于构件截面两主轴均不在桁架平面内的单角钢腹杆和双角钢十字形截面腹杆)，取 $l_{0斜}=0.9l$。

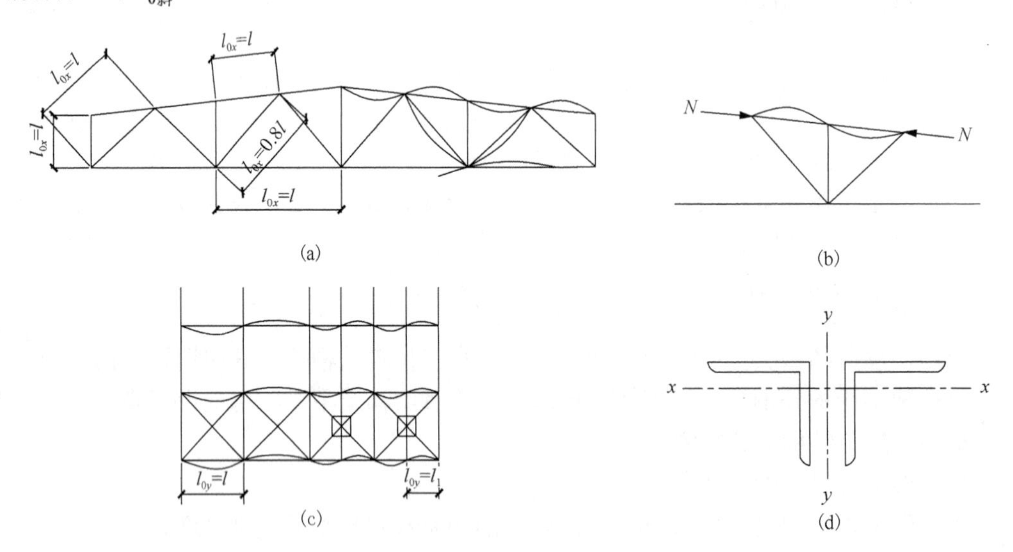

图 2-23 屋架杆件的计算长度

在桁架平面外(图 2-23)，上、下弦杆的计算长度应取其侧向支承点之间的距离 l_1，即 $l_{0y}=l_1$。侧向支承点必须是桁架横向支撑或垂直支撑及与其用系杆相连的各个节点。当腹杆平面产生外屈曲时，弦杆对其的嵌固作用不大，腹杆在桁架平面外的计算长度取其几何长度，即 $l_{0y}=l$。

② 变内力弦杆的计算长度。

如图 2-24 所示，受压弦杆侧向支承点间的距离 l_1 常为弦杆节间长度的 2 倍，且两节间的弦杆轴心压力有变化(设 $N_1>N_2$)。由于杆截面没有变化，用 N_1 验算整根弦杆的平面外稳定时，计算长度直接取为 l_1 显得过于保守。此时，该弦杆在桁架平面外计算长度的计算公式为(但不应小于 0.5 l_1)：

$$l_0 = l_1\left(0.75 + 0.25\frac{N_2}{N_1}\right) \tag{2-3}$$

式中，N_1 为较大的压力，计算时取正值；N_2 为较小的压力或拉力，计算时压力取正值，拉力取负值。

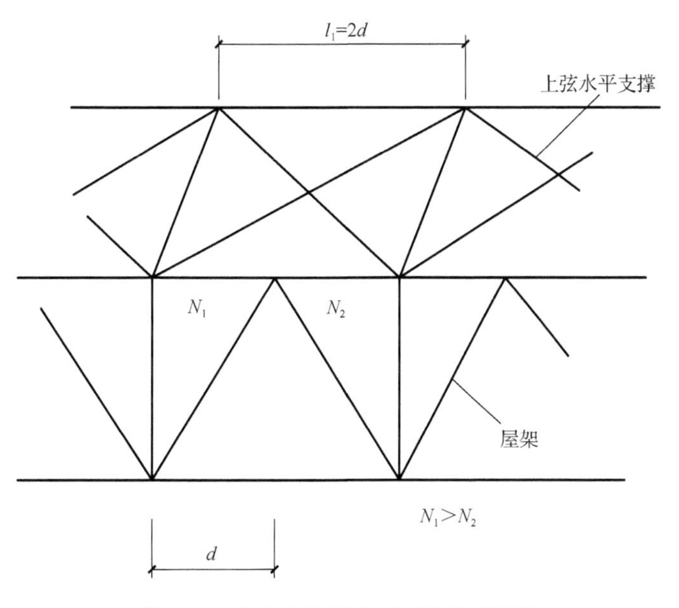

图 2-24　变内力弦杆的平面外计算长度

③ 交叉腹杆的计算长度。

如图 2-25 所示，交叉腹杆在交叉点处通常有两种构造方式：两杆均不断开、一杆不断开而另一杆断开。无论是否有腹杆断开，它们在交叉点处总是相互连接的。

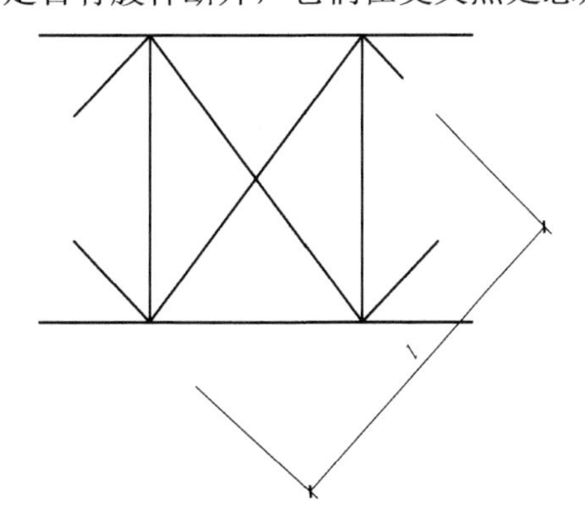

图 2-25　交叉腹杆的计算长度

在桁架平面内，无论另一杆为拉杆还是压杆，认为两杆可互为支承点，计算长度可取节点中心到交叉点间的距离，即 l_{0x}=0.5l。

在桁架平面外，拉杆可以作为压杆的平面外支承点，而压杆除非受力较小且又不断开，否则不能起支点作用。因此，在桁架平面外的计算长度与杆件的受力性质、大小及交叉点的连接构造有关。

④ 容许长细比。

桁架杆件的容许长细比应根据《钢结构设计标准(附条文说明[另册])》(GB 50017—2017)的 7.4.6 条和 7.4.7 条规定取用。对于压杆，一般取[λ]=150；对于支撑的受压杆件，一般取[λ]=200。对于拉杆，当承受静荷载或设有轻、中级工作制吊车厂房间接承受动荷载时，取[λ]=350；当直接承受动荷载或有重级工作制吊车厂房间接承受动荷载时，取[λ]=250；对于支撑的受拉杆件，一般取[λ]=400。

(2)桁架杆件的截面设计。

桁架杆件类型主要有角钢、工字钢、矩形管和圆管，但是出于对航站楼屋盖跨度较大、对美观要求较高的考虑，桁架杆件主要选取矩形管和圆管。圆管或矩形管的截面材料都分布在远离中性轴的位置，且是剪心和形心重合的封闭截面，具有良好的防腐蚀性能。

对于管桁架，截面选择须注意以下几点：为了防止钢管构件的局部屈曲，圆钢管的外径与壁厚之比一般要求不超过$100\sqrt{235/f_y}$，矩形管的最大外边缘尺寸与壁厚之比不超过$40\sqrt{235/f_y}$；原则上既可采用热加工管材，也可采用冷成型管材，但其材料的屈强比$f_y/f_u \geqslant 0.8$。

桁架杆件一般可简化为轴心拉杆和轴心压杆，当上弦杆或下弦杆有节间荷载时，分别为压弯杆件或拉弯杆件。

4)桁架节点设计

钢桁架中的各杆件在节点处通常是焊接在一起的，也可用高强螺栓连接。节点的构造应使传力路线明确、简洁，制作安装方便。

对于圆管和矩形管，近年来数控切割机的应用使得管端相贯线的切割变得十分简单，外观简洁、传力直接的相贯焊节点在工程中得到普遍应用。

(1)管桁架相贯焊节点设计的一般原则。

管桁架相贯焊节点设计有下列一些规定及构造要求。

① 支管与主管的连接节点处，除搭接节点外，应尽可能避免偏心。但为了构造方便，避免连接处各杆件相互冲突，允许将腹杆轴线和弦杆轴线偏心汇集，如图 2-26 所示。

若支管与主管的连接偏心不超过式(2-4)的限制，在计算节点和受拉主管承载力时，可忽略由偏心引起的弯矩的影响，但受压主管必须考虑此偏心弯矩 $M=\Delta N \cdot e$ (ΔN 为节点两侧主管轴力之差值)的影响。

$$-0.55 \leqslant \left(\frac{e}{h}\text{或}\frac{e}{d}\right) \leqslant 0.25 \tag{2-4}$$

式中，e 为偏心距；d 为圆主管外径；h 为连接平面内的矩形主管截面高度。

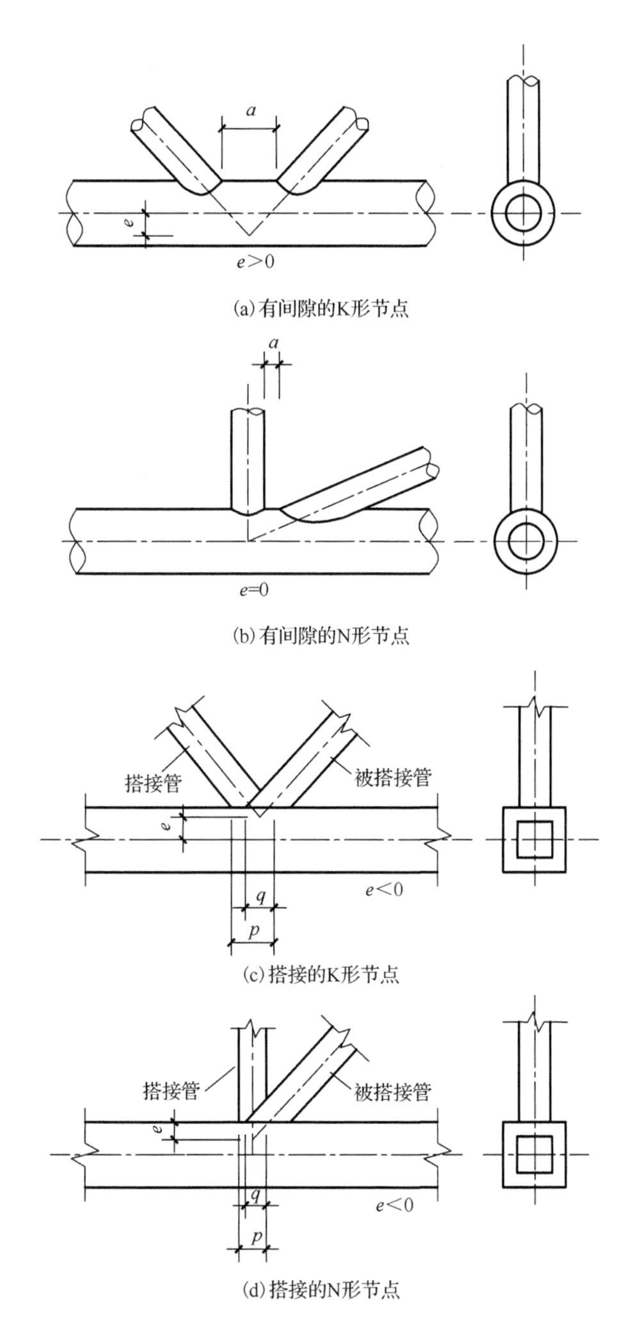

图 2-26　K 形和 N 形管节点的偏心和间隙

② 主管的外部尺寸不应小于支管的外部尺寸，主管的壁厚不应小于支管壁厚，在支管与主管连接处不得将支管插入主管内。

③ 主管与支管或两支管轴线之间的夹角不宜小于 30°。

④ 支管与主管的连接焊缝应沿全周连续焊接并平滑过渡；支管与主管之间的连接可沿全周采用角焊缝，也可部分采用对接焊缝(图 2-27 中的 A 区和 B 区)、部分采用角

焊缝(图 2-27 中的 C 区)，支管管壁与主管管壁之间的夹角大于或等于 120°的区域宜用对接焊缝或带坡口的角焊缝；为避免焊接应力和焊接热影响区过大，角焊缝的焊脚尺寸 h_f不宜大于支管壁厚的 2 倍。

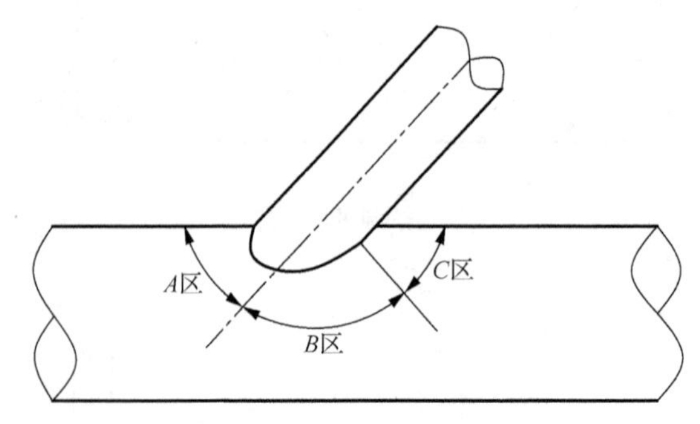

图 2-27　管端焊缝位置

⑤ 支管端部宜使用自动切管机切割，支管壁厚小于 6mm 时可不切坡口。

⑥ 在有间隙的 K 形或 N 形节点中(图 2-26(a)、(b))，支管间隙 a 应不小于两支管壁厚之和。

⑦ 在搭接的 K 形或 N 形节点中(图 2-26(c)、(d))，其搭接率 $O_V=q/p\times100\%$应满足 $25\%\leqslant O_V\leqslant100\%$，且应确保搭接部分的支管之间的连接焊缝能可靠地传递内力。

⑧ 在搭接节点中，当支管厚度不同时，薄壁管应搭在厚壁管上；当支管钢材强度等级不同时，低强度管应搭在高强度管上。

⑨ 钢管构件在承受较大横向荷载的部位应采取适当的加强措施，防止产生过大的局部变形。构件的主要受力部位应避免开孔，当必须开孔时，应采取适当的补强措施。

⑩ 钢管端部必须完全封闭，防止潮气侵入而锈蚀。

(2)连接焊缝的计算。

在管桁架相贯焊节点处，支管沿周边与主管相焊，焊缝承载力应等于或大于节点承载力。

在管结构中，支管与主管的连接焊缝可视为全周角焊缝，作用力通过焊缝形心的正面直角角焊缝按式(2-5)进行强度计算，但取正面角焊缝的强度设计值增大系数 $\beta_f=1.0$。

$$\sigma_f=\frac{N}{h_e l_w}\leqslant\beta_f f_f^w \tag{2-5}$$

式中，σ_f 为按角焊缝有效截面（$h_e l_w$）计算的垂直于焊缝长度方向的应力（N/mm^2）；N 为轴心拉力或轴心压力(N)；h_e 为角焊缝的计算厚度(mm)；l_w 为角焊缝的计算长度(mm)，对每条焊缝取实际长度减去 $2h_f$，h_f 为焊缝高度（mm）；β_f 为角焊缝的强度设计值增大系数；f_f^w 为角焊缝的强度设计值（N/mm^2）。

角焊缝的计算厚度 h_e 沿支管周长是变化的，当支管轴心受力时，平均计算厚度可取 $h_e=0.7h_f$。

角焊缝的计算长度 l_w 可按下列公式计算。

① 在圆管结构中，按式(2-6)和式(2-7)取支管与主管的相交线长度。

当 $d_i / d \leqslant 0.65$ 时，有

$$l_w = (3.25d_i - 0.025d)\left(\frac{0.534}{\sin\theta_i} + 0.466\right) \tag{2-6}$$

当 $d_i / d > 0.65$ 时，有

$$l_w = (3.18d_i - 0.389d)\left(\frac{0.534}{\sin\theta_i} + 0.466\right) \tag{2-7}$$

式中，d、d_i 分别为主管和支管的外径；θ_i 为支管轴线与主管轴线的夹角。

② 在矩形管结构中，按式(2-8)～式(2-10)取支管与主管的相交线长度。

对于有间隙的 K 形和 N 形节点：

当 $\theta_i \geqslant 60°$ 时，有

$$l_w = \frac{2h_i}{\sin\theta_i} + b_i \tag{2-8}$$

当 $\theta_i \leqslant 50°$ 时，有

$$l_w = \frac{2h_i}{\sin\theta_i} + 2b_i \tag{2-9}$$

当 $50° < \theta_i < 60°$ 时，l_w 按插值法确定。

对于 T、Y 和 X 形节点：

$$l_w = \frac{2h_i}{\sin\theta_i} \tag{2-10}$$

式中，h_i、b_i 分别为支管的截面高度和宽度。

当支管为圆管、主管为矩形管时，焊缝计算长度取为支管与主管的相交线长度减去 d_i。

(3) 节点承载力的计算。

对于圆钢管相贯焊节点承载力计算，当支管直接接于主管时，为保证节点处主管的强度，支管的轴心力不得大于下列规定中的承载力设计值。

受压支管：

$$N_c \leqslant N_c^{pj} \tag{2-11}$$

受拉支管：

$$N_t \leqslant N_t^{pj} \tag{2-12}$$

式中，N_c、N_t 分别为支管的轴心压力和轴心拉力；N_c^{pj}、N_t^{pj} 分别为受压或受拉支管的承载力设计值。

节点形式不同，受压或受拉支管的承载力设计值不同，圆钢管相贯焊节点通常有 X 形、T 形、Y 形、K 形、TT 形和 KK 形等形式。

2.5　航站楼实例分析

2.5.1　实例 1：上海浦东国际机场航站楼设计

1. 建筑设计

上海浦东国际机场 T2 航站楼位于 T1 航站楼对面，通过中部的交通中心衔接两个航站楼，航站楼平面图和立面图如图 2-28 和图 2-29 所示。

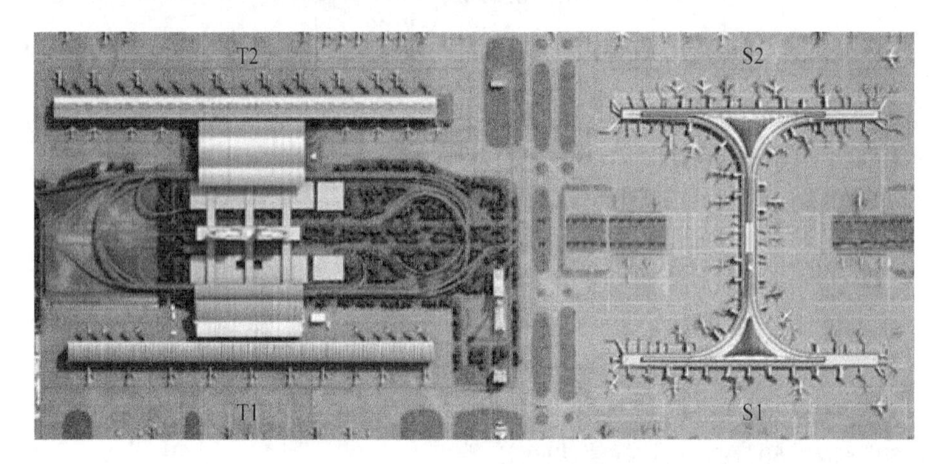

图 2-28　上海浦东国际机场平面图

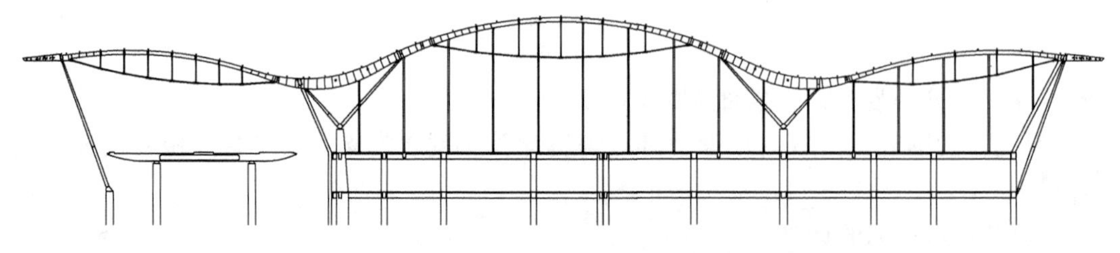

图 2-29　航站楼立面图

T2 航站楼建筑面积为 48 万 m^2，由航站楼主楼、连接廊和前列式候机指廊三部分组成。航站楼旅客流程为“三层式”布局，航站楼主楼为地上三层，其中地面层主要是行李处理机房，第二层主要是行李到港提取厅及迎客大厅，第三层主要是国际国内出发办票厅；候机指廊为地上三层，其中地面层是设备机房和站坪服务用房，第二层是国内候机厅，在第二层和第三层之间设有夹层，作为国际到达旅客的通道，第三层是国际候机厅。主楼和候机指廊三层为大空间，一、二层的柱网相对较小，采用钢筋混凝土结构与钢结构混合的体系适应这一建筑特点。

航站楼的屋面造型直接影响航站楼的建筑效果。航站楼主楼的屋面由几片连续的弧形组成，弧形屋面从车道边到办票厅，穿过联检区到达出发候机厅，整个室内空间连续完整、视线畅通。连续大跨度的曲线钢屋架作为主要造型元素，构成了 T2 航站楼的主旋律，Y 形钢柱支撑的曲线形梁沿旅客流程方向有节奏地开合，间或有梭形天窗点缀其间，室内空间简洁、明朗且富有很强的方向感。指廊上同样覆盖着弧形屋面，两侧微微起翘，并结合室内使用功能在端部适当放大，与主楼形成既统一又富有变化的整体，连续的大跨度钢结构屋面自然形成了室内连续通畅、富有韵律的空间。在航站区对称布局的基础上，通过曲线形的屋面构成了与 T1 航站楼的协调呼应关系，共同组成了上海浦东国际机场的门户形象。T2 航站楼建筑外立面及部分室内立面与 T1 航站楼相似，大量采用清水混凝土，以取得特定的装饰效果。

2. 结构选型

结构体系不仅是实现建筑功能的基础和保证，更是展现时代风貌、创造生动的建筑空间的重要手段。合理的结构体系应满足以下几项原则。

(1) 满足功能需要。T2 航站楼出发候机厅采用岛式办票柜台，考虑到旅客排队等候、办票、交运行李等的需要，岛的间距一般在 36m；另外，一、二层的行李分拣和提取设施大致也需要 18m 的柱网布置。

(2) 创造良好的空间环境，为旅客带来舒适的心理感受。航站楼作为大型现代交通建筑，需要为旅客提供快捷、高效的服务，通常以简洁明快的结构体系形成宽敞明亮的大空间，使旅客在复杂的功能和流线中能够感到安全与舒适。

(3) 采用成熟技术，经济合理，易于施工维护。

为了减少柱子的数量，使建筑空间更加通透开敞，T2 航站楼柱网开间为 18m，主楼混凝土框架结构采用双向后张预应力梁，减小梁高以增加建筑净高，并改善结构抗裂性能及方便布置设备管道。候机长廊和连接体在 18m 跨的大柱网方向设置了单向预应力梁。钢结构梁架的合理间距为 9m，因而在 18m 柱网和 9m 梁架之间需要设计一种合理的结构构件作为连接。为此，T2 航站楼设计了独具特色的 Y 形分叉柱，如图 2-30 所示。

图 2-30　Y 形分叉柱

通过多次结构计算和结果对比分析，最终将 Y 形柱的分叉点设置于靠近柱脚约 1/3 处，柱子的截面尺寸随着高度的增加逐渐变小，最低点与混凝土柱刚接，最高点通过销轴与屋面梁铰接。整个钢柱与结构的受力情况完全相符，下部稳健有力，上部轻巧精致，在合理的结构布置和新颖的建筑造型之间取得平衡，完美地体现了技术与艺术的和谐之美。

如图 2-31 所示，钢屋盖除覆盖航站楼室内范围，还覆盖了航站楼楼前的入口高架，其长度为 414m、宽度为 217m。钢屋盖采用刚柔并济的多跨连续张弦梁结构，其主要由落于下部混凝土框架柱上的 Y 形钢柱直接支撑。每个混凝土中部框架柱上设置有两个沿宽度方向倾斜的 Y 形钢柱，边柱上设置一个向外倾斜的 Y 形钢柱，从而减小张弦梁的跨度。Y 形钢柱沿长度方向设置有间距为 9m 的分叉，将 18m 的混凝土柱距转化为张弦梁的 9m 间距，为屋盖檩条体系设计提供了方便。另外，这种布置使得张弦梁直接搁置于 Y 形钢柱柱顶，传力直接，不需要转换。

图 2-31 波形钢屋盖

整个 T2 航站楼混凝土结构在基础以上部分，被变形缝(兼作防震缝及伸缩缝)划分为 28 个相互独立的框架结构单元，单元平面尺寸一般为 72m×72m，最大单元平面尺寸为 108m×95m。对于平面尺寸较大的单元，在施工阶段设置后浇带，以进一步减小混凝土收缩的不利影响。

候机长廊钢屋盖总长 1432m，与下部混凝土结构对应，分为 20 个 72～108m 的结构区段。

主楼钢屋盖纵向以变形缝分成 90m 或 72m 的 5 个区段，与下部混凝土结构的分缝对应；在横向，217m 的长度跨越了三个混凝土框架结构单元，由于没有合适的断缝位置，同时考虑到屋盖波状的外形在该方向对温度应力的释放能力较强及支承钢柱较小的刚度，不再设置变形缝，采用连续的多跨结构，但在结构分析中对温度变化及不同基座的非均匀沉降影响均进行了充分考虑。

3. 结构设计

以 T2 航站楼主楼 C 区为例，其整体结构的计算模型如图 2-32 所示。钢屋架梁、Y 形钢柱均为变截面构件，在计算模型中以分段等截面杆件来模拟。对于钢屋架下弦钢棒，采用梁单元进行模拟，考虑其拉弯受力状态。因为 Y 形钢柱柱顶连接于钢梁下翼缘，偏离钢梁形心轴，所以在钢梁和柱顶之间增加一段虚拟刚性杆件来模拟梁柱偏心连接。

1) 荷载及组合

钢屋盖结构恒荷载由以下几个部分组成：主结构自重，以 D_s 表示；主次檩条、屋面建筑层和幕墙自重，以 D_a 表示；屋面配重(为抵抗屋面吸风荷载，在钢屋架梁内进行灌浆)，以 D_p 表示。其中，主结构自重由程序自动计算，主次檩条和屋面建筑层自重按照实际重量取值为 0.6kN/m²，幕墙自重取值为 1.0kN/m²。

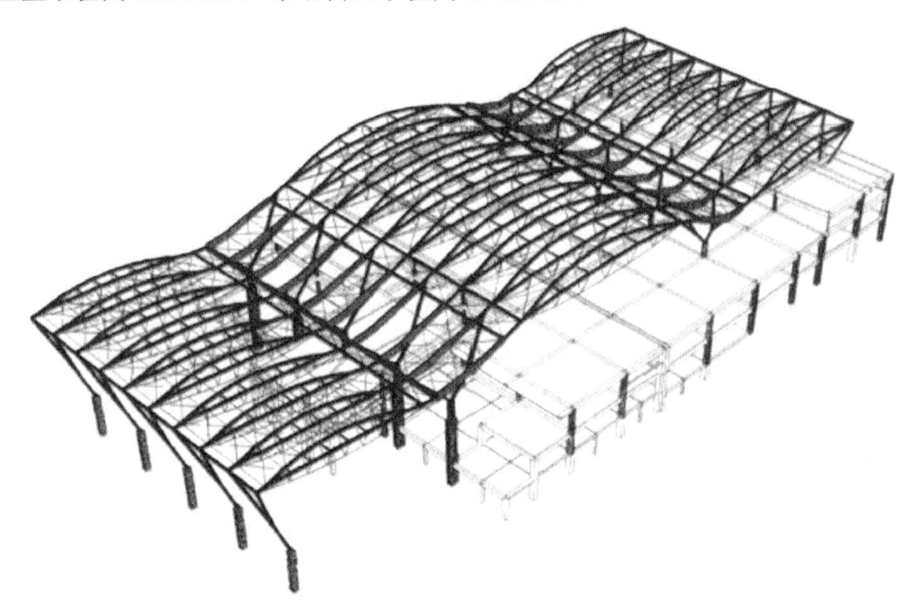

图 2-32　主楼 C 区整体结构的计算模型

屋面活荷载按大跨度轻质屋面取值为 0.3kN/m²，以 Live 代表。

风荷载考虑水平和竖向作用，根据荷载规范和风洞试验结果取值。主楼 A 区和 C 区的纵向幕墙受到的水平风荷载代号为 W_x，分为左风和右风；主楼 A 区山墙幕墙受到的水平风荷载代号为 W_y；屋面受到的竖向风荷载代号为 W_z，根据风洞试验和分析研究报告，考虑风振效应。

温度作用考虑±40℃的温差，以 Tmpr 代表。

地震分析时，采用振型分解反应谱法计算地震作用，重力荷载代表值取为 1.0 恒载+0.5 活载；结构的阻尼比取为 0.02；场地特征周期为 0.9s；小震、中震的水平地震影响系数最大值分别为 0.08 和 0.224，竖向地震影响系数最大值取为水平地震影响系数最大值的 65%；主楼计算时考虑 250 个参与振型。x 向水平、y 向水平和竖向小震作用的代号为 E_{xs}、E_{ys}、E_{zs}，中震作用的代号为 E_{xm}、E_{ym}、E_{zm}。

弹性时程分析采用上海人工模拟地震地面加速度时程曲线 SHW1、SHW2、SHW3、SHW4，罕遇地震加速度时程最大值取 220cm/s²。三向地震波输入，沿屋盖跨度方向的水平横向、垂直于跨度方向的水平纵向以及竖直方向的峰值输入比例有两种，即 1∶0.85∶0.65 和 0.85∶1∶0.65。

钢屋盖结构承载力极限状态验算采用的荷载基本组合原则见表 2-3，其中含有地震作用的各基本组合应按 7 度小震和 7 度中震两种情况分别计算，对表 2-3 中的 1、4、9 项等组合工况还按是否考虑几何非线性效应进行对比计算。

表 2-3　承载力极限状态验算荷载基本组合

组合类别	基本组合公式		备注
重力荷载	1	$1.35(D_s+D_p+D_a)+0.7\times1.4\text{Live}$	
重力荷载+温度作用	2	$1.35(D_s+D_p+D_a)+0.7\times1.4\text{Live}+\text{Tmpr}(\pm40℃)$	
重力荷载+风荷载	3	$1.2(D_s+D_p+D_a)+1.4\text{Live}+0.6\times1.4(W_{x左右},W_{y左右}+W_z)$	
	4	$1.2(D_s+D_p+D_a)+0.7\times1.4\text{Live}+1.4(W_{x左右},W_{y左右}+W_z)$	
	5	$0.9(D_s+D_p+0.6D_a)+0.7\times1.4\text{Live}+1.4(W_{x左右},W_{y左右}+W_z)$	Live 取为 0
重力荷载+风荷载+温度作用	6	$1.2(D_s+D_p+D_a)+1.4\text{Live}+0.6\times1.4(W_{x左右},W_{y左右}+W_z)+\text{Tmpr}(\pm40℃)$	
	7	$1.2(D_s+D_p+D_a)+0.7\times1.4\text{Live}+1.4(W_{x左右},W_{y左右}+W_z)+\text{Tmpr}(\pm40℃)$	
	8	$0.9(D_s+D_p+0.6D_a)+0.7\times1.4\text{Live}+1.4(W_{x左右},W_{y左右}+W_z)+\text{Tmpr}(\pm40℃)$	Live 取为 0
重力荷载+水平地震	9	$1.2[(D_s+D_p+D_a)+0.5\text{Live}]+1.3(E_{x左右},E_{y左右})$	
重力荷载+水平地震+风荷载	10	$1.2[(D_s+D_p+D_a)+0.5\text{Live}]+1.3(E_{x左右},E_{y左右})+0.2\times1.4(W_{x左右},W_{y左右}+W_z)$	
重力荷载+竖向地震	11	$1.2[(D_s+D_p+D_a)+0.5\text{Live}]+1.3E_z$	
重力荷载+水平地震+竖向地震	12	$1.2[(D_s+D_p+D_a)+0.5\text{Live}]+1.3(E_{x左右},E_{y左右})+0.5E_z$	
重力荷载+水平地震+竖向地震+风荷载	13	$1.2[(D_s+D_p+D_a)+0.5\text{Live}]+1.3(E_{x左右},E_{y左右})+0.5E_z+0.2\times1.4(W_{x左右},W_{y左右}+W_z)$	

2）结构模态分析结果

采用 SAP2000 和 ANSYS 两种程序对主楼 A 区、C 区整体结构进行计算，得到的结构自振周期见表 2-4。

表 2-4　*A* 区和 *C* 区结构自振周期

A 区整体结构自振周期/s			*C* 区整体结构自振周期/s		
模态	SAP2000	ANSYS	模态	SAP2000	ANSYS
1	1.84	1.91	1	1.93	1.94
2	1.49	1.48	2	1.61	1.70
3	1.21	1.42	3	1.27	1.21
4	1.20	1.33	4	1.09	1.12
5	1.04	1.20	5	0.94	1.12
6	0.88	1.00	6	0.87	1.00
7	0.82	0.89	7	0.81	0.82
8	0.81	0.85	8	0.75	0.79
9	0.79	0.76	9	0.74	0.73
10	0.79	0.73	10	0.67	0.71

分析结果表明：主楼钢屋盖 *A* 区、*C* 区的低阶振型都是以横向或纵向的水平振动为主，结构基本振型周期较长，说明由于 Y 形钢柱抗侧刚度有限，且钢屋架跨度较大，钢屋盖整体结构的水平刚度不大；在满足正常使用条件的同时，结构较柔，使得钢屋盖和 Y 形钢柱所受的地震作用较小。另外，不同于一般的大跨度结构，由于下弦钢棒的存在，钢屋架在低阶振型中没有出现明显的跨中竖向振动，说明钢屋盖竖向刚度较大。

3) 弹性静力分析结果

在竖向恒活载和风荷载组合下弹性静力分析和几何非线性分析对比结果表明，在重力荷载作用下，几何非线性分析对杆件的应力变化影响很小，一般在 5%以内；在重力荷载＋风荷载作用下，几何非线性分析对绝大部分杆件的应力影响较小，仅部分钢柱、钢梁的应力变化超过 20%，但由于这些变化较大的杆件的应力本身很小，并不影响整体结构的安全性。故采用弹性静力分析的结果用于设计是可行的。

T2 航站楼整体结构的弹性静力分析（含地震反应谱分析）和校核结果表明，该结构在荷载作用下是安全的且具有一定的安全储备。

4) 弹性时程分析结果

采用 ANSYS 对航站楼主楼 *A* 区、*C* 区、四个典型候机长廊的整体结构进行罕遇地震作用下的弹性动力时程分析。结果表明：部分 Y 形钢柱构件、采用 Q345 钢材的纵向联系钢梁和部分交叉支撑在罕遇地震下可能超过屈服点，进入塑性状态，其中，采用 Q345 钢材的边跨纵向联系钢梁的应力较大，其余大部分杆件和下弦钢棒均处于弹性状态。

4. 节点设计

1) 钢棒和铸钢件的连接节点

腹杆与下弦采用钢棒和铸钢件的连接节点，如图 2-33 所示，主要具备以下优点：

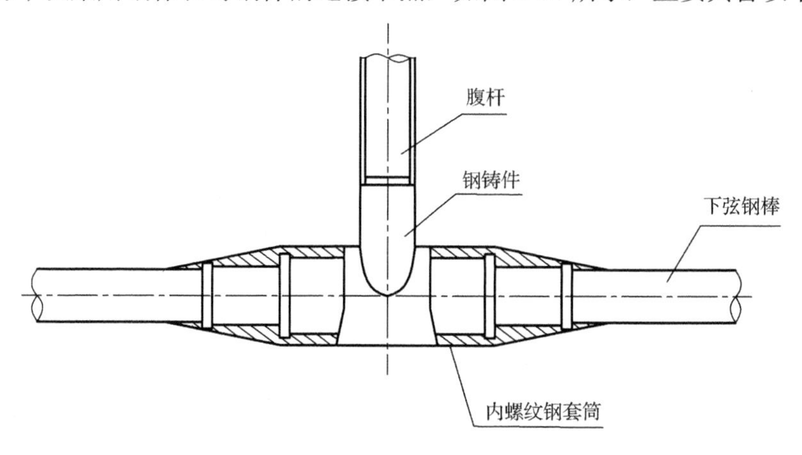

图 2-33　钢棒和铸钢件的连接节点

(1) 钢棒和铸钢件均为外螺纹，可确保强度；

(2) 钢套筒由高强圆钢加工而成，材质均匀，外形较小，可确保内螺纹强度；

(3) 通过旋转钢套筒连接钢棒与铸钢件，施工方便，且旋转套筒便于张拉。

2) 柱顶铰节点

柱顶铰节点(图 2-34)，是连接 Y 形钢柱和钢梁的重要节点，Y 形钢柱与钢梁的变形协调要求柱顶在沿屋架跨度方向和垂直于跨度方向都有一定的转动能力，并能够有效传递轴力和剪力，传统的单向销铰连接显然不能满足要求，T2 航站楼创造性地采用机械领域应用较为成熟的向心关节轴承实现柱顶的理想铰。

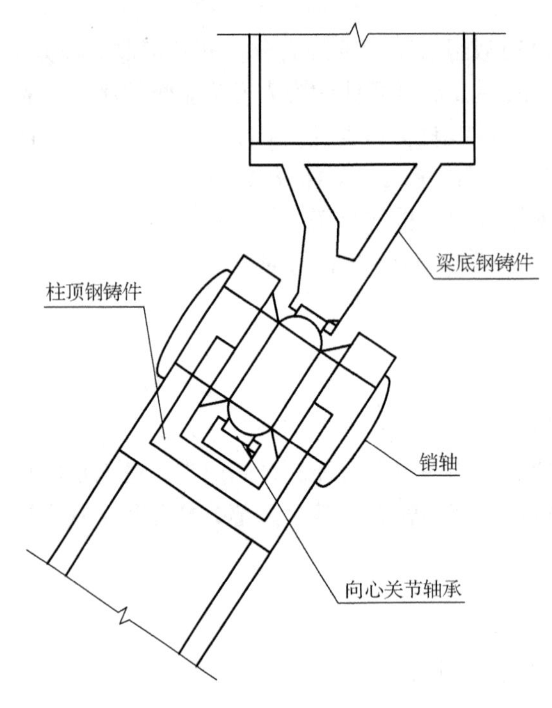

图 2-34　柱顶铰节点

5. 抗震及抗风

1) 抗震设计

根据我国现行的抗震设防目标，结构设计采用“三水准、两阶段”的设计方法。对于大多数航站楼，通常只需要进行第一阶段抗震结构设计，第三水准设计要求可通过相应结构体系布置和抗震构造措施来满足。对于像上海浦东国际机场 T2 航站楼这类结构复杂的大跨度结构，往往需要进行第二阶段罕遇地震设计，对航站楼结构进行静、动力非线性分析，分析结果能够直观清楚地反映出航站楼结构的薄弱部位、薄弱杆件、弹塑性发展和破坏过程，满足“大震不倒”的第三水准抗震设防设计要求。

上海浦东国际机场 T2 航站楼大跨度张弦梁钢屋盖的抗震设计复杂性主要体现在以下几方面：

(1) 难以直接预估大跨度张弦梁钢屋盖下弦受拉钢棒在地震下的力学性能；

(2) 大跨度张弦梁钢屋盖主要由 Y 形钢柱直接支撑，超静定次数较少，存在连续性倒塌的可能性，为确保满足“大震不倒”的第三水准设计要求，不仅要对 Y 形钢柱进行大震下的弹塑性位移控制，还需控制其在大震下的应力水平；

(3) Y 形钢柱落于多个混凝土框架结构单元上，上部钢结构与下部混凝土结构相互影响、共同作用，必须建立整体模型进行有限元分析才能反映航站楼的力学性能。

总之，在上海浦东国际机场 T2 航站楼结构设计过程中，除对包含下部混凝土结构的屋盖体系进行弹性阶段的分析外，还采用动力弹塑性时程分析的方法，考察了整体结构的抗震性能，并特别对 Y 形钢柱的应力历程进行了跟踪。

2) 抗风设计

T2 航站楼屋盖为典型的大跨度空间钢结构，其阻尼小、柔度大、质量轻，结构自振周期和风速的长卓越周期比较接近，加之波浪形的外形，其对风荷载十分敏感，因此，基本风压重现期按 100 年考虑。

按我国现行荷载规范规定，T2 航站楼钢屋盖设计应考虑脉动风对结构受到的风荷载作用的放大效应。首先，由于 T2 航站楼钢屋盖结构处于气流分离和再附着区，其随机激励输入具有明显的非定常性，直接根据风速谱推导出压力激励谱是不合适的；其次，屋盖结构跨度大，脉动风压的空间相关性影响显著且与结构体型密切相关；最后，屋盖结构固有振型密集，采用模态叠加法时必须考虑高阶模态及模态间耦合效应的影响。所以，在计算脉动风对 T2 航站楼钢屋盖结构的作用时，不能直接套用规范现成的公式和图表。为此，针对 T2 航站楼屋盖结构研究了其风致振动，参照现行荷载规范关于风振系数的思路，通过风洞试验和结构动力分析相结合的方法，根据结构随机振动理论，采用阵风响应因子来计算等效静力风荷载。

由于现行的《建筑结构荷载规范》(GB 50009—2012) 没有适用于本工程屋面形式的明确可行的表面风压分布数据可供参考，为此分别委托同济大学土木工程防灾国家重点实验室和上海现代建筑设计(集团)有限公司建筑风工程仿真技术研究中心对 T2 航站楼做了刚性模型风洞试验和数值风洞模拟分析。定义来流风从西面沿中轴线方向吹向 T2 航站楼时风向角为 0°，按顺时针方向增加。试验风向角间隔取为 15°，即试验中共完成了 24 个风向的作用。

2.5.2　实例 2：江苏某机场航站楼设计

1. 建筑设计

1) 工程概况

机场定位为 4E 级国际机场，共设有 26 个近机位、5 个远机位。航站楼设计使用年限为 50 年，航站楼建筑面积约为 10.8 万 m^2，能够满足年旅客吞吐量 866 万人次，高峰小时旅客量 3421 人次。航站楼中央大厅为地上两层，一层为钢筋混凝土框架结构，二层为钢框(桁)架结构，屋盖采用大跨度轻型屋盖结构，基础采用预制方桩。

2) 主要功能设施数量和面积预测

送客大厅、迎客大厅的预测面积计算情况见表 2-5、表 2-6。

表 2-5　送客大厅预测面积计算表

年份	航线	高峰小时始发旅客人数	每人平均需要面积/m^2	平均占用时间/min	旅客集中出发时间/min	送客大厅预测面积/m^2
2030	国内	2235	2.2	25	60	2048.97
	国际	278	2.2	25	60	255.26
	合计	2513	—	—	—	2304.23

表 2-6　迎客大厅预测面积计算表

年份	高峰小时到达旅客人数	不在空侧处理中转人数	迎接者平均占用时间/min	旅客平均逗留时间/min	每位旅客的迎接者数量	每人平均需要面积/m^2	旅客集中时间/min	迎客大厅预测面积/m^2
2030	3421	342	30	10	0.7	1.5	60	2736.78

3）贵宾候机厅面积

参考国内机场情况，贵宾候机厅的总面积控制在 150m^2，其中包括国际和国内航线的 VIP 用户使用面积。

4）商业设施

根据航站楼商业布局规划要求，按照国际航空运输协会的标准，商业设施面积大约取建筑总面积的 10%，即 10000m^2，其中空侧布置 75%左右，陆侧布置 25%左右。

餐饮面积根据高峰小时始发旅客人数的 15%左右进餐要求进行布置，按照每人平均 8m^2 估算，餐饮面积包含在商业总面积中。

5）航站楼平面设计

要保证满足年旅客吞吐量 866 万人次、高峰国际小时旅客量 693 人次和高峰国内小时旅客量 2728 人次的要求，航站楼的建筑面积约为 10.8 万 m^2。可通过远机位与近机位的结合设置，使其能够处理共 3421 人次的高峰小时旅客量，同时尽量提高近机位比例，方便旅客登机。为了达到所制订的设计目标，设计了四种可选方案，如图 2-35～图 2-38 所示。

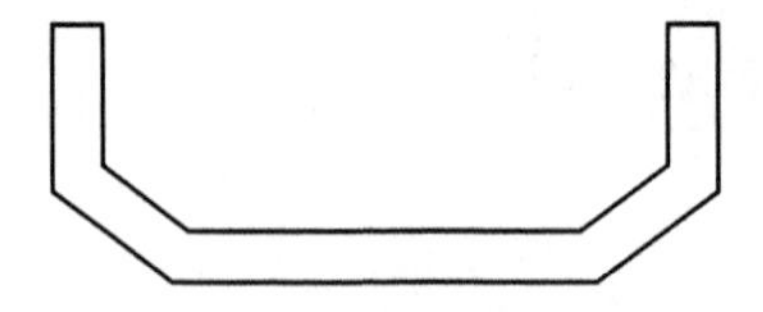

图 2-35　航站楼平面布置方案一

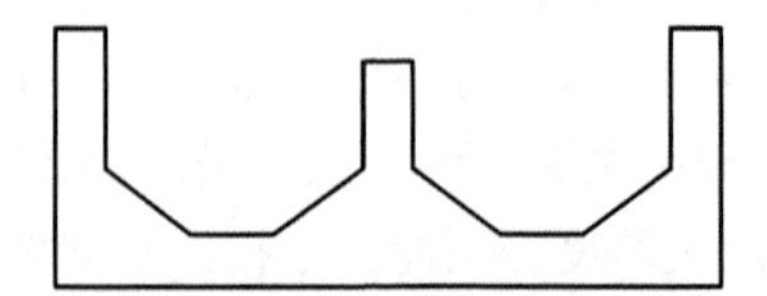

图 2-36　航站楼平面布置方案二

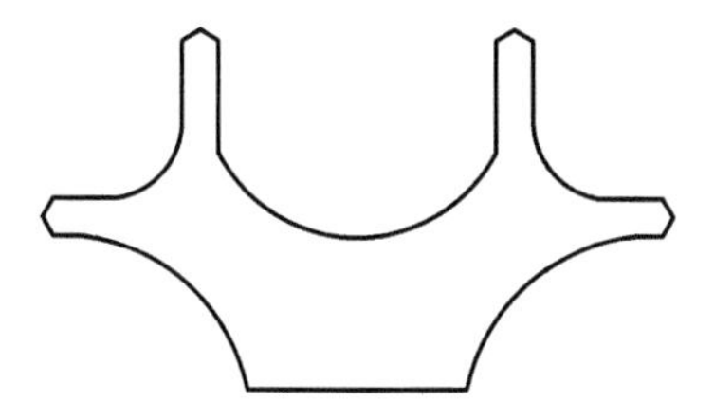

图 2-37　航站楼平面布置方案三

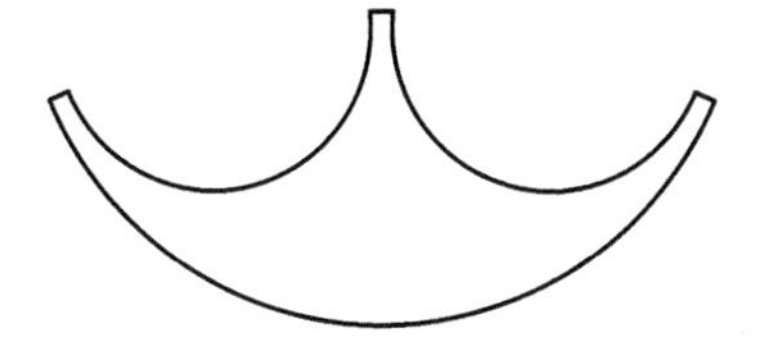

图 2-38　航站楼平面布置方案四

方案一的主要特点：航站区运营效率高，能够提供充足的空间用于商业发展；缩短了旅客的行走距离；近机位比例不高，但扩建后可以实现 100%近机位，发展规划灵活性大；建设投资成本相对较高。

方案二的主要特点：可以提供更多的近机位服务，提高了机场的服务水平；飞行区运行效率高，适应各种机型组合及客流变化；建设投资成本低。

方案三的主要特点：缩短了旅客的行走距离；航站区运营效率高；占地面积大，建设投资成本高。

方案四的主要特点：利于远期建设，交通利用效率高；航站楼运营成本高；牺牲了部分停放飞机数。

经过综合比选，类似方案二的指廊型，更适合于本工程，最终优化方案平面布置如图 2-39 所示。

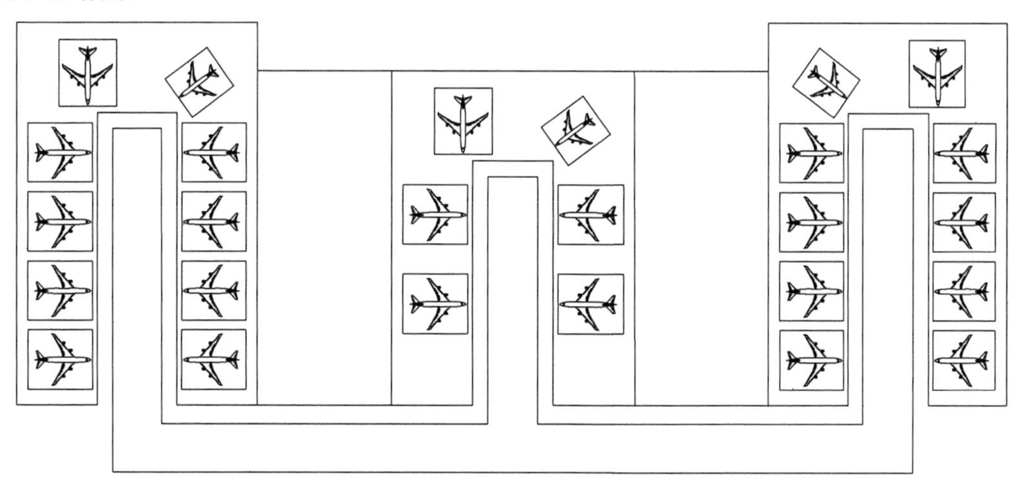

图 2-39　航站楼最终优化方案平面布置

6) 航站楼竖向布局设计

对于航站楼竖向布局设计，按旅客出发与到达的流程设计成两层式，一层为旅客到达层，包括行李提取厅、迎客大厅等设施，二层为旅客出发层，主要有送客大厅、安检区、候机厅等设施。

本航站楼为指廊式，其指廊候机厅部分空间较小，若采取同层分隔式，会使候机厅空间更显狭小；若采取下夹层式，会降低到达旅客的直观感受。所以，采用上夹层式，上夹层式位于候机厅中间，不会增加候机厅的拥挤程度，且进港及出港旅客均会有较好的空间和视野，提高旅客的直观感受。

为满足围护结构的空间需求，并为陆空两侧道路提供遮篷，同时减小屋架跨中杆件的内力和挠度，屋盖在陆空两侧的悬挑长度均取为 6m；为满足排水要求，中央大厅(图 2-40)与指廊部分的桁架中部高度分别为 2.4m 与 1.8m(即坡度为 10%)，屋盖剖面呈 W 形。

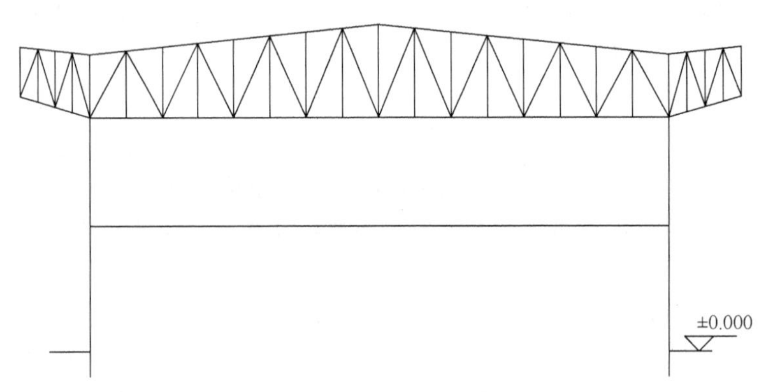

图 2-40　中央大厅侧立面

7) 立面设计

航站楼二层排列不等高的钢柱，使得屋盖高低起伏；中央大厅屋盖(图 2-41)的立面造型如同展翅翱翔的飞鸟，寓意地方经济腾飞，同时表达出“御风而行”的感觉，符合航站楼的功能特性；而两侧屋盖如波浪起伏，又使得飞鸟造型富有动感。

将航站楼建筑高度控制为 23.79m，使其不属于高层民用建筑，在满足使用功能要求的同时可节约成本。

2. 荷载及荷载组合

1) 设计荷载

恒荷载：结构恒荷载根据实际情况计算得到，其中屋面恒荷载(包括屋面板及屋面系统自重)取 $1.0\mathrm{kN/m^2}$；玻璃幕墙自重取 $1.0\mathrm{kN/m^2}$。

楼面活荷载：机场大厅和旅客等待区、商业区、楼梯等取 $3.5\mathrm{kN/m^2}$，机房取 $7.5\mathrm{kN/m^2}$，行李运输系统取 $20.0\mathrm{kN/m^2}$。

屋面活荷载：不上人屋面取 $0.5\mathrm{kN/m^2}$。

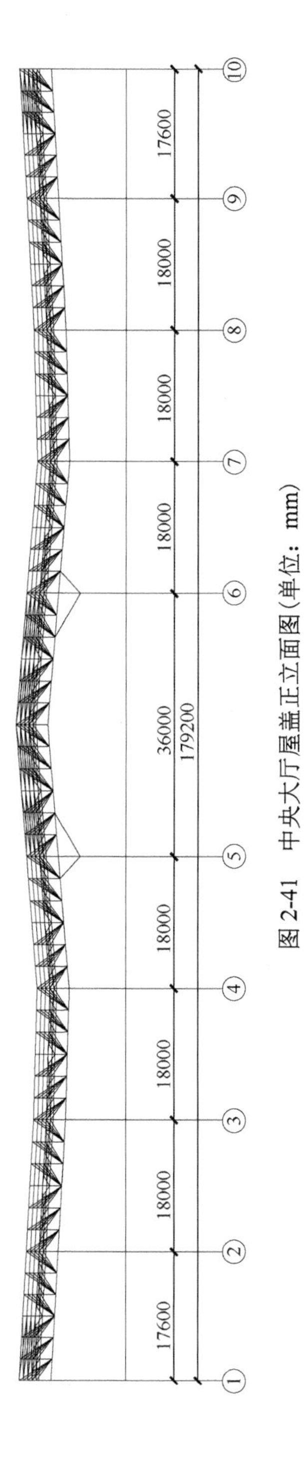

图 2-41　中央大厅屋盖正立面图(单位：mm)

风荷载：属于风荷载敏感结构，基本风压取 100 年重现期，w_0=0.4kN/m^2；地面粗糙度取为 B 类。

雪荷载：属于雪荷载敏感结构，取 100 年重现期的基本雪压为 0.4kN/m^2，由于屋面高低起伏，考虑雪荷载不均匀分布，屋面凹陷处取积雪分布系数为 1.4。

温度荷载：根据当地气候特征资料，同时参考荷载规范，取升温＋25℃、降温－25℃。

地震作用：抗震设防烈度为 8 度，设计基本地震加速度值为 0.2g，场地类别为Ⅲ类土，设计地震分组为第二组，场地特征周期 T_g=0.55s。采用底部剪力法计算水平地震作用；房屋高度小于 24m，一层为钢筋混凝土框架结构，抗震等级为一级，钢结构部分的抗震等级为二级。

2)荷载组合

刚度分析组合：

1.0 恒载＋1.0 活载

1.0 恒载＋1.0 风载

1.0 重力荷载代表值±1.0 水平地震

1.0 重力荷载代表值±1.0 竖向地震

非抗震极限承载力设计组合：

1.3 恒载＋1.5 活载

1.3(1.0)恒载＋1.5 风载

1.3 恒载＋1.5 雪载

1.3 恒载±1.5 温度

1.3(1.0)恒载＋1.5 活载＋0.7×1.5 风载

1.3 恒载＋1.5 活载±0.6×1.5 温度

1.3(1.0)恒载＋1.5 风载＋0.7×1.5 活载

1.3(1.0)恒载＋1.5 风载＋0.7×1.5 雪载

1.3(1.0)恒载＋1.5 风载±0.6×1.5 温度

1.3 恒载±1.5 温度＋0.7×1.5 活载

1.3(1.0)恒载±1.5 温度＋0.7×1.5 风载

1.3 恒载±1.5 温度＋0.7×1.5 雪载

1.3(1.0)恒载＋1.5 活载＋0.7×1.5 风载±0.6×1.5 温度

1.3(1.0)恒载＋1.5 风载＋0.7×1.5 活载±0.6×1.5 温度

1.3(1.0)恒载＋1.5 风载±0.6×1.5 温度＋0.7×1.5 雪载

1.3(1.0)恒载±1.5 温度＋0.7×1.5 活载＋0.7×1.5 风载

1.3(1.0)恒载±1.5 温度＋0.7×1.5 风载＋0.7×1.5 雪载

1.3(1.0)恒载＋1.5 雪载＋0.7×1.5 风载±0.6×1.5 温度

抗震极限承载力设计组合：

1.2 重力荷载代表值±1.3 水平地震

1.2 重力荷载代表值±1.3 竖向地震

1.2 重力荷载代表值±1.3 水平地震±0.5 竖向地震

1.2 重力荷载代表值±1.3 竖向地震±0.5 水平地震

1.2 重力荷载代表值±1.3 水平地震＋1.4×0.2 风载

1.2 重力荷载代表值±1.3 竖向地震＋1.4×0.2 风载

1.2 重力荷载代表值±1.3 水平地震±0.5 竖向地震＋1.4×0.2 风载

1.2 重力荷载代表值±1.3 竖向地震±0.5 水平地震＋1.4×0.2 风载

3. 下部混凝土结构设计

1)结构单元划分

本工程为超长的大型混凝土结构，其体型复杂，平立面不规则，依据《建筑抗震设计规范(附条文说明)(2016 年版)》(GB 50011—2010)和《混凝土结构设计规范(2015 年版)》(GB 50010—2010)，对其进行结构划分，将结构分为 11 个部分：A、B1、B2、C1、C2、D1、D2、E1、E2、F1、F2，如图 2-42 所示。

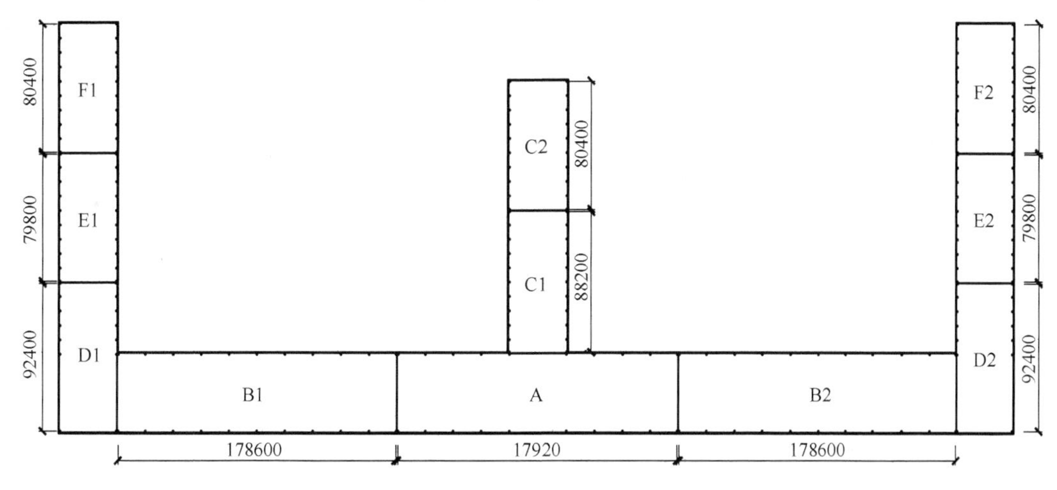

图 2-42　航站楼结构划分(单位：mm)

A、B1、B2 为航站楼中央大厅划分的结构单元，C1、C2、D1、D2、E1、E2、F1、F2 为航站楼指廊划分的结构单元。

航站楼中央大厅三个部分 A、B1、B2 的长度分别达 178.8m、178.6m、178.6m，指廊部分划分的长度分别达到 92.4m、88.2m、80.4m、79.8m。所有的结构单元均属超长结构，不再增设变形缝，主要是因为：采取一定的构造措施，以减小和抵抗温度收缩应力，如应用后浇带和适当加强相应构件等；通过计算分析，针对结构温度收缩应力的分布采取局部加强措施；改善建筑功能、结构整体的抗震性能和工作性能。

在后面分析中以代表性单元 A——送客大厅的结构单元为例。

2)混凝土结构计算模型

利用 PKPM 软件建立一层钢筋混凝土框架结构和二层钢框(桁)架结构(图 2-43)，其中钢屋面桁架折算为等刚度的工字形钢梁(表 2-7)，质量偏差通过施加面荷载补偿。将 PKPM 模型计算结果与钢结构分析的 SAP2000 模型结果进行对比并校核。

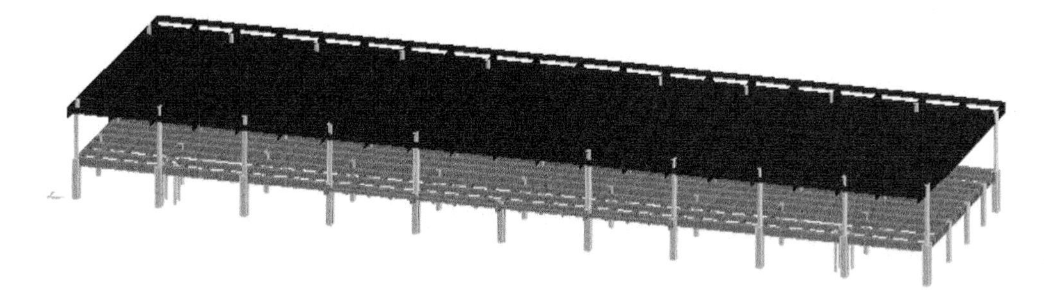

图 2-43　结构单元 A 的 PKPM 模型

表 2-7　等效工字形钢梁截面

桁架位置	桁架截面	截面惯性矩 I/mm^4	等效工字形钢梁截面
柱上单榀屋架	Φ450×18	5.379×10^{10}	H 2100×310×40×40
柱上单榀加强屋架	Φ480×18	5.761×10^{10}	H 2100×355×40×40
柱上联系桁架	Φ377×16	4.051×10^{10}	H 2100×300×30×30
加强联系桁架	Φ402×16	4.308×10^{10}	H 2100×340×30×30
加强联系桁架	Φ480×18	5.761×10^{10}	H 2100×355×40×40
柱间单榀屋架	Φ325×14	3.022×10^{10}	H 2100×250×20×30
次桁架	Φ219×12	3.493×10^{10}	H 3000×150×10×20

3) 计算结果

结构基本周期为 0.889s，在地震工况下，一、二层的最大层间位移角分别为 1/884、1/299；在风荷载工况下，一、二层的最大层间位移角分别为 1/8186、1/2372，均满足 1/550、1/250 的要求。

4) 截面设计

对一层钢筋混凝土框架构件（梁、柱、板）进行相应的截面验算，并进行配筋设计。结构安全等级为一级，结构重要性系数 $\gamma_0=1.1$。

4. 上部钢结构设计

1) 结构选型

综合结构布置与经济指标，初步分析后，适合本航站楼钢屋盖的结构体系主要有平面桁架结构体系和空间桁架结构体系。进一步分析，由于本航站楼钢屋盖由钢柱支承，而钢柱截面面积较小，不利于布置体型较大的支座结构；考虑到本航站楼长度较长，采用空间桁架只能有限提高结构的整体稳定性及极限承载力，不能有效利用材料，其与下部结构的连接也较为复杂，增加了施工难度。最终选择钢柱支承平面桁架的结构体系作为上部钢结构方案。

2) 结构布置

为满足航站楼功能区规划及使用空间要求，同时考虑到航站楼一层混凝土结构与二层钢结构在结构造型、结构布置等方面的关系，对二层柱网布置进行探讨。本航站楼近似为长廊形结构，在第二层抽除部分立柱（图 2-44），加大柱距与跨度，充分利用钢桁架的跨越能力，使得第二层立柱相较第一层减少约 70%，在满足使用空间要求的同时节约建筑材料。

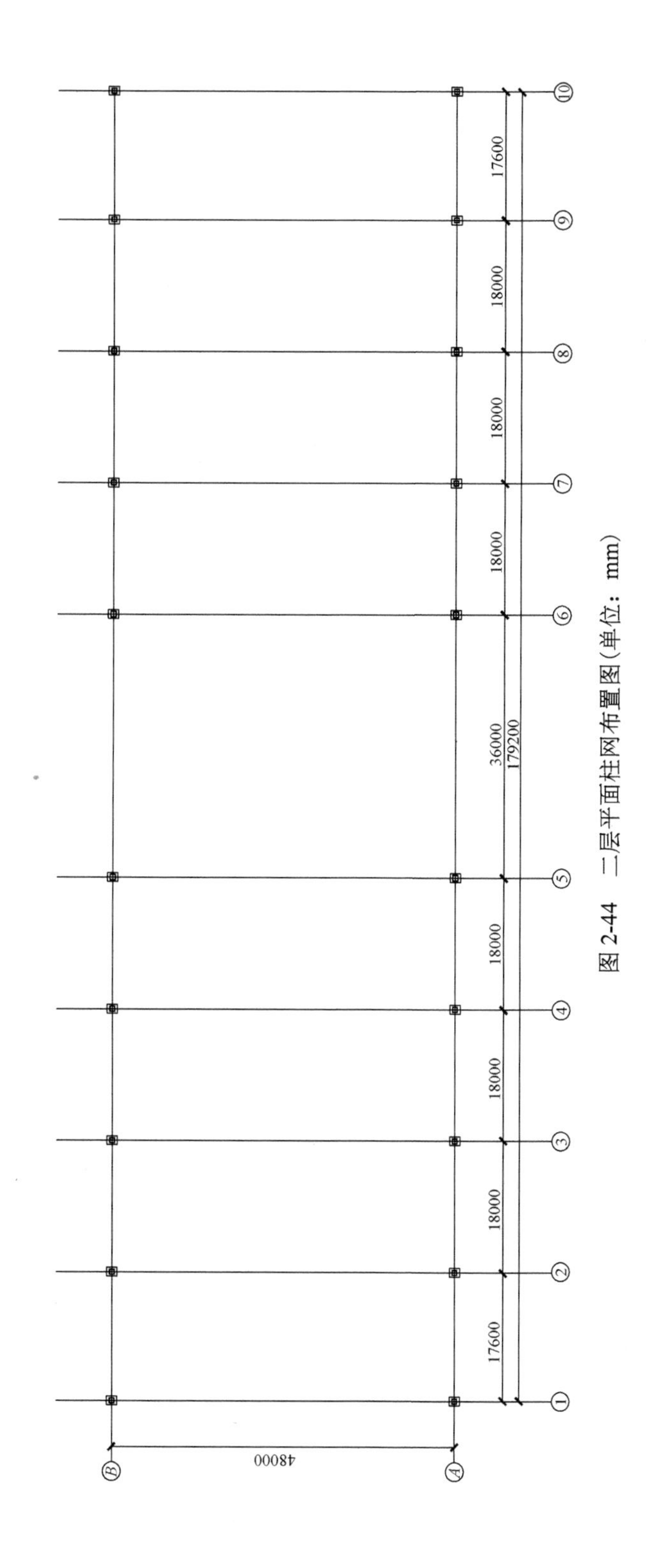

图 2-44　二层平面柱网布置图（单位：mm）

单元 A 混凝土框架结构柱距为 18m，为方便屋盖布置檩条，桁架间距设置为 9m，纵向主桁架共有 21 榀；横向设有次桁架，间距为 6m，为主桁架提供侧向支撑的同时，承担柱间一榀桁架的荷载。为加强屋盖结构的整体性，在屋盖四周及 36m 跨度处布置屋架上弦横向支撑，如图 2-45 所示。

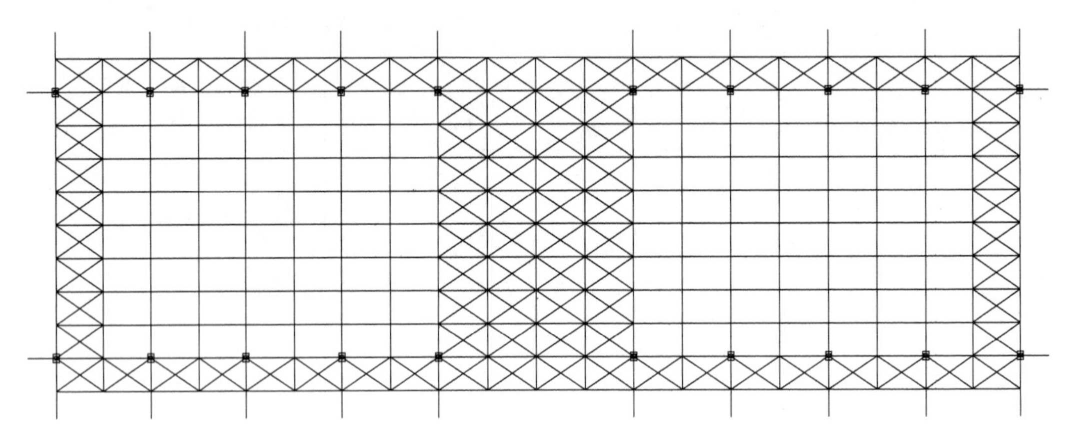

图 2-45　屋面桁架及支撑布置图

钢柱及桁架杆件均采用圆钢管和相贯焊节点。考虑到建筑立面效果，立柱间不布置柱间支撑。为使二层钢结构形成有效的空间抗侧力结构体系，设计中采用了以下措施：①立柱柱脚采用埋入式刚接柱脚；②结构中增加隅撑及屋盖支撑；③柱与屋架刚接形成框架体系。

3) 钢结构计算模型

对屋盖结构进行设计计算时，应考虑上部钢结构与下部混凝土结构的协同工作。经过初步设计确定钢屋盖桁架结构布置及截面尺寸后，进一步应用结构分析软件 SAP2000 建立考虑下部混凝土框架结构的整体模型(图 2-46)，进行结构整体分析，评价分析结果的合理性，并对结构中的抗震薄弱环节进行加强，最终确定结构整体设计结果。

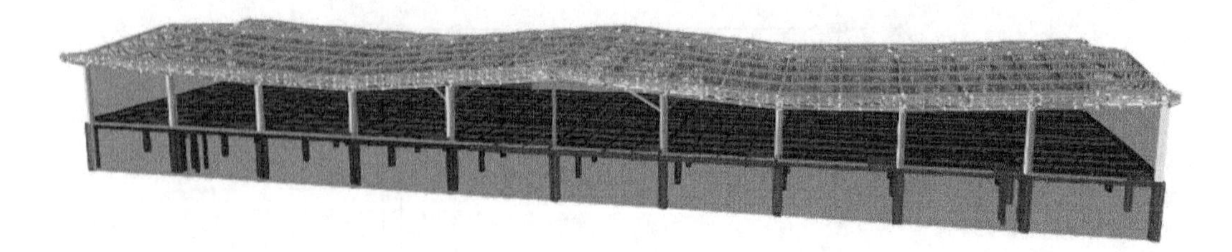

图 2-46　结构单元 A 的 SAP2000 模型

4) 计算结果

结构基本周期为 0.843s。在地震工况下，一、二层的最大层间位移角分别为 1/751、1/368；在风荷载工况下，一、二层的最大层间位移角分别为 1/6426、1/1735，均满足 1/550、

1/250 的要求。非抗震、抗震组合下结构的最大竖向相对挠度分别为 1/1061、1/1090，均满足 1/250 的要求。

5) 杆件截面设计

弦杆与柱为关键杆件，其最大应力比如图 2-47 所示，均小于 0.85，满足设计要求。

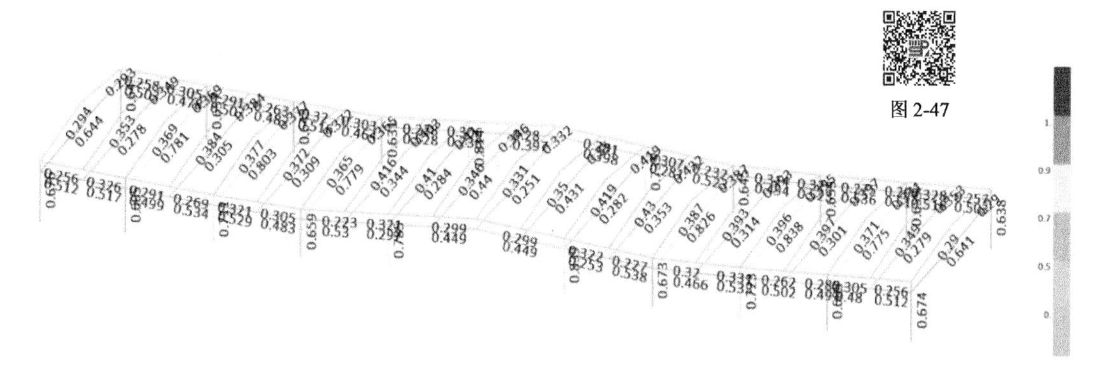

图 2-47　弦杆与柱的最大应力比

6) 节点设计

提取整体模型的内力进行节点设计。管桁架节点采用相贯焊节点，典型节点如图 2-48 所示。柱脚节点采用埋入式刚接柱脚节点，如图 2-49 所示。

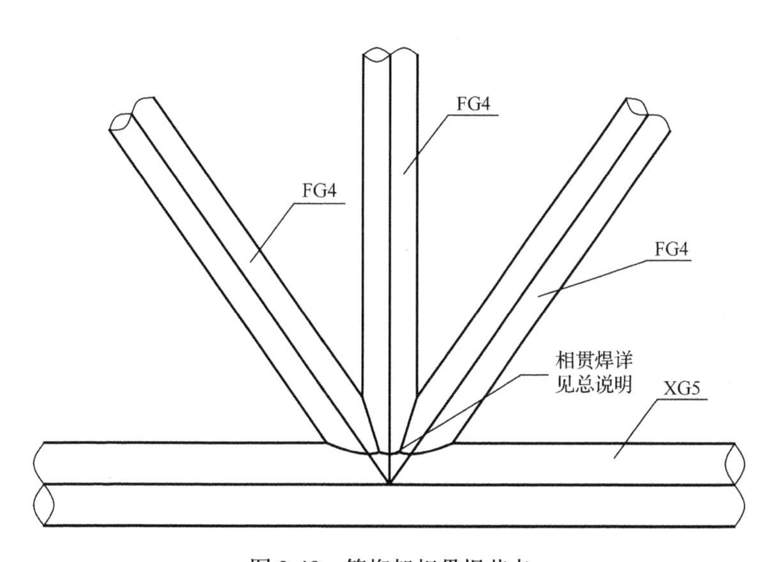

图 2-48　管桁架相贯焊节点

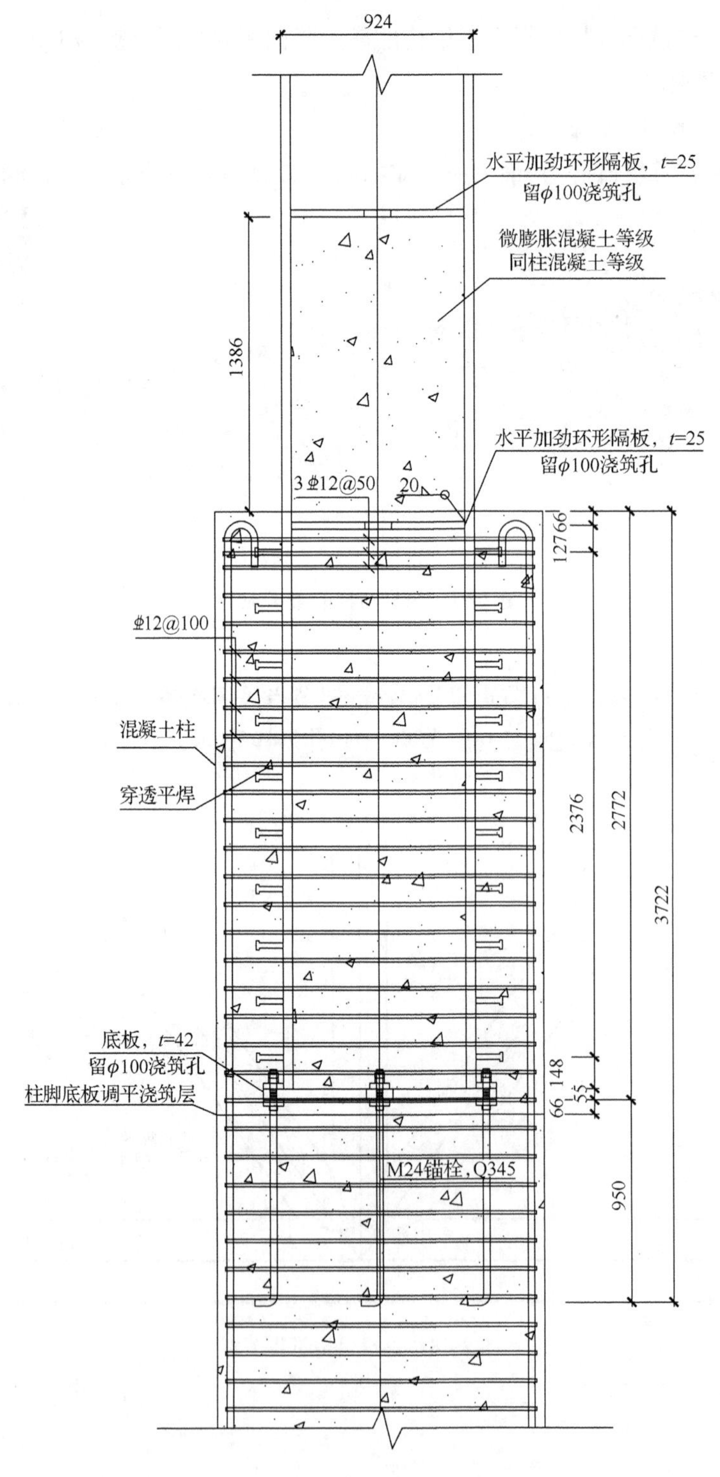

图 2-49　埋入式刚接柱脚节点(单位：mm)

第3章　塔台结构设计

塔台或机场塔台又称控制塔、信号塔，通常是指为主要满足航空器空中交通服务而设置在机场中的塔状构筑物。空中交通服务不仅包括对航空器的监视、跟踪和交通管制，还包括提供情报和警告等服务。所谓主要满足航空器空中交通服务，是指当下部分机场塔台还负责机场机坪的地面交通管制。

机场塔台由中国民用航空局空中交通管理局负责运行管理。但是长期以来，我国运输机场的航空器机坪运行管理方式不统一，部分机场塔台代行航空器机坪运行管理的职责。随着航空运输快速发展，机场规模不断扩大，布局更加复杂，多跑道、多滑行道、多航站楼、多机坪的机场众多，大型机场地面交通流量大、密度高已呈常态化。为了更有利于空管部门聚焦跑道运行的安全和效率，更有利于机场充分发挥主体作用，提升机场运行效率和服务水平，2013 年，中国民用航空局下发《关于推进航空器机坪运行管理移交机场管理机构工作的通知》，提出航空器机坪运行管理由空管移交至机场管理机构的相关要求。自 2014 年 12 月 28 日厦门高崎国际机场正式接收 T4 机坪航空器管制业务以来，杭州萧山、海口美兰、郑州新郑、深圳宝安、北京首都等机场陆续完成机坪塔台建设，实现了机坪地面管制的全面或部分区域移交。

从业务功能上看，塔台应分为中国民用航空局空中交通管理局负责运行管理的机场塔台和机场负责运行管理的机坪塔台。

从建筑功能上看，无论服务于空中管制的机场塔台，还是服务地面交通管制的机坪塔台，对内部设施的要求非常相近。因此从建筑学或结构工程的角度上对两者不再细分，统称塔台。本章主要以机场塔台为背景，探讨塔台的设计原则、设计内容和设计方法，这些内容对机坪塔台也是类似的。

3.1　塔台的建筑设计

建筑设计规范并未有关于塔台建筑物的定义。机场塔台往往参照《民用建筑设计术语标准》关于构筑物的定义来定性，即为某种使用目的建造的、人们一般不直接在其内部进行生产和生活活动的工程实体或附属建筑设施。此外，塔台设计也需要满足《广播电影电视建筑设计防火标准》(GY 5067—2017)中的有关要求。

塔台一般由筒体和筒体上方的功能用房组成，其建筑设计的两大要素分别为设备和高度。设备包括设备室内的空管设备及屋顶的天线和避雷针等。塔台的位置和高度应满足机场限制净空的要求，塔台本身不应成为控制障碍物，且应满足飞行程序及飞机性能的技术要求。选择塔台的位置和高度时，应满足管制室对视线遮蔽的限制性要求，且管制员视线与跑道端部最远处铺筑面所构成的夹角不小于 0.8°；塔台管制员从塔台到同方向两个相关关键目标的横向分辨角不小于 0.13°；塔台管制员识别跑道关键目标的反应时间一般不超过 4s；对机动区(管制范围)内航空器之间、航空器与车辆之间的差异具有辨识能力。机动区(管制范围)内的目标察觉概率不低于 95.5%，目标识别概率不低于 11.5%。

功能用房往往由休息室、设备室、管制室和观察廊等组成。塔台管制室是实施塔台飞行管制的工作场所，塔台设备室是安置塔台有关空管设备的机房，二者可以合二为一，也可以根据需要分开。

根据机场日平均起降架次将塔台划分 A、B、C 三种空管设备配置类别(表 3-1)，相应的管制室地板面积不小于 60m^2、35m^2、25m^2。

表 3-1 塔台空管设备配置类别

配置类别	日平均起降架次
A 类	≥280
B 类	100～280
C 类	≤100

塔台管制室四周的玻璃窗应向外倾斜 15° 左右，以避免对停机坪、跑道、滑行道和起降地带产生眩光，管制室的水平视线应为 360° 。塔台管制室玻璃窗的垂直高度为 2m，其下端距地板不应超过 0.7m，地板至天花板的高度不小于 3m。塔台屋顶支柱应采用最小的尺寸、最少的数目，支柱的位置不应影响管制员的主要观察方位。

对设置有管制层的塔台，管制层地面应架设静电地板，管制层上部应设置屋面上人孔，并配置伸缩梯，以方便屋面通信导航设备及室外机的检修。管制层与下层可采用钢梯进行交通，以充分利用管制室地板面积。考虑到电气设备和航管设备的要求，塔台管制层通常采用有组织外排水，先排水至塔台观察廊，然后统一排水至地面。

为应对飞机突发事件，需再设置一圈室外观察廊，塔台观察廊应低于塔台管制层 1m，便于管制员向下、向外观察。管制室应设有直接通向观察廊的门扇和台阶。

对于大体量机场，塔台会有较高的高度，塔台的消防安全性和不确定性需要予以关注。但目前尚无专业消防规范给予指导，在塔台设计的实践中，通常参考执行电视塔类构筑物的相关规定。但塔台的疏散设计中有两点需要关注与研究：一是无法设置消防水箱，二是一般无设置两座疏散楼梯或剪刀梯的必要。

塔台和管制辅楼可以联合一体化设计，也可以与航站楼相连通，融为航站楼造型的一部分，为陆侧提供视觉中心。塔台使用的建筑材料也较为丰富，早期大量使用混凝土、石材挂板，中期出现铝复合板，现今也有一些全玻璃幕墙式的塔台出现。

3.2 塔台的结构体系

考虑建筑功能，塔台一般是高而细的自立式高耸结构，但对某些飞机起降架次很少、机场空中服务要求很少的偏远机场，塔台建筑功能要求不高，管制室和空管设备可以安排在机场其他办公用房的顶层，对这类塔台，其建筑结构体系通常由主体办公用房决定，可以是框架结构也可以是砌体结构。

典型塔台的主体一般采用高耸的筒体结构。这是由于从受力方面看，高耸塔台设计主要受水平荷载控制，截面为圆形的筒体结构抗侧力最为有效。从建筑功能考虑，塔台的顶部管制室要求视野空旷，故塔台的顶部通常采用钢结构体系。

作为功能性建筑物，高耸塔台在机场中的辨识度和标志性强，也有塔台与航站楼相连通，成为航站楼造型的一部分，为陆侧提供了视觉中心。在结构需求得到满足的前提下，为获得特定的建筑效果，塔台的筒体结构有多种表现形式。

例如，典型的塔台主体为外周圆形截面(或接近圆形的八边形截面)的混凝土筒体，内部电梯间为混凝土核心筒的结构，内外结构在若干标高处通过现浇梁板结构相联系以加强结构的整体性。北京首都国际机场塔台结构即为截面为八边形的混凝土筒中筒结构。

青岛胶东国际机场塔台结构造型新颖，整体呈现“小蛮腰”式的双曲线造型，是青岛市的地标性建筑之一。该塔台的结构也为筒体结构，但为便于建筑表现，外侧筒体采用钢网格结构，核心筒仍采用混凝土剪力墙结构。每层楼面设有钢梁及外环梁联结内外筒体。外侧钢网架结构便于成形和建筑造型表现，同时本身也可成为结构的一部分。该塔台的钢结构外筒，采用交叉钢管斜柱形成的菱形钢网格。钢管直径皆为 350mm，钢管壁厚随着高度变化，由底部的 25mm 减小至顶部的 10mm。在塔台的中下部位，逆时针方向的钢管内灌注高等级微膨胀自密实混凝土，以增强外筒的强度和刚度。

西安咸阳国际机场塔台的截面为八边形，主体的外立面也是中部细两头粗的“小蛮腰”造型，但结构体系仍为钢筋混凝土筒体结构。该塔仅有一个筒体，筒体内部混凝土剪力墙与外筒结合形成电梯间和上下交通竖井，没有形成内部核心筒。外筒上部和下部的截面相同，立面造型由筒体伸出的悬挑梁板结构支撑。

3.3　塔台结构设计的一般规定

塔台结构设计，应根据结构破坏可能产生的后果，按照《建筑结构可靠性设计统一标准》中的原则，采用不同的安全等级。塔台结构的安全等级划分应符合表 3-2 的规定，结构重要性系数 γ_0 不应小于表 3-2 中的取值。一般塔台结构的设计使用年限应是 50 年，特别重要塔台结构的设计使用年限应是 100 年。需要注意，对塔台安全等级的判定不仅取决于机场飞机的日平均起降架次，还要考虑所在区域地震救灾对该机场的依赖程度，即要考虑机场在区域救灾中的地位。

表 3-2　塔台结构的安全等级和结构重要性系数 γ_0

结构安全等级	破坏后果	塔台结构的类型	结构重要性系数 γ_0 最小值
一级	很严重	特别重要的塔台结构	1.1
二级	严重	一般的塔台结构	1.0

塔台结构上的荷载和作用分三类：第一类是永久荷载与作用，包括结构自重、固定设备重、物料重、土重、土压力、结构内部预应力、地基变形作用等；第二类是可变荷载与作用，包括风荷载、覆冰荷载、多遇地震作用、雪荷载、安装检修荷载、塔楼楼面或平台的活荷载、温度作用等；第三类是偶然荷载与爆炸、撞击、罕遇地震作用等。

对塔台结构上部有通信天线桅杆的情况，桅杆构件设计应考虑覆冰荷载。对于桅杆结构效应，不宜做荷载效应的线性叠加，而应先将桅杆的荷载与作用做最不利组合，再计算桅杆结构的非线性结构效应，然后与结构抗力比较。其中的荷载效应组合值系数按《建筑结构可靠性设计统一标准》(GB 50068—2018)执行。

塔台结构及构件应按荷载效应的基本组合和偶然组合进行设计。基本组合应采用式(3-1)和式(3-2)中的最不利组合。

(1)可变荷载效应控制的组合：

$$\gamma_0\left(\sum_{j=1}^{m}\gamma_{Gj}S_{Gjk}+\gamma_{Q1}\gamma_{L1}S_{Q1k}+\sum_{i=2}^{n}\gamma_{Qi}\gamma_{Li}\psi_{Ci}S_{Qjk}\right)\leqslant R(\gamma_R, f_k,\cdots) \tag{3-1}$$

(2)永久荷载效应控制的组合：

$$\gamma_0\left(\sum_{j=1}^{m}\gamma_{Gj}S_{Gjk}+\sum_{i=1}^{n}\gamma_{Qi}\gamma_{Li}\psi_{Ci}S_{Qjk}\right)\leqslant R(\gamma_R, f_k,\cdots) \tag{3-2}$$

式中，符号意义参见1.3节。

在塔台结构偶然组合承载能力极限状态验算中，偶然作用的代表值不乘分项系数，与偶然作用同时出现的可变荷载应根据观测资料和工程经验采用适当的代表值。

进行塔台结构抗震设计时，基本组合应采用式(3-3)和式(3-4)验算，详见1.3节。

$$S=\gamma_G S_{GE}+\gamma_{Eh}S_{Ehk}+\gamma_{Ev}S_{Ehv}+\psi_w\gamma_w S_{wk} \tag{3-3}$$

$$S\leqslant R/\gamma_{RE} \tag{3-4}$$

对于正常使用极限状态，应根据设计要求，采用荷载的短期效应组合(标准组合或频遇组合)和长期效应组合(准永久组合)进行设计，变形、裂缝等作用效应的代表值应符合式(3-5)的规定：

$$S_d\leqslant C \tag{3-5}$$

式中，S_d为变形、裂缝等作用效应的代表值；C为设计对变形、裂缝、加速度、振幅等规定的相应限值。

(1)标准组合：

$$S_d=\sum_{j=1}^{m}S_{Gjk}\gamma_0+S_{Q1k}+\sum_{i=2}^{n}\psi_{Ci}S_{Qjk} \tag{3-6}$$

(2)频遇组合：

$$S_d=\sum_{j=1}^{m}S_{Gjk}\gamma_0+\psi_{f1}S_{Q1k}+\sum_{i=2}^{n}\psi_{qi}S_{Qjk} \tag{3-7}$$

(3)准永久组合：

$$S_d=\sum_{j=1}^{m}S_{Gjk}\gamma_0+\sum_{i=1}^{n}\psi_{qi}S_{Qjk} \tag{3-8}$$

式中，ψ_{f1}为第1个可变荷载的频遇值系数；ψ_{qi}为第i个可变荷载的准永久值系数。

塔台结构按正常使用极限状态设计时，可变荷载代表值可按表3-3选取。

表 3-3　塔台结构按正常使用极限状态设计时的可变荷载代表值

序号	验算内容	可变荷载代表值选用
1	塔楼处剪切变形	标准值组合
2	塔楼处加速度	频遇值组合
3	混凝土塔裂缝宽度	标准值组合
4	地基沉降及不均匀沉降	标准值（频遇值）组合
5	顶点水平位移	标准值组合
6	非线性变形及其对结构的不利影响	标准值乘以分项系数组合

注：括号内代表值适用于风玫瑰图呈严重偏心的地区，计算地基不均匀沉降时可用频遇值作为风荷载的代表值。

在风荷载或多遇地震作用下，塔台处的剪切变形位移角不宜大于1/300。在各种荷载标准值组合作用下，钢筋混凝土塔的最大裂缝宽度应符合现行国家标准《混凝土结构设计规范（2015年版）》（GB 50010—2010）的规定，且不应大于0.2mm。在风荷载的动力作用下，塔台处的振动加速度幅值应符合式（3-9）的规定，塔身任意高度处的振动加速度可按式（3-10）计算：

$$a=A_f\omega_1^2 \leqslant 200\text{mm/s}^2 \tag{3-9}$$

$$\omega_1=\frac{2\pi}{T_1} \tag{3-10}$$

式中，A_f为风压频遇值作用下塔楼处的水平动位移幅值，该值为结构对应点在$0.4w_k$作用下的位移值与$0.4\mu_z\mu_s w_k$作用下的位移值之差，其中，μ_z为风压高度变化系数，μ_s为风荷载体型系数，w_k为风荷载标准值；ω_1为塔的第一圆频率；T_1为塔的第一周期。

塔台结构在以风为主的荷载标准组合及以地震作用为主的荷载标准组合下，其水平位移角不得大于表3-4中的限值。

表 3-4　塔台结构水平位移角限值

结构部位	$\Delta u/H$（风或多遇地震作用为主）		$\Delta v/h$（罕遇地震下）
	线性分析	非线性分析	
钢结构塔楼	1/75	1/55	1/50
混凝土塔身	1/150	1/100	1/50

注：Δu为两标高处的相对水平位移，与分母代表的高度对应；Δv为由剪切变形引起的相对水平位移，与分母代表的高度对应；H为总高度；h为层高。

土木工程结构振动控制技术在国内高耸结构领域内已有一些应用，且通过实测对振动控制技术的有效性做了认定。对于受变形、加速度控制，而非强度控制的塔台结构，宜采用适当的振动控制技术来减小结构的变形及加速度。

塔台结构的基础变形包括基础的沉降量和基础倾斜角，地基最终沉降量应按现行国家标准《建筑地基基础设计规范》（GB 50007—2011）的规定计算，当计算风荷载作用下的地基变形时，应采用地基土的三轴试验不排水模量（弹性模量）代替变形模量；对高度低于100m的塔台结构，当地基土均匀，又无相邻地面荷载的影响时，在地基最终沉降量能满足允许沉降量的要求后，可不验算倾斜角。基础倾斜角按式（3-11）计算：

$$\tan\theta = \frac{s_1 - s_2}{b(\text{或}d)} \tag{3-11}$$

式中，s_1、s_2为基础倾斜方向两端边缘的最终沉降量(mm)，对矩形基础可按现行国家标准《建筑地基基础设计规范》(GB 50007—2011)计算，对圆板(环)形基础可按现行国家标准《烟囱工程技术标准》(GB/T 50051—2021)计算；b为矩形基础底板沿倾斜方向的边长(mm)；d为圆板(环)形基础的外径(mm)。

塔台结构地基变形值应符合表3-5的规定。

表3-5 塔台结构地基变形允许值

塔台高度/m	沉降量/mm	$\tan\theta(\times 10^{-3})$
$H \leqslant 20$	400	8
$20 < H \leqslant 50$	400	6
$50 < H \leqslant 100$	400	5
$100 < H \leqslant 150$	300	4

塔台结构应分别计算两个主轴方向和对角线方向的水平地震作用，并应进行抗震验算。地震作用计算应采用振型分解反应谱法。塔台结构在塔楼、塔头部位经常有悬挑距离较大的桁架、梁等，这些部位的竖向地震作用可能成为最不利作用，必要时要进行竖向地震作用验算。对于重点设防类、特殊设防类结构，还应采用时程分析法做验算。

3.4 圆形混凝土塔台

圆形混凝土塔台为典型的塔台结构。非圆形截面塔台结构的设计原则与圆形截面类同，设计方法可参考圆形混凝土塔台结构。

3.4.1 塔身变形和截面内力计算

计算塔台结构的动力特性时，塔身可简化为串联多质点体系，沿塔身每隔一定高度设置1个质点，相隔层高且宜在5～10m，相邻两质点间的距离不要求相等，塔的质点总数不宜小于8个。每个质点的质量应取相邻上下质点距离内结构重力荷载代表值对应的质量。

用于动力特性计算和正常使用极限状态验算的塔台结构模型的塔身通常可视为弹性体系，但两种情况下塔身截面刚度的取值并不相同。计算动力特性时，塔身截面刚度取$0.85E_cI$，计算正常使用极限状态时，塔身截面刚度取$0.65E_cI$。其中E_c为混凝土的弹性模量，I为塔身截面的惯性矩。考虑到工程计算精度，相邻质点间的塔身截面刚度可取该区段内的平均值，不必计算开孔和洞口、扶壁柱之类的局部加强措施对刚度的影响。

不均匀日照会引起塔身变形，由此导致的截面曲率$1/r_c$可按式(3-12)计算：

$$\frac{1}{r_c} = \frac{\alpha_T \Delta t}{d} \tag{3-12}$$

式中，α_T为混凝土的线膨胀系数，取$1\times10^{-5}/℃$；Δt为由日照引起的塔身阳面和阴面的温度差；d 为塔筒计算截面的外径。

考虑顺风向和横风向的塔身截面组合弯矩按式(3-13)计算：

$$M_{\max}=\sqrt{M_C^2+0.36M_A^2} \tag{3-13}$$

式中，$M_{\max}$ 为截面组合弯矩；M_C 为横向风振引起的弯矩；M_A 为相应于临界风速的顺风向弯矩。

在塔身截面 i 处(图 3-1)，塔体竖向荷载和水平位移所产生的附加弯矩 M_{ai} 按式(3-14)计算：

$$M_{ai}=\sum_{j=i+1}^{n}G_j(u_j-u_i) \tag{3-14}$$

式中，G_j 为 j 质点的重力荷载，当考虑竖向地震影响时，应计算竖向地震作用；u_i、u_j 分别为 i、j 质点的水平位移，应计算日照温差、基础倾斜和材料非线性等影响。

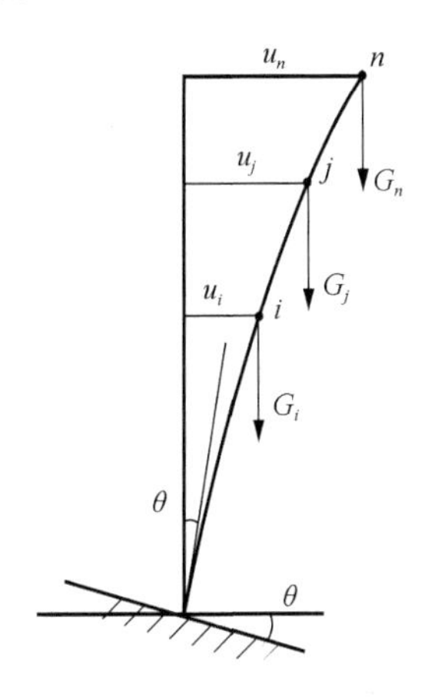

图 3-1　塔身弯矩计算简图

在计算质点的重力荷载时，应考虑结构自重及各层平台的活荷载，其组合值应与对应组合工况一致。

3.4.2　塔筒截面承载力及裂缝宽度验算

塔台塔筒在压弯荷载作用下，在塔筒截面形成受压区、受拉区和中和区，如图 3-2 所示。

塔筒水平截面承载力可按式(3-15)验算：

$$N\leqslant\alpha\alpha_1 f_c A+(\alpha-\alpha_t)f_y A_s \tag{3-15a}$$

$$M+M_a\leqslant\left(\alpha_1 f_c Ar+rf_y' A_s\right)\frac{\sin\alpha\pi}{\pi}+rf_y A_s\frac{\sin\alpha_t\pi}{\pi} \tag{3-15b}$$

$$r=\frac{r_1+r_2}{2} \tag{3-15c}$$

$$\alpha_t=1-1.5\alpha \tag{3-15d}$$

式中，N、M、M_a 分别为轴向力(N)、弯矩(N·m)和附加弯矩(N·m)设计值；A 为塔筒水平截面面积；A_s 为全部纵向钢筋的截面面积；r_1、r_2 分别为环形截面的内、外半径；

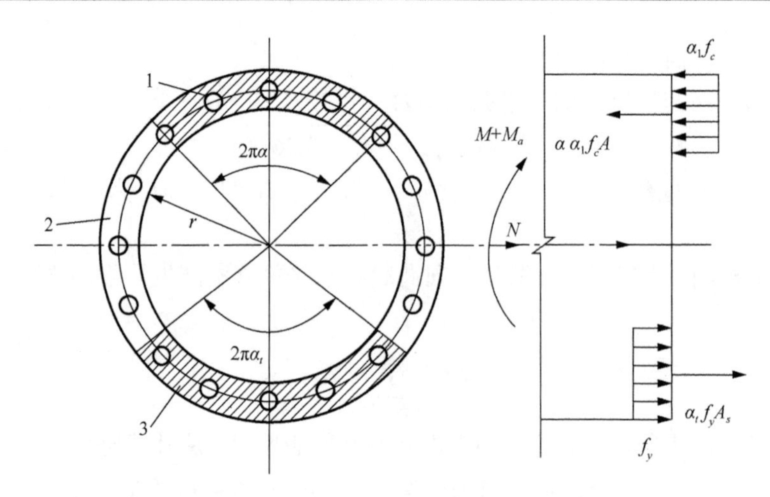

图 3-2　无孔洞塔筒截面极限承载力计算简图

1-受压区；2-中和区；3-受拉区

α 为受压区的半角系数，按式(3-15a)确定；α_1 为受压区混凝土矩形应力图的应力与混凝土抗压强度设计值的比值，当混凝土强度等级不超过 C50 时，α_1 取为 1.0，当混凝土强度等级不超过 C80 时，α_1 取为 0.94，其间按线性内插法取用；α_t 为受拉钢筋的半角系数，当$\alpha \geqslant 2/3$时，$\alpha_t=0$；f_y、f_y' 分别为钢筋的抗拉、抗压强度(MPa)。

为验算混凝土塔筒的裂缝开展宽度，需要计算正常使用状态下混凝土的压应力和钢筋的拉应力。为此，应首先判别轴向力对截面形心的偏心距 e_{0k} 与截面核心距 r_{c0} 的大小关系。当 $e_{0k} \leqslant r_{c0}$ 时，迎风侧不会出现拉应力，无须验算裂缝。当 $e_{0k} > r_{c0}$ 时，应求出迎风侧钢筋拉应力，然后据此验算裂缝开展宽度。

对无孔洞或有对称孔洞的塔筒截面，轴向力对截面形心的偏心距为

$$e_{0k}=\frac{M_k+M_{ak}}{N_k} \tag{3-16}$$

式中，N_k、M_k、M_{ak} 分别为荷载标准值(包括风荷载)作用下的截面轴向力、弯矩和附加弯矩。

截面核心距为

$$r_{c0}=\frac{1}{2}r \tag{3-17}$$

式中，r 为塔筒截面外径。

若 $e_{0k} > r_{c0}$，塔筒一侧出现拉应力。对计算截面无孔洞情形(图 3-3)，受压侧混凝土的压应力为

$$\sigma_c'=\frac{N_k}{A}\cdot\frac{\pi(1-\cos\varphi)}{\sin\varphi-(\varphi+\pi\omega_{hs})\cos\varphi} \tag{3-18}$$

式中，A 为塔筒水平截面面积；ω_{hs} 为塔筒水平截面的特征系数，取 ω_{hs}=2.5$\rho_s\alpha_{Es}$，α_{Es}=E_s/E_c，为钢筋与混凝土的弹性模量之比，ρ_s 为配筋率；φ 为截面受压区半角，由式(3-19)确定：

$$\frac{e_{0k}}{r}=\frac{\varphi-\frac{1}{2}\sin 2\varphi+\pi\omega_{hs}}{2(\sin\varphi-\varphi\cos\varphi-\pi\omega_{hs}\cos\varphi)} \tag{3-19}$$

受拉侧的纵向刚筋拉应力为

$$\sigma_s=2.5\alpha_{Es}\frac{1+\cos\varphi}{1-\cos\varphi}\sigma_c' \tag{3-20}$$

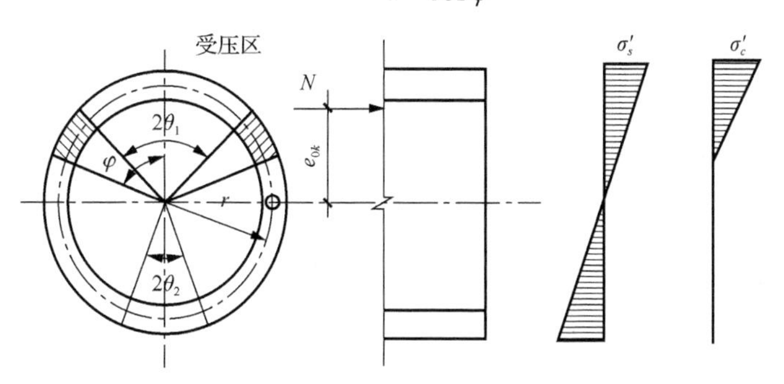

图 3-3　水平截面应力计算图

在已知塔筒截面受拉侧钢筋拉应力的基础上，可通过式(3-21)计算混凝土塔筒在荷载和温度共同作用下的水平裂缝宽度 $\omega_{\max}$ (mm)：

$$\omega_{\max}=\alpha_{cr}\psi\frac{\sigma_{sk}}{E_s}\left(1.9c_s+0.08\frac{d_{eq}}{\rho_{te}}\right) \tag{3-21a}$$

$$\sigma_{sk}=\sigma_s+0.5E_s\Delta t\alpha_T \tag{3-21b}$$

$$\psi=1.1-\frac{0.65f_{tk}}{\rho_{te}\sigma_{sk}} \tag{3-21c}$$

$$d_{eq}=\frac{\sum n_i d_i^2}{\sum n_i v_i d_i} \tag{3-21d}$$

$$\rho_{te}=\frac{A_s}{A_{te}} \tag{3-21e}$$

式中，σ_{sk} 为荷载和温度共同作用下的纵筋拉应力(MPa)；σ_s 为荷载作用下的纵向钢筋拉应力(MPa)；α_T 为混凝土线膨胀系数，取 1×10^{-5}/℃；Δt 为桶壁内外温差(℃)；α_{cr} 为构件受力特征系数，按表 3-6 采用；ψ 为裂缝间纵向受拉钢筋的应变不均匀系数，当 $\psi<0.2$ 时，取 0.2，当 $\psi>1.0$ 时，取 1.0，对直接承受重复荷载的构件，取 1.0；f_{tk} 为混凝土抗拉强度标准值(MPa)；ρ_{te} 为按有效受拉混凝土截面面积计算的纵向受拉钢筋配筋率，$\rho_{te}<0.01$ 时，取 0.01；c_s 为最外层纵向受拉钢筋外缘至受拉区底边的距离(mm)，当 $c_s<20$ 时，取 20；当 $c_s>65$ 时，取 65；A_{te} 为有效受拉混凝土截面面积(mm^2)；A_s 为受拉区纵向钢筋的截面面积(mm^2)；d_{eq} 为受拉区纵向钢筋的等效直径(mm)；d_i 为受拉区第 i 种纵向钢筋的公称直径(mm)；n_i 为受拉区第 i 种纵向钢筋的根数；v_i 为受拉区第 i 种纵向钢筋的相对黏结特性系数，按表 3-7 采用。

表 3-6 钢筋混凝土构件受力特征系数

受力类型	α_{cr}
受弯、偏心受压	1.9
偏心受拉	2.4
轴心受拉	2.7

表 3-7 钢筋的相对黏结特性系数

钢筋类型	ν_i
光面钢筋	0.7
带肋钢筋	1.0
带肋钢筋(环氧树脂涂层)	0.8

3.4.3 混凝土塔筒的构造要求

塔筒外表面沿着高度、坡度可连续变化，也可分段采用不同的坡度。塔筒壁厚可沿着高度均匀变化，也可分段采用不同的厚度。塔台塔筒的最小厚度 $t_{\min}$ (mm)可按式(3-22)取值，但不应小于 180mm：

$$t_{\min}=100+0.01d \tag{3-22}$$

式中，d 为塔筒外直径(mm)。

对混凝土塔筒，混凝土强度等级不宜低于 C30；混凝土的水胶比应符合现行国家标准《混凝土结构设计规范(2015 年版)》(GB 50010—2010)的相关规定，且不宜大于 0.5。钢筋的混凝土保护层厚度不宜小于 30mm，筒壁外表面距离预留孔道壁的距离应大于 40mm，且不宜小于孔道直径的 1/2。孔道之间的净距不应小于 50mm 或孔道直径。

混凝土塔筒应配置双排纵向钢筋和双排环向钢筋，且纵向钢筋宜采用变形带肋钢筋，其最小配筋率应符合表 3-8 的规定。

表 3-8 混凝土塔筒最小配筋率

配筋类别		最小配筋率/%
纵向钢筋	外排	0.25
	内排	0.20
环向钢筋	外排	0.20
	内排	0.20

注：受拉侧环向钢筋的最小配筋率尚不应小于 $(45f_t/f_y)\%$，其中 f_y、f_t 分别为钢筋和混凝土的抗拉强度设计值。

纵向钢筋和环向钢筋的最小直径和最大间距应符合表 3-9 的规定。内、外层环向钢筋应分别与内、外排纵向钢筋绑扎成钢筋网，内、外钢筋网之间应用拉筋连接，拉筋直径不宜小于 6mm，纵、横拉筋的间距可取 500mm。拉筋应交错布置，并应与纵向钢筋连接牢固。

表 3-9　钢筋最小直径和最大间距　（单位：mm）

配筋类别	钢筋最小直径	钢筋最大间距
纵向钢筋	12	外侧 250，内侧 300
环向钢筋	8	200，且不大于筒壁厚度

当纵向钢筋直径不大于 18mm 时，可采用非焊接或焊接的搭接接头；当纵向钢筋直径大于 18mm 时，宜采用机械连接或对接焊头。环向钢筋可采用搭接接头，地震区应采用焊接接头。环向钢筋应放置在纵向钢筋的外侧。钢筋的搭接和锚固应按现行国家标准《混凝土结构设计规范(2015 年版)》(GB 50010—2010)执行。同一截面上搭接接头的截面积不应超过钢筋总截面积的 1/4；焊接接头的截面积不应超过钢筋总截面积的 1/2，且接头位置应均匀错开。

塔筒筒壁上的孔洞应整齐、规整，洞口沿高度方向上下对齐，在同一标高截面上开多个孔洞时，宜沿着圆周均匀分布，所有洞口张开圆心角的总和不应超过 140°，单个孔洞的圆心角不应大于 70°。同一标高截面上两个孔洞间的筒壁宽度不宜小于筒壁厚度的 3 倍，且不应小于两相邻孔洞宽度之和的 25%。当同一标高截面上洞口的圆心角总和大于 70°时，洞口影响范围及以下截面的混凝土强度等级宜大于上部截面一个等级。

塔筒孔洞处应布置加强筋，且应符合下列要求：

(1)加强筋应布置在孔洞边缘 3 倍筒壁厚度范围内，其面积可取同方向被孔洞切断钢筋截面积的 1.3 倍；其中，环向加强钢筋的 1/2 应贯通整个环形截面；

(2)矩形孔洞的四角处应配置 45°方向的斜向钢筋，每处斜向钢筋可按筒壁每 100mm 厚度采用 250mm^2 的钢筋面积，且钢筋不宜少于 2 根；

(3)所有加强钢筋伸过孔洞边缘的长度不应小于 45 倍钢筋直径；

(4)孔洞宜设计成圆形。矩形孔洞的转角宜设计成弧形。

3.5　塔台基础设计

塔台结构体型高耸、头重脚轻，在风荷载和地震作用的水平作用下倾覆力矩较大，基础可能出现拉力。对于塔台的基础，宜根据受力特点和地质特点进行选型。在中低压缩性土、高压缩性土和微风化岩石等地质条件下，基础宜分别选环形扩展基础、环形承台桩基础和岩石锚杆基础。

3.5.1　地基计算

塔台地基应进行承载能力计算。在轴心荷载作用时，应满足式(3-23)：

$$p_k = f_{ak} \tag{3-23}$$

式中，p_k 为相应于作用的标准组合时，基础底面的平均压应力值(kPa)；f_{ak} 为修正后的地基承载力特征值，应按现行国家标准《建筑地基基础设计规范》(GB 50007—2011)的规定采用。

当偏心荷载作用时，除应符合式(3-23)的规定外，还应按式(3-24)验算：

$$p_{k\max} = 1.2 f_a \tag{3-24}$$

式中，p_{kmax}为相应于作用的标准组合时，基础底面边缘的最大压应力值(kPa)。

当考虑地震作用时，在式(3-23)、式(3-24)中应采用调整后的地基抗震承载力f_{aE}替代地基承载力特征值f_a，地基抗震承载力f_{aE}应按现行国家标准《建筑抗震设计规范(附条文说明)(2016年版)》(GB 50011—2010)的规定采用。

当基础承受轴心荷载和在核心区承受偏心荷载时，需首先计算基础底面的压应力。在轴心荷载作用下，环形基础的压应力按式(3-25)计算：

$$p_k=\frac{F_k+G_k}{A} \tag{3-25}$$

式中，F_k为标准组合作用下，上部结构传至基础的竖向应力值(kN)；G_k为基础自重和基础上的土重标准值(kN)；A为基础底面面积(m^2)。

在偏心荷载作用下，环形基础下的极值压应力为

$$p_{kmax}=\frac{F_k+G_k}{A}+\frac{M_k}{W}$$

$$p_{kmin}=\frac{F_k+G_k}{A}-\frac{M_k}{W} \tag{3-26}$$

式中，M_k为标准组合作用下，上部结构传至基础的力矩值($kN \cdot m$)；W为基础底面的抵抗矩(m^3)；p_{kmin}为相应于作用的标准组合时，基础底面边缘的最小压应力值(kPa)。

是否对塔台结构的地基变形进行验算，目前尚无专门规范规定，可参照《高耸结构设计标准》(GB 50135—2019)的相关规范执行。表3-10给出了需验算地基变形的高耸塔体结构。除了表中的塔体结构，有下列情况之一的，仍应做地基变形验算。

表3-10　需验算地基变形的高耸塔体结构

地基主要受力层状况	地基承载力特征值 f_{ak}/kPa	$80 \leqslant f_{ak} < 100$	$100 \leqslant f_{ak} < 130$	$130 \leqslant f_{ak} < 160$	$160 \leqslant f_{ak} < 200$	$200 \leqslant f_{ak} < 300$
烟囱	高度/m	> 40	> 50	> 75	> 75	> 100
通信塔和单功能电视发射塔	高度/m	> 60	> 80	> 100	> 120	> 150
水塔	高度/m	> 20	> 30	> 30	> 30	> 30
	容积/m^3	> 100	> 200	> 300	> 500	> 1000

(1)在基础上及其附近有地面堆载或相邻基础荷载差异较大，可能引起地基产生过大的不均匀沉降时；

(2)软土地基上相邻建筑距离近，可能发生倾斜时；

(3)地基内有厚度较大或厚薄不均的填土或地基土，其自重固结未完成时；

(4)采用地基处理消除湿陷性黄土地基的部分湿陷量时。

下部未处理湿陷性黄土层的剩余湿陷量应符合现行国家标准《湿陷性黄土地区建筑标准》(GB 50025—2018)的规定。

倾斜角根据沉降量和基础尺寸按式(3-11)计算，地基变形允许值按表3-5确定。

计算塔台地基变形时，传至基础底面上的作用效应应采用正常使用状态下作用的准永久组合，当风玫瑰图严重偏心时，应取风的频遇组合，不应计入地震作用。

3.5.2　基础设计

塔台结构通常体型高耸，对风荷载较为敏感，塔底部往往出现较大上拔力，为提高塔台结构的整体抗倾覆能力，可扩大地下室的尺寸，以扩大底部范围、增加基础埋深。塔台结构基础设计，要求在正常使用极限状态下基础底面不出现零应力区，在地震作用下基础底面不出现零应力区。

塔台结构基础设计所采用的作用效应和相应的抗力限值应符合下列规定：①按地基承载力确定基础底面积及埋深或按单桩承载力确定桩的数目时，传至基础或承台底面上的作用效应应采用正常使用极限状态下作用的标准组合；相应的抗力应采用地基承载力特征值或单桩承载力特征值。②计算基础抗拔稳定时，作用效应应采用承载力极限状态下作用的基本组合，但其分项系数应为1.0。③在确定基础或桩基承台高度、计算基础内力、确定配筋和验算材料强度时，上部结构传来的作用效应组合和相应的基底反力应采用承载能力极限状态下作用的基本组合，采用相应的分项系数；验算基础裂缝宽度时，应按正常使用极限状态下作用的标准组合并考虑长期作用的影响进行计算。

1. 环形扩展基础

高耸结构中一般很少用刚性基础，即无筋扩展基础。柔性配筋的环形扩展基础如图3-4所示，在天然地基上的高耸结构基础中最为常见。环形扩展基础的外形尺寸宜符合下列规定：

$$r_4 \geqslant \psi r_c \tag{3-27a}$$

$$h \geqslant \frac{r_1 - r_2}{2.2}, \quad h \geqslant \frac{r_3 - r_4}{3} \tag{3-27b}$$

$$h_1 \geqslant \frac{h}{2}, \quad h_2 \geqslant \frac{h}{2} \tag{3-27c}$$

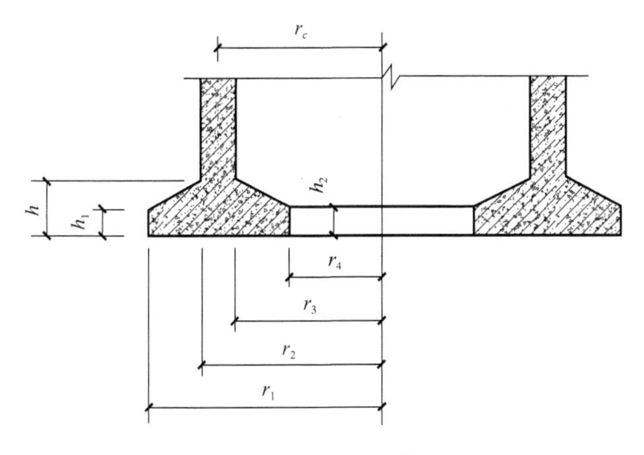

图3-4　环形扩展基础

式中，r_c为筒体底截面的平均半径(m)，$r_c = \frac{r_2 + r_3}{2}$；$r_1$、$r_2$、$r_3$、$r_4$分别为基础不同位置的半径(m)；$\psi$为环形基础底板外形系数，可根据比值$r_1 / r_c$按图3-5确定，或按

$\psi = -3.9\times\left(\frac{r_1}{r_c}\right)^3 + 12.9\times\left(\frac{r_1}{r_c}\right)^2 - 15.3\times\frac{r_1}{r_c} + 7.3$ 进行计算。

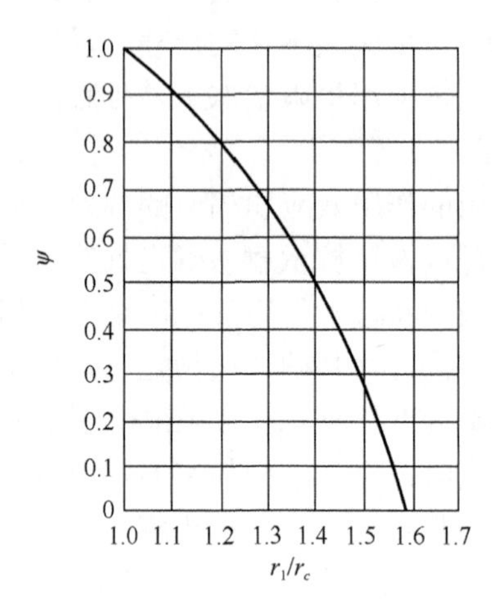

图 3-5　环形基础底板外形系数 ψ 曲线

计算环形基础底板强度时(图 3-6)，可取基础外悬挑中点处的基底最大压应力 p 作为基底均布荷载，该应力可按式(3-28)计算，对基底部分脱开的基础，除基底压力分布的计算不同外，底板强度计算时 p 的计算方法相同。

$$p=\frac{N}{A}+\frac{M}{I}\frac{r_1+r_2}{2} \tag{3-28}$$

式中，N 为相应于作用效应基本组合时上部结构传至基础的轴向力设计值(不包括基础底板自重及基础底板上的土重)(kN)；M 为相应于作用效应基本组合时上部结构传至基础的力矩设计值(kN·m)；A 为基础底板的面积(m^2)；I 为基础底板的惯性矩(m^4)。

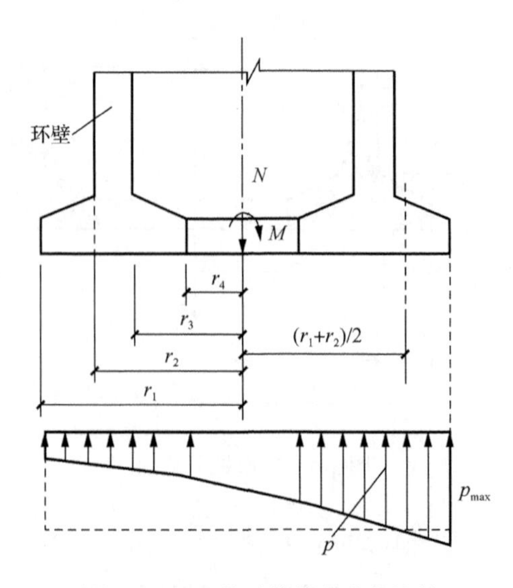

图 3-6　环形基础的基底荷载计算

塔台作为高耸结构，在基础受上拔力作用时，底板反向弯曲，因此在底板上表面需要做配筋验算的情况在其他结构中一般不会出现，但在高耸结构中却很普遍。故塔台结构环形扩展基础在承受上拔力时应进行底板抗拔强度计算，按计算结果在底板上表面配负弯矩钢筋，并应满足最小配筋率要求。可按式(3-29)求得基础上表面均布荷载设计值基本组合 p：

$$p=\frac{1.35G}{A} \tag{3-29}$$

式中，A 为基础底板的面积(m^2)；G 为考虑作用分项系数的基础自重及抗拔角范围内的覆土重。

对于圆形或方形基础，抗拔角如图 3-7 所示。对基础埋深 h_t 小于等于临界深度 h_{cr} 的情况，抗拔角 α_0 如图 3-7(a)所示；$h_t > h_{cr}$ 的情况如图 3-7(b)所示。图中 d、b 分别为圆形基础的直径和方形基础的边长。当矩形基础的长边 l 与短边 b 之比小于 3 时，可折算为 d=0.6 $(b+l)$ 后，按圆形基础对待取值。

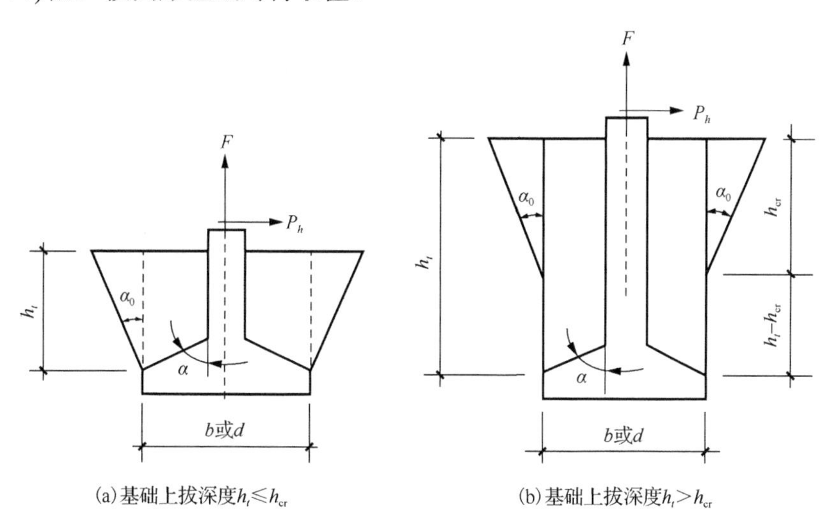

图 3-7　圆形或方形基础的抗拔角

抗拔角 α_0 按表 3-11 取值，临界深度 h_{cr} 按表 3-12 采用。临界深度 h_{cr} 为基础在上拔力作用下整体破坏的计算深度。对人工填土，按表 3-11 取值时，应确保填土密度不小于表中土的计算重度 γ_s。当对基础开挖方式及施工质量无把握时，抗拔角 α_0 按 $0°$ 取用。基础上拔深度内有多层土时，α_0 按层厚度加权平均值估算。当塔台结构的基础有可能处于地下水中或有可能被水淹没时，土重和基础重标准值均应减去水的浮力。

表 3-11　土的计算重力密度和土体计算抗拔角

类别	黏性土、粉土			粗砂、中砂、碎石土、风化岩石	细砂	粉砂	碎石土、砂类土
	坚硬、硬塑、密实	可塑、中密	软塑、流塑、稍密	中密～密实	稍密～密实	稍密～密实	松散
γ_s/(kN/m^3)	17	16	15	17	16	15	15
α_0/(°)	25	20	10～0	28	26	22	0

表 3-12　土重法计算的临界深度

回填土类别	密实情况	临界深度 h_{cr}	
		圆形基础	方形基础
砂土、碎石土、岩石	稍密～密实	$2.5d$	$3.0b$
黏性土、粉土	坚硬、硬塑、密实	$2.0d$	$2.5b$
黏性土、粉土	可塑、中密	$1.5d$	$2.0b$
黏性土、粉土	软塑、稍密	$1.2d$	$1.5b$

塔台结构一般采用混凝土筒体，但也有塔台的外筒采用钢网格结构。此时，钢结构基础顶面的锚栓设计应符合下列规定：①应根据上部钢结构传到塔脚的上拔力或弯矩、水平力等进行锚栓设计，考虑安装构造要求并根据基础顶的后浇混凝土情况进行必要验算；②塔脚底板安装后必须与下部混凝土支撑面贴合紧密，严禁长期悬空。当塔脚底板下设置后浇混凝土层时，应按压弯构件并考虑水平剪力，验算施工期悬空段锚栓的强度与稳定性；③普通锚栓宜用双螺母防松；④普通锚栓埋设深度应根据现行国家标准《混凝土结构设计规范(2015 年版)》(GB 50010—2010)的规定接受受拉钢筋锚固要求确定。

2. 桩基础

当地基的软弱土层较深厚，上部荷载大而集中，采用浅基础已不能满足塔台结构对地基承载力和变形的要求时，宜采用桩基础。塔台结构的桩基础宜采用预制钢筋混凝土桩、混凝土灌注桩和钢管桩。桩的选型，应综合考虑地质情况、上部结构类型、荷载大小、施工条件、单桩设计承载力、沉桩设备、建筑物场地环境等因素，通过技术经济比较确定。

应选择较硬土层作为桩端持力层。桩端全断面进入持力层的深度，对于黏性土、粉土，不宜小于 $2d$，其中 d 为圆形截面桩的直径或方形截面桩的边长；对于砂土，不宜小于 $1.5d$；对于碎石土，不宜小于 d。当存在软弱下卧层时，桩端以下硬土层厚度不宜小于 $3d$。对于嵌岩桩，嵌岩深度应综合荷载、上覆土层、基岩、桩径、桩长等因素确定；嵌入倾斜的、完整和较完整岩的全断面深度不宜小于 $0.4d$，且不宜小于 0.5m，倾斜度大于 30% 的中风化岩，宜根据倾斜度及岩石完整性适当加大嵌入岩层的深度；嵌入平整、完整的坚硬岩的深度不宜小于 $0.2d$，且不应小于 0.2m。

桩基计算包括桩顶作用效应计算，桩基竖向抗压及抗拔承载力计算，桩基沉降计算，桩基的变形允许值、桩基水平承载力与位移计算，桩身承载力与抗裂计算，以及桩承台计算等，均应按现行行业标准《建筑桩基础技术规范》(JGJ 94—2008)的规定进行。

对于承受水平推力的桩，桩身内力可按 m 法计算，m 为地基土水平抗力系数的比例系数。桩纵筋的长度不得小于 $4/\alpha$，α 为桩的水平变形系数。比例系数 m 和变形系数 α 应符合现行行业标准《建筑桩基础技术规范》(JGJ 94—2008)的规定。当桩长小于 $4/\alpha$ 时，应通长配筋。

承受水平推力的单桩独立承台之间应设正交双向拉梁，其截面高度不应小于桩距的 1/15，受拉钢筋截面积可按所连接柱的最大轴力的10% 作为拉力计算确定。

承受水平推力的桩在桩顶 $5d$ 范围内的箍筋应适当加密。

受较大横向力或对横向变位要求严格的塔台结构桩基，应验算其横向变位，必要时尚应验算桩身裂缝宽度。桩顶位移限值应小于10mm。

对安全等级为一级或二级的塔台结构，应通过拔桩试验求得单桩的抗拔承载力。单桩的抗拔承载力特征值 R_a 初步计算时可根据式(3-30)计算：

$$R_a \leqslant G \times 0.9 + \frac{\alpha_b u_p \sum f_i l_i}{\gamma_s} \tag{3-30}$$

式中，γ_s 为桩侧阻抗力分项系数，一般取 2.0；α_b 为桩与土之间抗拔极限摩阻力与受压极限摩阻力间的折减系数，当无试验资料且桩的入土深度不小于6.0m时，可根据土质和桩的入土深度，取 $\alpha_b = 0.6 \sim 0.8$（砂性土，桩入土较浅时取低值；黏性土，桩入土较深时取高值）；f_i 为桩穿过的各分层土的极限摩阻力(kPa)；l_i 为桩穿过的各分层土的厚度(m)；u_p 为桩的截面周长(m)；G 为桩身的有效重力(kN)，水下部分按浮重计。

应按现行国家标准《混凝土结构设计规范(2015年版)》(GB 50010—2010)验算抗拔桩桩身的抗拉承载力。

抗拔桩设计应满足裂缝控制要求，具体如下：①桩按抗压、抗拔计算及构造要求通常配置纵向钢筋。纵向钢筋应沿桩周边均匀布置，纵向筋焊接接头必须符合受拉接头的要求。②具有多根抗压且抗拔的板式承台，其顶面和底面均应根据双向可变弯矩的计算或构造要求配筋，上下层钢筋之间应设架立筋。③抗拔桩主筋和基础柱墩主筋锚入承台的长度均应按抗震区受拉钢筋的锚固长度或者非抗震区受拉钢筋的锚固长度计算，每个桩中宜有两根主筋用附加钢筋与锚栓焊接连通，附加钢筋直径不宜小于 $\phi 12$。

3. 岩石锚杆基础

当塔台结构建设场地岩层外露或埋深较浅时，宜按岩石锚杆基础(图3-8)设计。岩石锚杆基础的承载力特征值应按岩土工程勘查报告确定，岩石锚杆基础适用于中风化及以上的硬质岩。

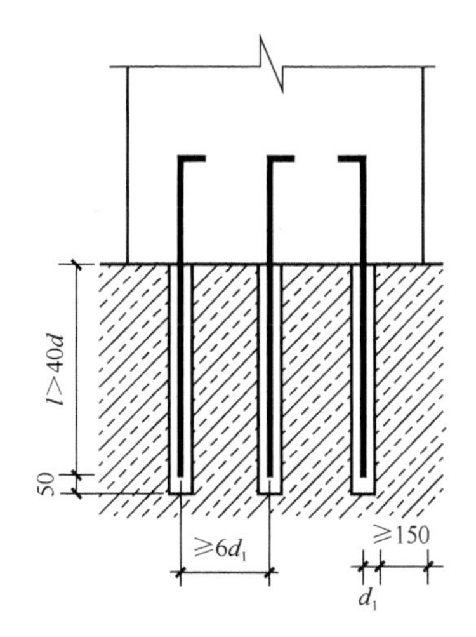

图3-8　岩石锚杆基础

d_1-锚杆孔直径；l-锚杆的有效锚固长度；d-锚杆直径

岩石锚杆基础的基座应与岩石连成整体。锚杆孔直径d_1一般取3～4倍锚杆直径d，但不应小于1倍锚杆直径d加50mm。锚杆的有效锚固长度应大于$40d$，锚杆中心间距不小于$6d_1$，锚杆到基础的边距不应小于150mm，锚杆钢筋离孔底宜为50mm。

锚杆插入上部结构的长度应符合钢筋的锚固长度规定。

锚杆宜采用热轧带肋钢筋；应按作用效应基本组合计算上拔力，并按钢筋强度设计值计算锚杆截面。

灌孔的水泥砂浆或细石混凝土强度等级不宜低于M30或C30，灌浆前应将锚杆孔清理干净，并保证灌注密实。

岩石锚杆基础中单根锚杆所承受的上拔力应按式(3-31)验算：

$$N_{ti}=\frac{F_k+G_k}{n}-\frac{M_{xk}y_i}{\sum y_i^2}-\frac{M_{yk}x_i}{\sum x_i^2} \tag{3-31a}$$

$$N_{t\max}\leqslant R_t \tag{3-31b}$$

式中，F_k为相应于作用效应标准组合作用在基础顶面的竖向压力值(kN)，上拔力为负值；G_k为基础自重及其上的土重标准值(kN)；M_{xk}、M_{yk}为按作用效应标准组合计算的作用在基础底面形心上的力矩值(kN·m)；x_i、y_i分别为第i根锚杆至基础底面形心的y轴、x轴的距离(m)；N_{ti}为作用效应标准组合下，第i根锚杆所承受的上拔力(kN)；R_t为单根锚杆的抗拔承载力特征值(kN)。

对于安全等级为一级的塔台结构，单根锚杆的抗拔承载力特征值应通过现场试验确定，其试验方法应符合现行国家标准《建筑地基基础设计规范》(GB 50007—2011)的规定。对于安全等级为二级的塔台结构，单根锚杆的抗拔承载力特征值可按式(3-32)计算：

$$R_t\leqslant 0.8\pi d_1 lf \tag{3-32}$$

式中，d_1为锚杆孔直径(m)；l为锚杆有效锚固长度(m)，当$l>13d_1$时，取$l=13d_1$；f为砂浆与岩石间的黏结强度特征值(kPa)，由试验确定，当缺乏资料时，可根据岩质情况按表3-13取用。

表3-13　砂浆与岩石间的黏结强度特征值　　(单位：kPa)

岩石坚硬程度	软岩	较软岩	硬质岩
黏结强度特征值f	100～200	200～400	400～600

注：水泥砂浆强度等级为M30或细石混凝土强度等级为C30。

第 4 章　机库结构设计

随着民航业的飞速发展，机身结构向大尺寸发展的趋势也更加明显，相应的机库结构向更大跨度的方向发展已成为主流。与民用建筑物相较而言，机库具有大跨度、大自重、内部净空高等特点。为适应持续增加的飞机数量以及满足飞机存放、维修的功能要求，同时为了避免因机场的改建和扩建、飞机机型的改变而造成机库的废弃，在机库设计时，必须考虑机场当前及中远期规划、周边设施等因素。

随着飞机机型不断地更新迭代，机库的使用功能也在不断地改变。机库的功能从以前飞机简单的停靠发展到目前飞机重要零部件的大检大修；机库的跨度从 20 多米跨的简易小机库发展到多机位超大跨结构机库；机库的结构形式由早期的平面体系结构发展到现在的空间桁架、空间网架、悬臂、斜拉等多种结构形式；屋盖结构的围护层由开始的重型屋面发展到目前主要使用的轻屋面。

4.1　机库建筑要求及形式

4.1.1　机库建筑设计

1. 建筑特点

机库的用途决定了机库设计必须考虑其内部设计因素(飞机数量与尺寸)及外部设计因素(机场净空)，这些设计因素决定了机库建筑的特点。

(1) 机库主体结构跨度大。

机库屋盖的长度和跨度是随飞机的尺寸改变而变化的。一般的机库跨度都在 60m 以上，支线飞机机库的跨度也在 42m 以上，目前国内最大的机库跨度已经达到 300m。

(2) 机库内部净空高。

飞机的高度直接决定着机库内部净空的高度。大型飞机机库的内部净空一般不小于 20m，有的机库已达到 30m 的最大净空高度。如 A380 客机机库，其机身本身高度已经为 24.09m，再加上吊车的使用高度，机库内部净空高度需达到 30m。但是，由于受到机场净空的限制，机场建筑物高度一般不得超过 40m，机库建筑的总高度也受到这个限制。

(3) 机库屋盖结构自重大。

屋盖结构的用钢量随屋盖结构的跨度增大而增大，结构自重在全部荷载中的占比也随之增大。根据机库使用功能要求，屋盖除布置悬挂移动维修设备外，还需为可移动的机库大门提供上部支点，这就要求屋盖结构有较大刚度，从而增大了机库屋盖结构自重。另外，若采用轻屋面系统，在风荷载较大的情况下，需考虑大门开敞时风吸力对结构的影响。

(4)机库开门尺寸大。

飞机的整体宽度往往是其翼展尺寸，较大的翼展尺寸增加了机库开门宽度的要求。为方便飞机进出，机库大门往往与飞机的宽度相适应。与此相对应，机库往往采用三边支撑的结构布置，大门处不布置支撑或仅有中部支撑。但是，这样的结构布置往往会造成机库刚心和质心偏离较大，在水平力作用下易发生扭转，结构整体抗震性能较差，从而增加了机库结构的设计难度和建造成本。

2. 平面设计

首先进行建筑平面布置，按照机场规划设计及航空公司发展定位，根据所需机型尺寸确定机库开间及进深。常见机型尺寸见表 4-1。

表 4-1　机型尺寸统计数据

机型	飞行区等级	翼展/m	长度/m	高度/m
A300-B4	4D	44.8	54.1	16.5
A300-600	4D	44.8	54.1	16.5
B707-300	4D	44.4	46.6	12.8
B707-400	4D	44.4	46.6	12.8
B737-700	4D	35.8	33.6	12.5
B747-8(洲际客机)	4D	68.4	76.3	19.4
B767-300	4D	47.6	54.9	15.8
B777-200LR	4D	64.8(伸展状态)	63.7	18.6
CL-44D-4	4D	43.4	41.7	11.2
伊尔-62M	4D	43.2	53.1	12.4
图-134A	4D	29.0	37.3	9.38
图-154	4D	37.6	47.9	11.4
图-204	4D	41.8	46.1	13.9

海南航空控股股份有限公司基地机库由机库大厅、北侧 3 层高附楼和东侧辅房三部分组成，建筑面积为 20000m^2。其中机库大厅屋盖跨度为 112m，进深为 80m，总高为 38.15m；可以同时停放 1 架 B787-8 飞机和 1 架 B737-800 飞机，或者同时停放 3 架 B737-800 飞机；用于航线维护和低级别工作，如图 4-1、图 4-2 所示。

河北航空公司机库位于石家庄正定国际机场河北航空公司基地内，由维修大厅、3 层附楼和辅房组成，建筑面积为 15000m^2，其中维修大厅屋盖跨度为 85m，建筑高度为 31m，结构下弦高度为 22m；机库大门高度为 15m，局部为 21m，可满足 2 架 B737 飞机同时入库维修，并可兼顾 3 架 B737 飞机同时维修；考虑远期发展，机库高度适当提高，并在大门上部设置尾翼小门，可兼顾 1 架 A330 宽体机入库；机库大厅北侧贴建单层辅房，西侧贴建 3 层附楼，如图 4-3、图 4-4 所示。

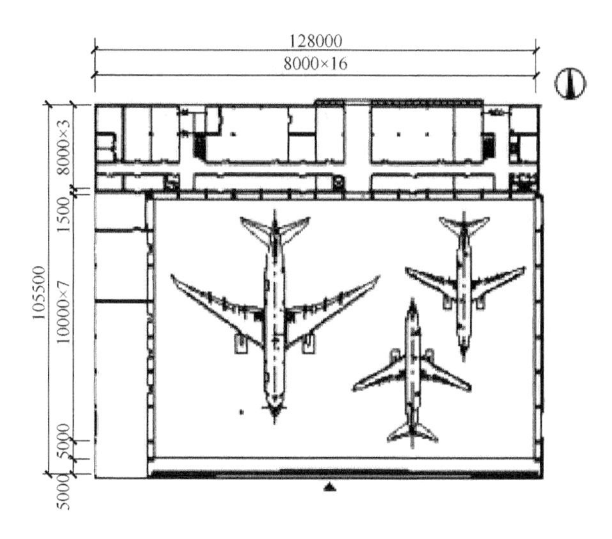

图 4-1　海南航空控股股份有限公司机库大厅平面(单位：mm)

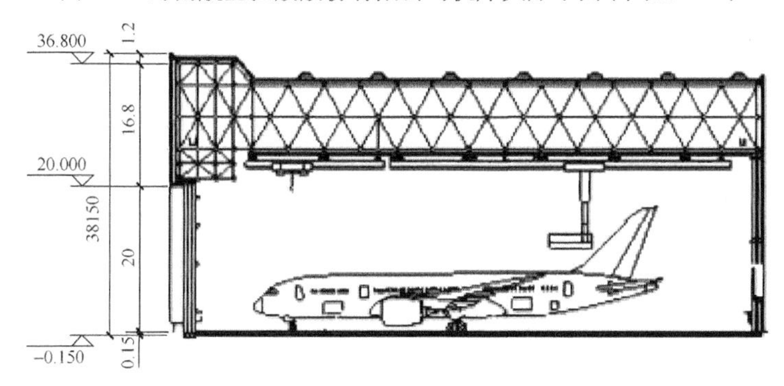

图 4-2　海南航空控股股份有限公司机库大厅剖面(单位：m)

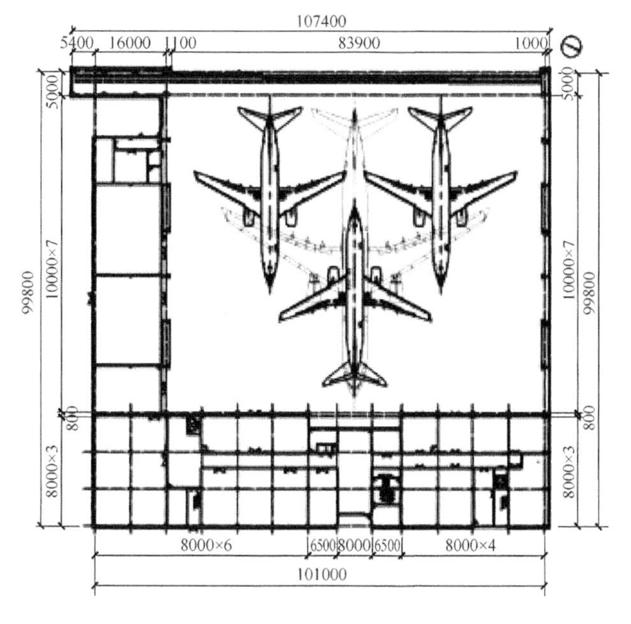

图 4-3　河北航空机库平面(单位：mm)

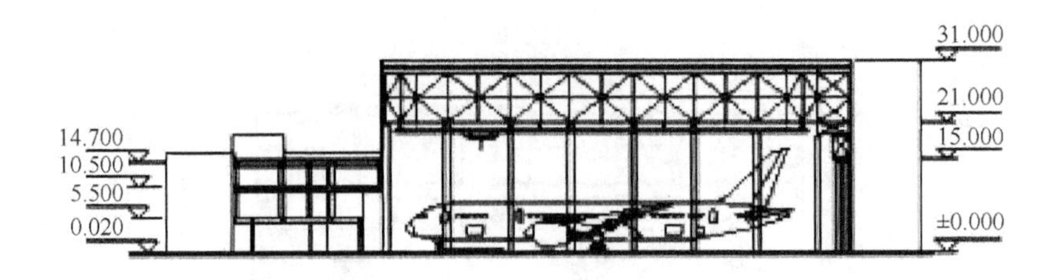

图 4-4　河北航空机库剖面(单位：m)

4.1.2　机库建筑防火设计

1. 一般规定

(1)机库的总图位置、消防车道与其他建筑物的防火间距等应符合航空港总体规划要求。

(2)甲、乙类火灾危险性的场所和库房不得设计在地下或半地下室。

(3)飞机机库需设置不少于 2 部室外消防电梯，如果机库长边大于 250.0m，则需要再增设 1 部室外消防电梯。

2. 防火间距

除下列情况外，相邻机库之间的防火间距不应小于 13.0m：

(1)两座相邻机库间较高的一面外墙被设计为防火墙时，对防火间距不限制；

(2)两座相邻机库间较低的一面外墙被设计为防火墙时，较低机库屋顶结构的耐火极限应不低于 1h，防火间距也应被设计为不小于 7.5m。

机库与其他建筑物之间的防火间距不应小于表 4-2 的规定。

表 4-2　机库与其他建筑物之间的防火间距　　(单位：m)

建筑物名称	喷漆机库	高层航材库	一、二级耐火等级的丙、丁、戊类厂房	甲类物品库房	乙、丙类物品库房	机场油库	其他民用建筑	重要的公共建筑
机库	15.0	13.0	10.0	20.0	14.0	100.0	25.0	50.0

注：① 当机库与喷漆机库相邻建造时，应采用防火墙隔开；

② 表中未规定的防火间距，应根据现行国家标准《建筑设计防火规范(2018 年版)》(GB 50016—2014)的有关规定确定。

4.1.3　机库大门设计

机库门的设计应满足相应结构设计规范的要求。另外，在风荷载标准值作用下，机库门骨架挠度不应大于表 4-3 的要求，且上导轨支承点间距的挠度不应大于 1/350。

表 4-3　机库门骨架挠度要求

机库门开启类型		挠度(L 为跨度)
推拉式、侧转式	铝合金型材	$L/180$
	钢型材	$L/250$
上叠式	帘布固定架	$L/250$
	下过梁	$L/300$

4.2　机库结构选型

4.2.1　机库结构选型原则

1. 工艺要求的选型原则

(1)机库应具有足够的空间，同时在设计时需考虑到设备的尺寸及延长机库使用年限的需要，从而取得良好的经济指标。

(2)选型应避免造成空间浪费，合理选用节省空间的结构型式。

(3)结构应符合机场空管高度限制。

2. 结构受力要求的选型原则

根据大量的实际工程经验与相关研究成果，总结出机库受力方面的选型原则：

(1)杆件内力与支座反力分布尽量均匀；

(2)整体刚度好，屋盖竖向挠度不影响机库门与悬挂吊车正常使用；

(3)结构整体及节点的抗震性能好；

(4)便于施工。

4.2.2　常用结构方案

飞机外形尺寸朝着更庞大的方向发展已成为现在飞机设计的趋势，为适应这种发展趋势，机库屋盖应选择具备足够强度、刚度及稳定性的结构体系，以满足承载力和变形控制的要求。相比于其他结构形式，大跨度空间钢结构具有结构重量轻、跨度大、经济效益高等优点，成为目前机库屋盖结构的主流形式。

1. 门式刚架结构

与传统钢屋盖相比，门式刚架结构具有受力简单、传力路径明确、施工速度快、外形美观等特点，在中、小跨度机库(如跨度为 68m 的沈阳桃仙国际机场的 A300 维修机库)中有所采用。但相较于网架结构，当跨度较大时，其用钢量比较大，造价较高，维护费用也较高。另外，需要设计悬挂吊车的机库不宜采用门式刚架结构体系。

2. 网架结构

网架结构是指杆件按一定规律排列并通过节点连接而成的空间三维受力结构。网架结构在国内外的机库中应用得越来越多。与其他结构比较分析，网架结构有许多优点：

(1)整体性好、刚度大、节点连接简单可靠；

(2)可以适应各种机库造型，网格尺寸与建筑高度较小，可充分利用网架内部空间；

(3)节省用钢量，在大跨度机库中有较好的经济效益；

(4)杆件和节点规格较少，方便结构设计和施工；

(5)分析计算软件及优化设计方法较成熟。

网架结构应用于机库的典型工程实例有如下几个。

(1) 北京首都国际机场 306m 长的机库屋盖。

北京首都国际机场机库(图 4-5)屋盖尺寸为 306m×90m，由于屋盖结构跨度过大，为保证结构整体稳定性，屋盖结构主体采用三层网架结构；仅仅在大门中间有一个柱子，库中不设置任何支承结构，能同时容纳四架 B747 Ⅱ 系列飞机进行维修养护。

图 4-5　北京首都国际机场机库

(2) 厦门太古飞机维修基地 154m 跨网架机库屋盖结构。

厦门太古飞机维修基地(图 4-6)机库装配有 1000t 的吊车梁和升降平台等设备，由于机库屋盖结构设计的创新性和布局的合理性，其单位面积用钢量在国内同类型机库中是最低的，并且还是目前国内设计与施工最快的大跨度网架结构机库。

图 4-6　厦门太古飞机维修基地

3. 悬索结构

悬索结构是由柔性受拉索及其边缘构件所构成的承重结构。在悬索结构的构件中，边缘构件和下部支撑构件对于悬索结构受力十分重要，主要承受或传递拉索拉力。

悬索结构是通过索的轴向拉伸抵抗荷载作用，自重轻，能跨越大跨度。但悬索结构的分析设计理论及施工比较复杂，且屋面刚度小，稳定性低，不适于悬挂吊车等设备。

总体来说，悬索结构具有以下特点：

(1) 受拉索是悬索结构的关键构件，悬索结构受力时，外荷载是由索的轴向拉伸来抵抗的；

(2) 由于索只能受拉的特性，可以充分发挥材料的受拉性能，并且能节省大量材料，从而使结构自重减轻；

(3) 在施工时，容易产生机构位移，增加了施工的不确定性，所以在屋面板的施工过程中应加以重视；

(4) 悬索端部的水平拉力是由悬索结构的边缘构件和下部支撑构件来承受的，其结构要具备一定的刚度与合理的受力形式。

法兰克福机场 5 号机库采用悬索结构体系，其屋盖长宽为 100m×320m，可同时容纳 14 架 B707 Ⅱ 飞机和 6 架 B747 Ⅱ 飞机；悬索结构的两端布置在 34m 高的钢筋混凝土墩座上，中间支承在箱型截面梁上，箱型梁的尺寸为 7.9m×11m。

4. 斜拉结构

斜拉结构体系中有斜拉索、塔柱和屋盖结构等，从结构的角度，可以看作索和自成体系的刚性结构共同作用来抵抗外荷载作用。斜拉结构具有以下特点：

(1) 主体刚性结构和索共同作用来抵抗外荷载，在保有索抗拉优势的同时，能使整体结构的受力更加合理；

(2) 斜拉索主要为主体刚性结构提供弹性支撑点，并可通过缩小支撑点之间的距离来增加结构的整体刚度和减小构件的截面尺寸；

(3) 对斜拉索施加预应力后，能够增加结构的整体性，同时可以避免斜拉索在承受偶然荷载时出现松弛的现象。

斜拉结构应用于机库的典型工程实例有如下几个。

(1) 德国汉莎公司飞机维修机库。

德国汉莎公司飞机维修机库是德国预应力斜拉结构的代表之作。机库屋盖主要由三根主梁来承担，其中主梁支承在钢筋混凝土塔柱上和若干根预应力索上；拉索作为主梁的弹性支座能够大大减小结构主梁的内力，机库屋架结构的整体刚度也会因此大大提高。

(2) 国航成都维修基地 140m 跨机库。

机库的长宽为 140m×80m，机库高为 22m。机库屋盖结构采用横向斜拉结构型式，其特殊之处是非承重的构造门框代替承重门框。机库能够同时容纳三架图-154 飞机和两架安-24 飞机同时维修。

5. 预应力钢结构

预应力钢结构是指在施工之前对钢结构或构件施加预应力。施加预应力的方法主要有四种：钢索张拉法、支座位移法、弹性变形法和手工简易法。

海南航空 1 号机库屋盖结构采用预应力钢拱架结构技术，屋盖结构整体跨度为 99.6m，整体结构由 7 幅拱架组成，其拱顶结构高 29m，两侧有 14 根高 15m 的钢柱。

6. 薄壳结构

薄壳结构属于曲面结构，主要用于承受各种作用产生的中面内的力，材料大多数采用钢筋混凝土。其优点是能充分利用钢筋混凝土材料的受压强度，具有较好的空间刚度，同时又能节约空间，融合了承重与围护两种功能。但是，钢筋混凝土薄壳施工复杂，模板消耗量大，杆系薄壳节点比较复杂，施工周期长。薄壳结构可分为柱面薄壳、圆顶薄壳、双曲扁壳和双曲抛物面壳四类。

薄壳结构的典型工程实例是美国明尼阿波利斯-圣保罗国际机场杆系薄壳机库。该机库采用了典型的薄壳结构，它在荷载作用下可以将压力均匀地分散到壳体的各个部分，使机库屋盖结构和材料的承载能力得到较充分发挥。该机库总建筑面积为 8732m^2，跨度为 75.6m，壳体结构周边外墙布置立柱，另一边大门开口处不设置任何支撑。

7. 杂交结构

杂交结构是将几种不同类型的结构体系组合成为一种新的结构体系。杂交结构往往能够充分利用某种类型结构或某种材料的长处来避免或抵消与之组合的结构或材料的短处，从而改善整个结构体系的受力性能和经济指标。按照组合方式的不同，可分为以下三类：

(1) 刚性结构体系之间的组合，如组合网架、组合网壳、拱支网壳等；

(2) 柔性结构体系与刚性结构体系的组合，如拉索预应力结构、张弦结构、支承膜结构等；

(3) 柔性结构体系之间的组合，如柔性拉索与索网的杂交、索-膜结构等。

杂交结构的典型工程实例是呼和浩特民航机库维修大厅，该结构采用拉索和钢桁架组合的结构，屋盖主体跨度为：9.5m+42m+9.5m，屋面梁底标高 13m。结构的主梁是由四个角钢组成的组合截面，索分为内拉索和外拉索，内拉索是一根 $\Phi 55\times 7$ 高强预应力钢丝束，外拉索由两根 $\Phi 31\times 7$ 高强预应力钢丝束组成，锚地索为一根 $\Phi 55\times 7$ 高强预应力钢丝束。

4.2.3　机库大门开口处理

对于机库，飞机需要通过大门从机库侧边进出，因此不允许在网架开口边设柱，以免使得开口边的刚度较弱，这对于整体机库结构受力是不利的。故需对开口边的屋盖构造进行相应处理，使其具有足够的抵抗变形的能力，满足设计要求。

机库大门处网架边梁的设计往往是机库结构设计的重中之重。边梁应有较大的竖向刚度及承载力，以使屋盖结构的传力路径明确、受力简单，从而节省钢材，达到良好的经济效益。为使屋盖近似具有四边支承条件，主要考虑的做法有以下几种：

(1) 增大开口边的杆件尺寸；

(2) 大门处形成门梁；

(3) 大拱下悬挂自由边；

(4) 采用斜拉结构。

前两种方法是通过加强开口边网架的结构刚度，提高其抗弯性能的，但在实际设计中，增大构件尺寸的方法对于大跨度网架结构来说效果往往并不太理想。大门拱架与斜拉结构是一种理想结构，它们相较于前两种方法的优势在于节省材料，但由于机场限高要求，无法充分发挥拱或塔的力学性能，且考虑到节点、施工的复杂性，综合造价并不节省。

4.3　机库结构静力设计

本节选取机库常用的网架结构进行设计流程介绍，其他结构形式可根据《钢结构设计标准(附条文说明[另册])》(GB 50017—2017)、《门式刚架轻型房屋钢结构技术规范》(GB 51022—2015)、《空间网格结构技术规程》(JGJ 7—2010)、《索结构技术规程》(JGJ 257—2012)、《预应力钢结构技术规程(附条文说明)》(CECS 212—2006)等相关规范要求进行设计。

4.3.1　网架结构的选型

1. 网架体系选择

机库多为三边支承、一边开口的网架结构，结构选型可参照表 4-4 中的周边支承网架结构。在实际工程中，应用比较多的主要为正放四角锥与斜放四角锥网架体系。斜放四角锥网架的节点、杆件数比正放四角锥要多，施工周期较长，在跨度超过 100m 的机库中经济性更好。正放四角锥网架的杆件受力均匀，节点构造相对一致，屋面板规格形式较斜放四角锥网架比较单一，大门处也较容易处理。

表 4-4　网架结构形式的选用

<table>
<tr><th>支承方式</th><th colspan="2">平面形状</th><th colspan="2">选用网架</th></tr>
<tr><td rowspan="6">周边支承</td><td rowspan="4">矩形</td><td rowspan="2">长宽比≈1</td><td>中小跨度</td><td>棋盘形四角锥网架、斜放四角锥网架、星形四角锥网架、正放抽空四角锥网架、两向正交正放网架、两向正交斜放网架、蜂窝形三角锥网架</td></tr>
<tr><td>大跨度</td><td>两向正交正放网架、两向正交斜放网架、正放四角锥网架、斜放四角锥网架</td></tr>
<tr><td>长宽比=1～1.5</td><td colspan="2">两向正交斜放网架、正放抽空四角锥网架</td></tr>
<tr><td>长宽比>1.5</td><td colspan="2">两向正交正放网架、正放四角锥网架、正放抽空四角锥网架</td></tr>
<tr><td colspan="2" rowspan="2">圆形、多边形
(六边形、八边形)</td><td>中小跨度</td><td>抽空三角锥网架、蜂窝形三角锥网架</td></tr>
<tr><td>大跨度</td><td>三向网架、三角锥网架</td></tr>
<tr><td>四边支承，多点支承</td><td colspan="2" rowspan="2">矩形</td><td colspan="2">两向正交正放网架、正放四角锥网架、正放抽空四角锥网架</td></tr>
<tr><td>周边支承与点支承相结合</td><td colspan="2">斜放四角锥网架、正交正放网架、两向正交斜放网架</td></tr>
</table>

注：① 对于三边支承、一边开口的矩形平面网架，其选型可以参照周边支承网架进行；
② 当跨度和荷载较小时，对于角锥体系，可采用抽空类型的网架，以进一步节约钢材。

2. 网架层数选择

按照层数不同，网架可分为双层、三层等。对于大跨度、大悬挂荷载的机库，双层网架较为经济，但刚度较小。三层网架将网架高度一分为二，每层高度减小，杆件(尤其是腹杆)长度也相应减小，杆件稳定性提高，可充分利用钢材的高强性能，而缺点是杆件和节点数量均多于双层网架结构，构造较为复杂，经济性较差。

3. 网架的起拱和屋面排水

网架的起拱一般有两个目的：一是消除结构在使用阶段的挠度影响，称为施工起拱；二是满足造型或排水需要，称为建筑起拱。施工起拱高度不应大于跨度的 1/300。

在网架屋面排水设计中，屋面的坡度一般取 2%～5%。当屋面结构采用檩条体系时，应考虑檩条挠度变化对屋面排水的影响。对于承受荷载和跨度均较大的网架结构，还应考虑网架结构竖向挠度的变化对屋面排水的影响。

4.3.2 荷载取值及荷载组合

1. 永久荷载

机库结构永久荷载一般包括网架杆件和节点的自重、楼面或屋面覆盖材料自重、吊顶材料自重、设备管道自重等，可根据工程实际情况而定。

2. 活荷载

机库结构活荷载主要包括屋面活荷载、楼面活荷载(机库支撑屋盖的辅房往往存在办公室、库房等多层楼面)、悬挂维修设备荷载等。其中，悬挂维修设备是大跨度机库的主要屋盖荷载之一，其对屋盖结构构件的内力和变形影响较大。

3. 风荷载

考虑到机库钢网架屋盖为风荷载敏感结构，基本风压 w_0 的取值应适当提高(如取 100 年重现期)。风荷载体型系数、风压高度变化系数等均应按《建筑结构荷载规范》(GB 50009—2012)取值。

另外，《空间网格结构技术规程》(JGJ 7—2010)规定：对于跨度较大且是复杂形体的空间网格结构，则需要通过风洞试验或专门研究来确定风荷载体型系数；如果空间网格基本自振周期在 0.25s 以上，宜进行专门的风振计算。

4. 雪荷载

机库钢网架屋盖结构为雪荷载敏感结构，取 100 年重现期的基本雪压，屋面高低起伏不同时，应考虑二次堆雪和雪荷载不均匀分布。

5. 温度作用

根据工程当地的气候特征资料，同时参考《建筑结构荷载规范》(GB 50009—2012)，结构考虑温度作用，取升温和降温两种工况。

6. 地震作用

我国是地震多发国家，在机库结构设计时，地震对结构的作用不容忽视。根据《空间网格结构技术规程》(JGJ 7—2010)，对用作屋盖的网架结构：

(1)在抗震设防烈度为 6 度或 7 度的地区，网架结构可不进行抗震验算；

(2)在抗震设防烈度为 8 度的地区，对于周边支承的中小跨度网架结构应进行竖向抗震验算，对于其他网架结构均应进行竖向和水平抗震验算；

(3)在抗震设防烈度为 9 度的地区，对各种网架结构均应进行竖向和水平抗震验算。

荷载组合要求详见 1.3 节。另外，在机库结构计算中，悬挂维修设备荷载组合工况的数量非常大，可在设计中按包络的原则将悬挂维修设备分组联动后进行荷载组合，以简化计算工作量。

4.3.3 机库结构内力计算

1. 计算模型和分析方法

1)基本假定

网架结构是一种高次超静定结构，建立有限元计算模型时，往往采用以下基本假定：

(1)网架节点为铰接，即忽略节点刚度的影响，不考虑次应力对杆件内力的影响；

(2)杆件只承受轴力；

(3)结构材料为完全弹性，在荷载作用下网架变形很小，符合小变形理论。

(4)外荷载都可以等效转化为节点荷载且只作用于网架的节点上。

2)空间杆系/梁系有限元法

空间杆系有限元法也称空间桁架位移法，它以网架的杆件为基本单元，以节点位移为基本未知量，由杆件内力与节点位移之间的关系建立单元刚度矩阵，然后根据各节点的平衡及变形协调条件建立结构的节点荷载和节点位移间关系，形成结构总刚度矩阵和总刚度方程；引入边界条件后，求解出各节点位移值；由杆件单元内力与节点位移间的关系求出杆件内力。

空间杆系有限元法适用于各种类型、各种平面形状、不同边界条件的网架，也能考虑网架与下部支承结构的共同工作。机库支撑屋盖的门库或辅房往往采用钢框架结构，应采用空间梁系有限元法。

2. 结构变形容许值

机库支撑屋盖的钢框架结构在风荷载和多遇地震作用下的弹性层间位移角不宜超过 1/250。

空间网格结构在恒荷载与活荷载标准值作用下的最大挠度值不宜超过表 4-5 中的容许挠度值。

表 4-5 空间网格结构的容许挠度值

结构体系	屋盖结构(短向跨度)	楼盖结构(短向跨度)	悬挑结构(悬挑跨度)
网架	1/250	1/300	1/125
单层网壳	1/400	—	1/200
双层网壳、立体桁架	1/250	—	1/125

注：对于设有悬挂起重设备的屋盖结构，其最大挠度值不宜大于结构跨度的 1/400。

大跨屋盖结构在重力荷载代表值和多遇竖向地震作用标准值下的组合挠度值不宜超过表 4-6 中的限值。

表 4-6　地震组合时大跨屋盖结构的挠度限值

结构体系	屋盖结构（短向跨度 l_1）	悬挑结构（悬挑跨度 l_2）
平面桁架、立体桁架、网架、张弦梁	$l_1/250$	$l_2/125$
拱、单层网壳	$l_1/400$	—
双层网壳、弦支穹顶	$l_1/300$	$l_2/150$

4.3.4　网架构件设计

网架杆件的材料大多采用 Q235 和 Q345 钢材。截面形式可采用钢管、热轧型钢和冷弯薄壁型钢，其中圆钢管应用最为广泛。

根据《空间网格结构技术规程》（JGJ 7—2010），网架杆件的计算长度 l_0 按表 4-7 采用，表中 l 为杆件的几何长度(节点中心间距)。

表 4-7　网架杆件的计算长度

杆件	节点形式		
	螺栓球	焊接空心球	板节点
弦杆及支座腹杆	l	$0.9l$	l
一般腹杆	l	$0.8l$	$0.8l$

对网架杆件的容许长细比有如下规定。

(1) 受压杆件：$[\lambda]=180$。

(2) 受拉杆件：①一般杆件，$[\lambda]=300$；②支座附近杆件，$[\lambda]=250$；③直接承受动力荷载的杆件，$[\lambda]=250$。

网架杆件主要受轴力(拉力或压力)作用，应按现行国家标准《钢结构设计标准(附条文说明[另册])》(GB 50017—2017)计算轴心受力构件的刚度(控制杆件长细比)、强度、稳定性。

1) 轴心受拉

$$\sigma=\frac{N}{A_n}\leqslant f \tag{4-1}$$

$$\lambda=\frac{l_0}{i}=\frac{\mu l}{i}\leqslant[\lambda] \tag{4-2}$$

2) 轴心受压

$$\sigma=\frac{N}{A_n}\leqslant f \tag{4-3}$$

$$\sigma=\frac{N}{\varphi A}\leqslant f \tag{4-4}$$

$$\lambda=\frac{l_0}{i}=\frac{\mu l}{i}\leqslant[\lambda] \tag{4-5}$$

式中，N 为网架杆件轴力；A_n 为网架杆件净截面面积；A 为网架杆件毛截面面积；λ 为网架杆件长细比；i 为网架杆件回转半径；l 为网架杆件几何长度；μ 为网架杆件计算长度系数；l_0 为网架杆件计算长度；φ 为网架杆件稳定系数；f 为网架杆件强度设计值。

无缝圆管和焊接圆管压杆在稳定计算中分别属于 a 类和 b 类截面。

网架是高次超静定结构，杆件截面计算一般由计算机完成，可按满应力原则进行优化设计。

杆件截面过小时，容易产生初弯曲，所以杆件构造要求：普通角钢不宜小于 $\Phi50\times3$；钢管不宜小于 $\Phi48\times3$；对大、中跨度的空间网格结构，钢管不宜小于 $\Phi60\times3.5$。

4.3.5　网架节点设计

1. 网架杆件节点

网架杆件节点用钢量占整个杆件用钢量的 15%～25%，节点设计直接影响网架整体安全性能、制作安装、工程进度、工程造价等。目前常用的机库屋盖网架结构节点有焊接空心球节点、螺栓球节点、焊接钢板节点、焊接钢管节点和杆件直接汇交(相贯焊)节点。

(1)焊接空心球节点(图 4-7)：应用广泛，工艺简单，连接方便，适应性强，规格不需要统一；但用钢量较大，现场仰焊、立焊占很大比例。

图 4-7　焊接空心球节点

(2)螺栓球节点(图 4-8)：节点小，重量轻，精度高，安装方便，没有现场焊接作业，但球体加工复杂，零部件多。

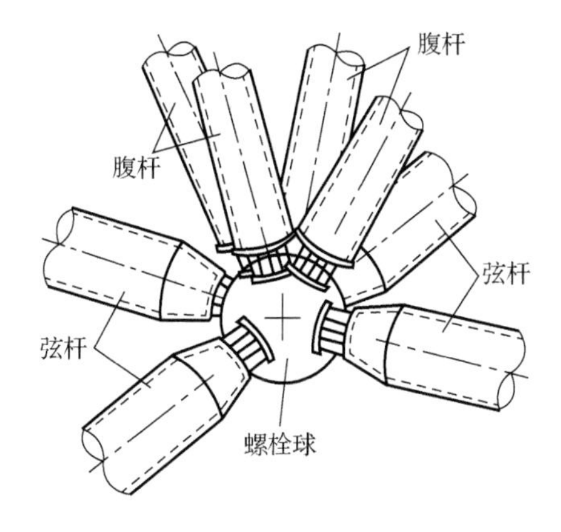

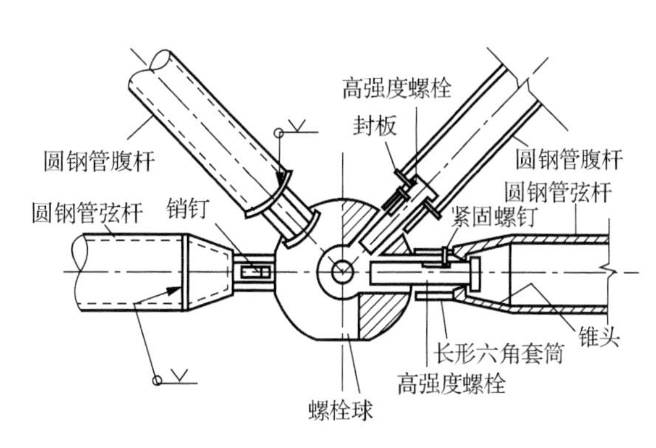

图 4-8　螺栓球节点

(3)焊接钢板节点(图 4-9)：具有双向受力特性，受力复杂，主要用于四角锥或交叉梁形式网架。

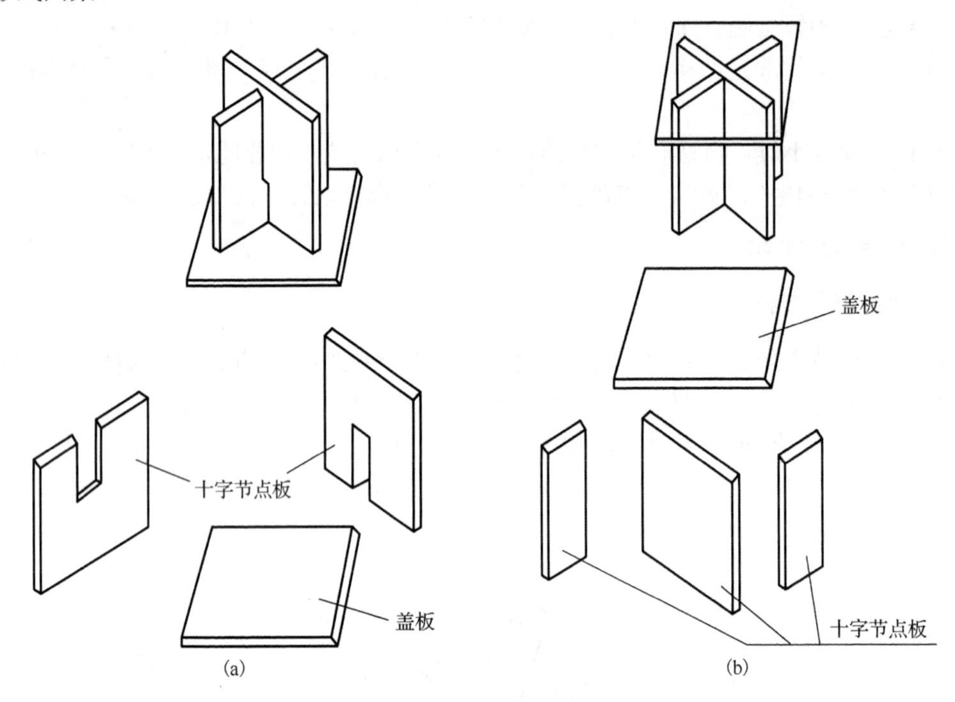

图 4-9　焊接钢板节点

(4)相贯焊节点(图 4-10)：当节点较统一时，有一定的优点，但在网架结构中优势不明显。

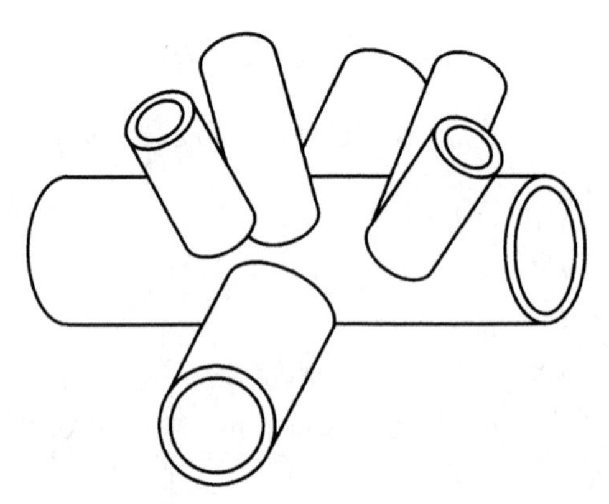

图 4-10　相贯焊节点

2. 网架支座节点

设计网架结构的支座节点时，要具体结合网架类型、网架跨度的大小、荷载作用情况等来选用，构造形式要力求简单并符合计算假定。

网架结构的支座节点按主要受力特点可分为压力支座节点、拉力支座节点、可滑移与转动的弹性支座节点(图 4-11)、刚性支座节点。

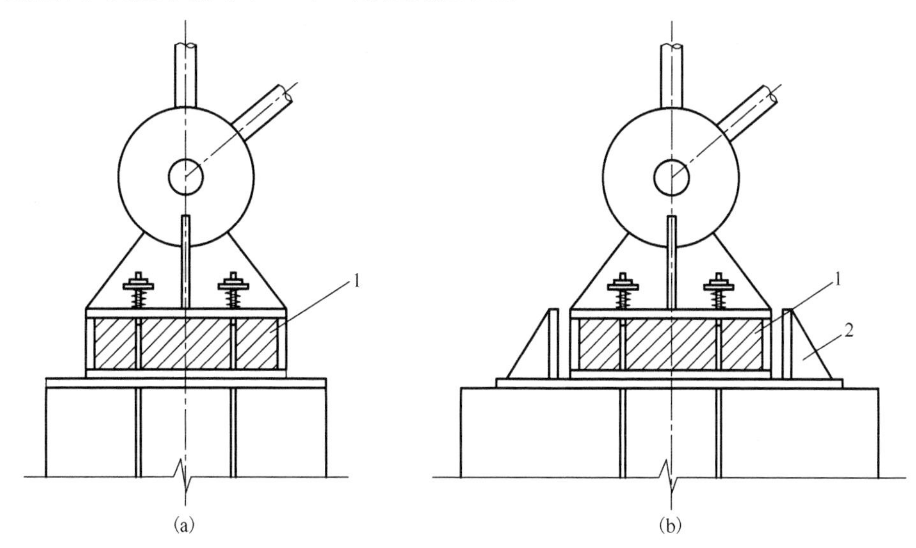

图 4-11　板式橡胶支座节点

1-橡胶垫板；2-限位件

4.4　机库抗震及抗风设计

4.4.1　机库抗震设计

机库大门边不能正常布置边柱列以及柱间支撑抗侧力体系不对称，很容易引起在水平力作用下大型机库结构的整体扭转。同时，屋盖结构边缘约束不对称，使得整个屋盖结构的竖向刚度不均匀，竖向振动情况复杂。设计过程中，应注意调整屋盖结构布置以及选择刚度合适的屋盖支座等，尽量使结构的刚心与质心接近，从而使得结构前几阶振型中不出现或很少出现竖向或扭转变形，以取得良好的结构动力特性和抗震性能。

若为了使结构的刚度中心偏向大门一侧，大大提升大门开口边门库立柱的抗弯刚度，在大门边梁的巨大反力作用下，支承大门边梁的门库立柱会产生巨大的约束内力，这样的结构设计往往不太合理。所以，不宜过度追求结构的刚度中心与质量中心重叠，建议单跨机库的结构刚度中心与结构质量中心在机库进深方向的距离比不大于 1.2。

另外，对于超限大跨机库钢结构，应从严控制支撑屋盖的框架结构辅房和门库在小震下的最大弹性层间位移角。

在进行结构抗震效应分析计算时：对周边落地的空间网格结构，阻尼比为 0.02；对有混凝土结构支承体系的空间网格结构，阻尼比为 0.03。

在单维地震作用下：可用振型分解反应谱法对空间网格结构进行多遇地震作用下的效应计算；如果结构体型复杂或较大跨度结构，应采用时程分析法进行补充计算。

对于体型复杂或较大跨度的空间网格结构，宜进行多维地震作用下的效应分析。进行多维地震效应计算时，可采用多维随机振动分析方法、多维反应谱法或时程分析法。

机库网架屋盖与支撑屋盖的框架结构辅房，在刚度和体型上差异很大。网架的平面刚度很大，而竖向刚度相对较小，辅房的刚度则相反。在网架水平方向，由于温度变化而产生的温度应力，必须由支座自身释放、消能；否则，由此引起的水平反力必将对辅房产生很大影响。另外，地震力产生的网架支座水平反力也会对辅房产生同样的后果。所以，在机库网架屋盖与支撑屋盖的框架结构辅房之间采用减震弹簧支座，往往对改善机库结构的整体抗震性能和协调温度应力非常有用。

4.4.2 机库抗风设计

大型机库具有超大跨度的平面屋顶，且在机库使用过程中，有大门开敞、全闭及部分关闭等多种情况出现，每种情况下风荷载作用的特点各不相同，特别是机库室内的压力变化，使得机库在抗风设计方面与一般大跨度公共建筑有很大的不同，我国现行《建筑结构荷载规范》(GB 50009—2012)的风振系数并不完全适用于机库结构。

对于大型或重要的机库，需要通过风洞试验或专门的风振计算来研究大门开敞、全闭及部分关闭等多种情况下风荷载的体型系数、风振系数等基本参数，为机库抗风设计提供保障。

4.5 机库实例分析

4.5.1 机库实例工程简介

江苏某机场机库(图 4-12)为空间网架结构，建筑设计使用年限为 50 年，结构安全等级为一级，全部为地上结构，无地下室。维修大厅面积为 4096m^2，可容纳一架飞行区等级 4D 级的飞机入库进行 C 检维修。辅房面积为 672m^2。屋面设计为不上人屋面，辅房包含航材仓库、空压机房、配电间、控制室、卫生间、会议室、办公区等。

图 4-12 江苏某机场机库

4.5.2　机库实例工程建筑设计

按照航空公司的发展定位，考虑维修机库容纳一架飞行区等级 4D 级飞机(如 B767、A300 等双发中程宽体客机)入库进行 C 检以下(含 C 检)维修，可进行清洗飞机外表、修补燃油箱、更换发动机、顶升飞机更换起落架等大型维修项目。

经过综合分析，确定维修大厅跨度和进深均为 64m，考虑到结构布置与辅房使用需求，横向、纵向柱距均取为 8m，使得辅房空间划分合理，可灵活切分，开间、进深均满足使用要求。考虑机库维修作业需求，根据维修任务所需起重量要求，在网架下弦布置一部起重量为 10t 的多支点悬挂起重机，工作区域按全覆盖考虑。

参考各机型尾翼高度数据与《飞机库大门》(04CJ02)图集，确定机库大门高度为 18m，宽度为 62m，采用推拉门设计，大门中部开设小门，尺寸取为 2m×0.9m，方便工作人员进出。在大门两侧布置门库，作为门扇开启后的停放位置，取单面门扇宽度 10.5m，初选门库长度 12m，宽度 4m，横向柱距 6m，与主体部分共同参与抗震分析。门库在结构上也有利于增加大门处的抗侧刚度。

从抗震与防火需求考虑，辅房设在维修大厅外侧，并设缝与机库主体隔开。辅房大门面向机库，方便联络与维修，并设疏散门与外界直接连通。

机库平面图和正立面图如图 4-13、图 4-14 所示。

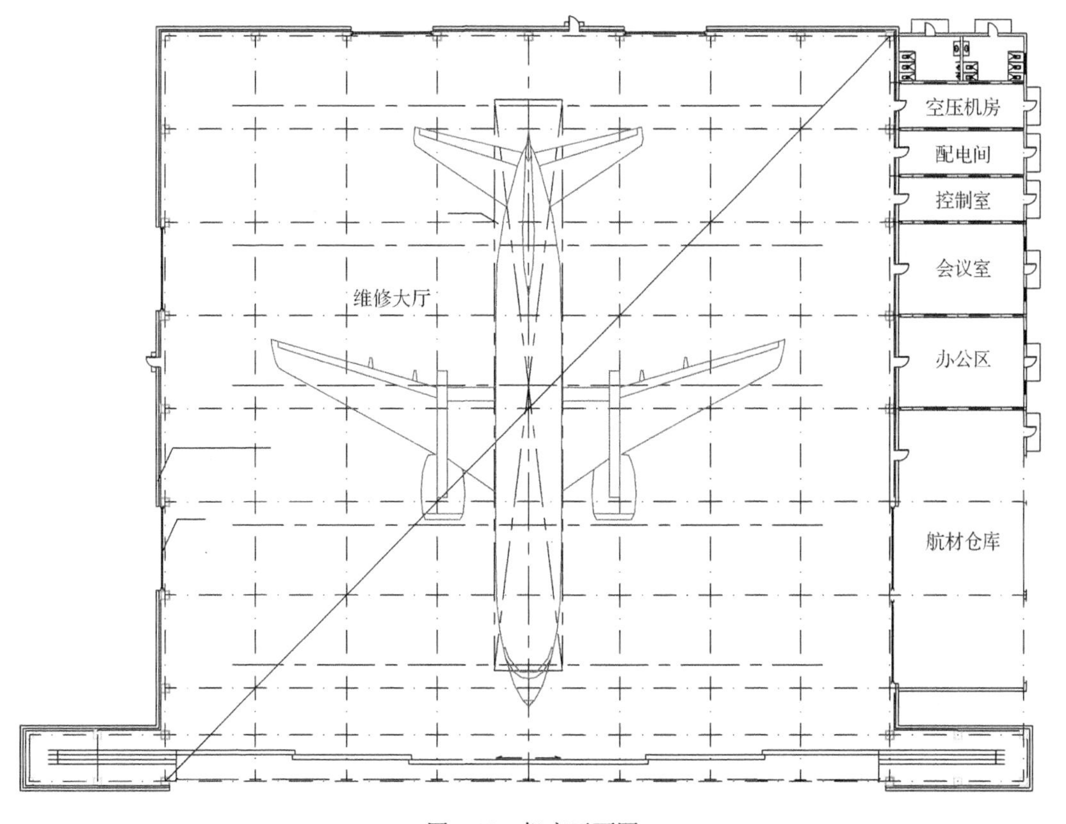

图 4-13　机库平面图

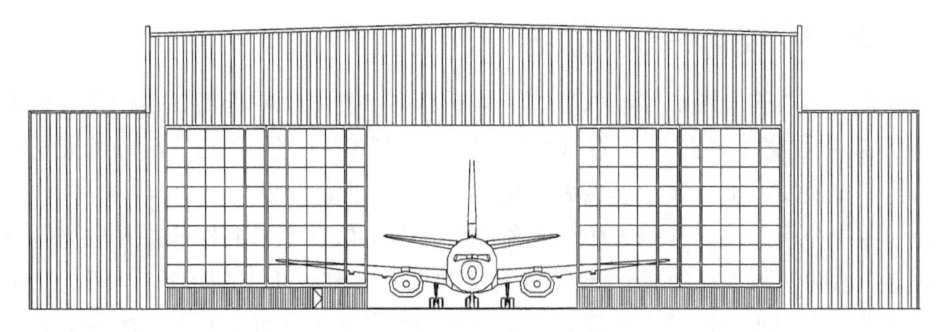

图 4-14　机库正立面图

4.5.3　机库实例工程结构选型

机库为三边支承、一边开口的大跨度结构，根据工艺使用需求，机库屋盖结构选取常用的网架结构。网架长短边之比为 64m/64m=1，平面形状为正方形，优先考虑选用刚度较大的双层或三层正放四角锥网架体系。

结合大门处柱的布置与大门高度，拟在开口边处布置一道门梁。在机库设计中，门梁的做法通常有网架式与桁架式两种，在选型计算时考虑这两种方案，进行对比分析。

为了屋面排水，工程中网架屋面坡度一般取 2%～5%。根据气象资料，本机库所在地年均降水量为 800～930mm，雨量适中，取 3%的排水坡度。本机库网架采用网架变高度找坡方法，沿跨度方向形成双坡自由排水系统，初步确定的结构剖面图如图 4-15 所示。

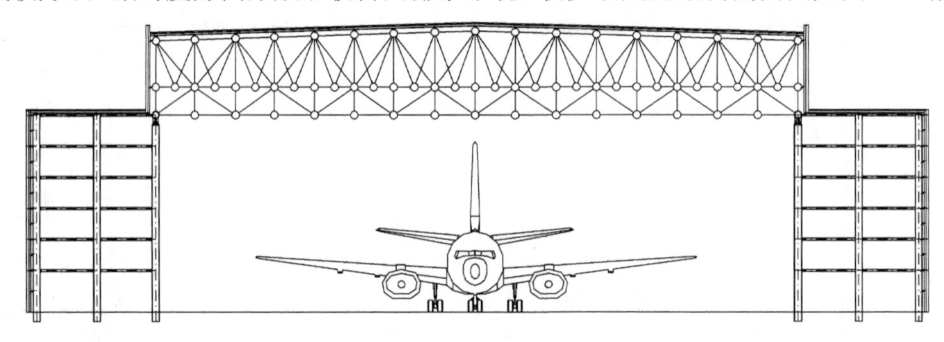

图 4-15　机库结构剖面图

4.5.4　机库实例工程结构设计

1. 荷载及荷载组合

1) 永久荷载计算

(1) 网架自重：包括杆件、焊接空心球节点自重，由软件自动计算。

(2) 屋盖上弦恒载：包含 120mm 厚彩色钢板岩棉夹心板自重、屋面檩条自重、檩条下灯具吊载等，取 0.40kN/m^2。

(3) 屋盖下弦恒载：

① 消防和通风管道荷载，取 0.20kN/m^2；

② 吊车轨道荷载，取每点 4kN，按集中荷载施加在对应网架的下弦节点上；

③ 机库大门荷载，取 1.5kN/m^2，作为集中荷载施加在门梁下弦节点上；

④ 检修马道荷载，取 0.65kN/m。

(4) 侧面围护结构荷载：包含彩色钢板夹聚苯乙烯保温板、墙梁，取 0.3kN/m^2。

2) 可变荷载计算

(1) 不上人屋面活荷载：0.50kN/m^2。

(2) 雪荷载(取 100 年重现期)：0.40kN/m^2。

(3) 马道活载：1kN/m。

(4) 温度作用：50 年重现期的温度为-8～35℃，考虑温度变化±25℃。

(5) 风荷载：基本风压取为 0.40kN/m^2(100 年重现期)。

机库高度近 30m，风振效应的影响不容忽略，根据有关文献与实际工程综合分析，取风振系数为 1.6。

体型系数，按机库大门开敞和全闭两种情况取值，风向分为前、后、侧向三个方向。根据《建筑结构荷载规范》(GB 50009—2012) 中 8.3.1 条的规定，迎风面的体型系数取为+0.8，背风面的体型系数取为-0.5，侧风面的体型系数取为-0.7，属于偏安全的上限值。风向与屋脊垂直时的屋面体型系数在背风面上的值统一为-0.5，其在迎风面上的值与屋盖倾斜度有关，当屋面倾角≤15° 时为-0.6。机库大门开敞时，当迎风面开敞时内部压力系数取+0.8，背风面开敞时取-0.5。

(6) 地震作用：抗震设防建筑分类为丙类，抗震设防烈度为 8 度(0.2g)，场地土类别为Ⅲ类，设计地震分组为第二组，特征周期为 0.55s，抗震等级为三级。计算中取前 30 阶振型，按照振型分解反应谱法考虑水平和竖向地震作用。阻尼比取 0.02。关键杆件的地震组合内力设计值乘增大系数 1.15，关键节点地震作用效应组合设计值乘增大系数 1.2。

(7) 吊车荷载：根据厂房跨度与维修要求，选取奥力通品牌的 CTXU 型多支点悬挂起重机，工作级别为 A4，额定起重量为 10t，共设五条轨道，跨度为 48m。

吊车荷载属于移动荷载，程序计算时应逐点计算内力和位移，最终的内力和位移为所有加载点的包络值。

3) 荷载组合

本机库荷载组合工况较多，具体荷载组合可参考 1.3 节或 4.3.2 节。

2. 屋盖结构选型计算

使用 PKPM 软件，建立屋盖网架结构模型，如图 4-16 所示，并采用满应力法进行优化分析，杆件应力比控制在 0.85 以下。分别考虑双层、三层网架及网架、桁架两种门梁形式，四种屋盖选型主要计算结果对比见表 4-8，可以看出：

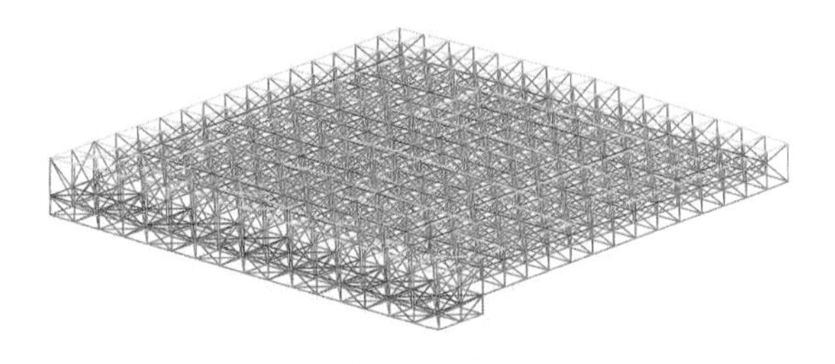

图 4-16　网架结构模型

表 4-8 四种屋盖选型主要计算结果对比

门梁形式	用钢量/kg	单位用钢量/(kg/m²)	门梁挠度/mm	网架挠度/mm
三层网架+网架门梁	171765.0	41.93	104.67(1/611)	123.51(1/518)
三层网架+桁架门梁	172489.9	42.11	94.96(1/674)	113.56(1/564)
双层网架+网架门梁	150706.6	36.79	113.58(1/563)	149.78(1/427)
双层网架+桁架门梁	151430.6	36.97	105.44(1/607)	144.13(1/444)

(1)对于机库结构来说，大门处采用桁架式门梁具有更好的刚度，但用钢量偏高；网架式门梁构造更为复杂，杆件数量更多，不便于布置检修马道；

(2)双层网架的整体刚度小于三层网架，但用钢量明显减少，且节点、杆件数目均较少。

综合考虑各种因素，最终采用双层网架+桁架式门梁形式。

3. 结构整体分析及构件设计

建立包含支承框架、门库框架、网架、门梁在内的机库钢结构整体模型，并在垂直于大门方向布置四道交叉式柱间支撑作为纵向的抗侧力体系，沿跨度方向布置两道支撑作为沿跨度方向的抗侧力体系，如图 4-17 所示。

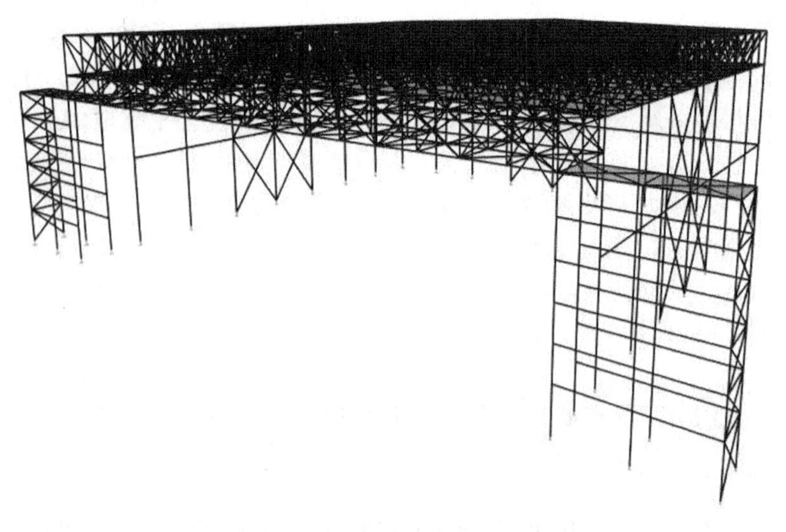

图 4-17 机库钢结构整体模型

分析结果表明，框架结构的层间位移角、网架和门梁的相对挠度均符合要求，无应力比超限杆件，各构件的强度、刚度、稳定性指标均符合要求。

4. 节点设计

网架采用的是焊接球空心节点，其中直径 500mm 以上的空心球加单肋，如图 4-18 所示。焊接球节点共有 11 种，球体材料均选为 Q345B。

本机库共采用两种箱型柱截面，均采用靴梁式固接柱脚，如图 4-19 所示。柱脚底板与承台顶部连接，设混凝土护脚，底部设 50mm 厚的 C30 微膨胀混凝土座浆。

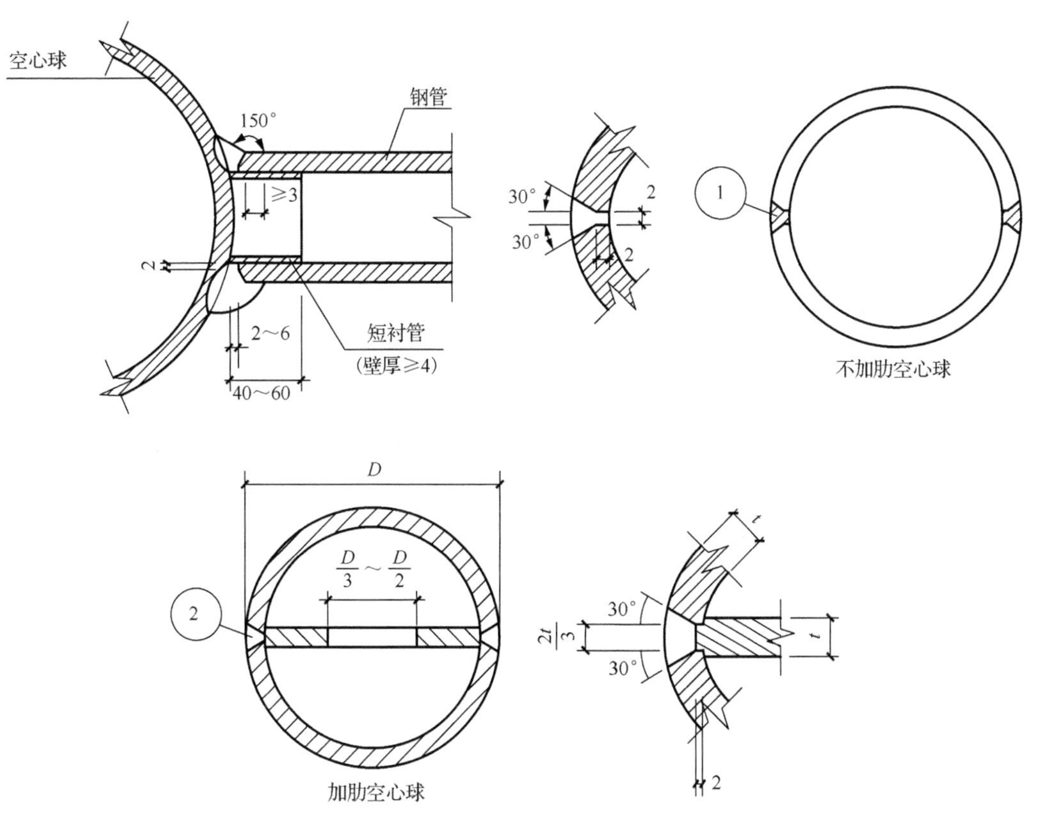

图 4-18　焊接球空心节点构造(单位：mm)

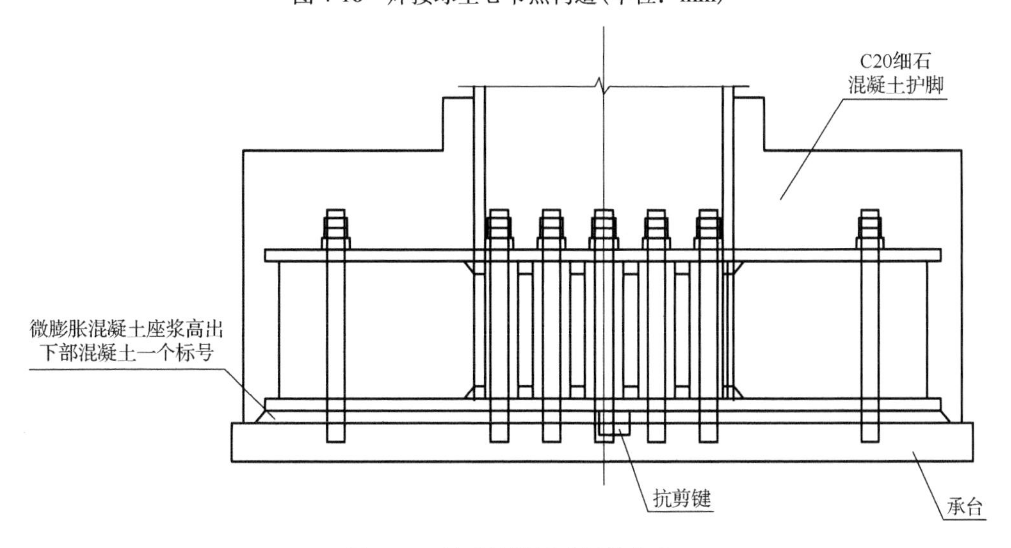

图 4-19　箱型柱靴梁式固接柱脚

第5章　地下储油库(含卸油站)结构设计

机场储油库的主要功能为飞机燃料的供应和存储。地下储油库结构是以“井”的下沉方式修筑成的一种地下结构，图5-1为上海龙华机场储油库的油罐。

图5-1　上海龙华机场储油库

根据不同的储油规模与要求，沉井包括独立沉井与连续沉井等。建造地下储油库宜采用独立沉井结构，而连续沉井多用于隧道工程。

5.1　沉井的设计原则

(1)以墩台底面尺寸与地基承载力的情况与要求来确定沉井的平面结构尺寸及高度，简单对称与受力合理的结构，以及适宜的长短边比值，使得下沉时更稳定。

(2)设计沉井棱角时，采用钝角或者圆角的形状可以减小井壁摩擦面积，避免出现平面框架的应力集中；襟边的宽度在200mm至整体高度的1/50之间。

(3)对于松软土层下的沉井，底节最大高度应小于沉井宽度的0.8，每节高度一般为3～5m；对于高度在8m以下的沉井，可以在满足地质与施工条件的情况下一次性浇筑成型。

5.2　结构设计计算

5.2.1　沉井下沉系数与稳定性计算

沉井的下沉是由其自身重力实现的，并且在下沉过程中不断取土，使其顺利下沉。自重在确认主体尺寸后便可计算出来，同时应保证主体自重大于下沉阻力，以达到让主体顺利稳定下沉的目的，即

$$K_1 = \frac{G - F}{T} \geqslant 1.05 \sim 1.25 \tag{5-1}$$

式中，K_1 为下沉系数，软土层取 1.05，硬土层取 1.25；G 为处于施工状态的沉井自重(kN)，即沉井的井壁、上下梁、内隔墙与临时设施等重力的总和，不采用排水下沉方式时，应减去水浮力；F 为地下水对沉井结构的浮力(kN)，根据下沉方式，取 0(排水)或总浮力的 70%(不排水)；T 为沉井下沉阻力和(kN)，$T=T_1+R_v$。

井壁与周围土体的摩擦阻力 T_f 等于外壁面积与外壁单位面积摩擦阻力的乘积，外壁摩擦阻力的分布形式一般以地表深度 5m 内，摩擦阻力线性增加且呈三角形分布为假定，而深度超过 5m 时取常数。根据图 5-2 计算井壁摩擦阻力：

$$T_f = fU(H-2.5) \tag{5-2}$$

式中，U 为外壁周长(m)；H 为沉井入土深度(m)；f 为外壁单位面积上的摩擦阻力(kPa)，当下沉深度中有不同土层时，取摩擦阻力的加权平均值，可按式(5-3)计算：

$$f=\frac{\sum_{i=1}^{n} f_i h_i}{\sum_{i=1}^{n} h_i}=\frac{f_1h_1+f_2h_2+\cdots+f_nh_n}{h_1+h_2+\cdots+h_n} \tag{5-3}$$

式中，f_i 为各土层对外壁的单位摩擦阻力(kPa)(表 5-1)；h_i 为第 i 层土厚度(m)。下沉深度一般在 20～30m 内。

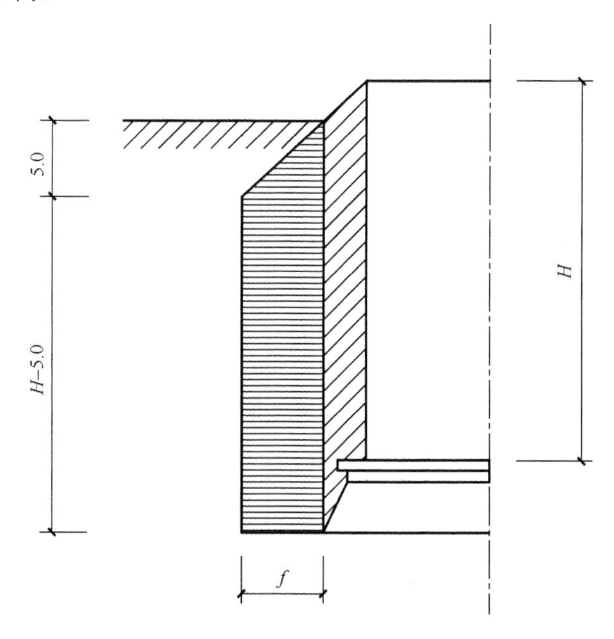

图 5-2　井壁摩擦阻力(单位：m)

表 5-1　土体与井壁间的摩阻力

土的种类	f/kPa
黏土、亚黏土	12.5～20
密度大、含水率小的黏土	25～50
砂类土	12～25

续表

土的种类	f/kPa
砂卵石	18～30
砂砾石	15～20
软土	10～12
泥浆润滑套	3～5

通过式(5-4)计算沉井主要结构的正面阻力 R_v：

$$R_v = A_t f_u \tag{5-4}$$

式中，A_t 为计算支撑面积(m^2)；f_u 为地基土的极限承载力(kPa)，按表 5-2 取值。

表 5-2　沉井底部地基土的极限承载力

土的种类	f_u /kPa
淤泥	100～200
淤泥质黏性土	200～300
细砂	200～400
中砂	300～500
粗砂	460～600
软可塑状态亚黏土	200～300
坚硬、硬塑状态亚黏土	300～400
软可塑状态黏性土	200～400
坚硬、硬塑状态黏性土	300～500

由于沉井从封底开始，到内部施工、其内部结构与设备的施工，耗时较长，此过程中可能会因底板下的水压力产生浮力，即水压力增长至静力水头，可以通过稳定性经验公式来计算沉井的抗浮性能：

$$K_2 = \frac{G + T_f}{F} \geqslant 1.25 \tag{5-5}$$

式中，K_2 为抗浮安全系数；G 为响应阶段沉井的总重(kN)；T_f 为井壁与土体间的极限摩擦阻力(kN)；F 为施工状态下最高水位对应的计算浮力(kN)。

抗浮安全系数的大小可通过增减底板的厚度来调整，一般不应过大，以免造成材料浪费。

5.2.2　沉井井壁与刃脚计算

1. 井壁竖直方向内力计算

假定沉井为深梁，支撑在少数支撑点上。在下沉后期若产生吊空等不利情况，应进行竖向抗拉计算与界面配筋设计。

一般在软土地基上沉井时仅铺设混凝土垫板，不设支撑垫木；对于地质复杂的大型沉井，要设置支撑垫木，沉井施工中，沉井支撑在两点定位垫木上或在三支撑点上均为最不利支撑情况，如图 5-3 和图 5-4 所示。

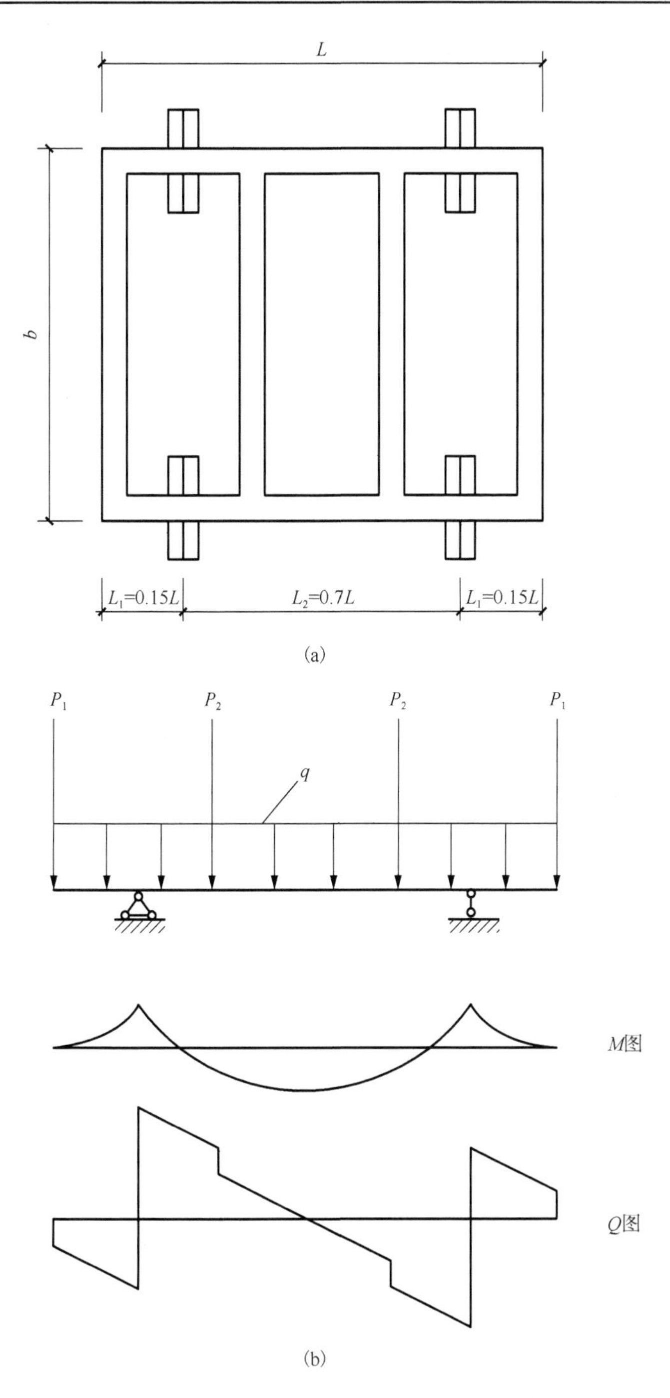

图 5-3　矩形沉井支撑点的布置及井壁计算简图

抽出垫木时，沉井的全部质量将被支撑在最后抽出的垫木上，即定位垫木。为了尽可能减小井体的挠曲应力，在边上设置四个支撑点，以井壁内相对弯矩近似为零的条件来确定间距。沉井平面长度达到宽度的 1.5 倍时，一般取支撑点间距为 70%的沉井全长。对于设有横隔墙或横梁的沉井，其重力视为集中力作用在井壁的相应位置。

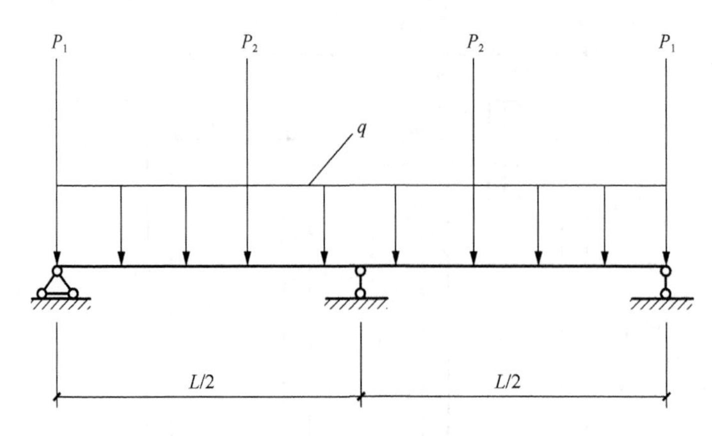

图 5-4　三支撑点的两跨连续梁

为圆形沉井布置支撑点时，要将其布置在相互垂直的两条直径并与井壁相交的位置处，如图 5-5 所示，可计算沉井井壁竖向弯矩和扭矩。不排水下沉沉井时，可以偶数形式增加支撑点，按直径上两个支撑点的形式布置。

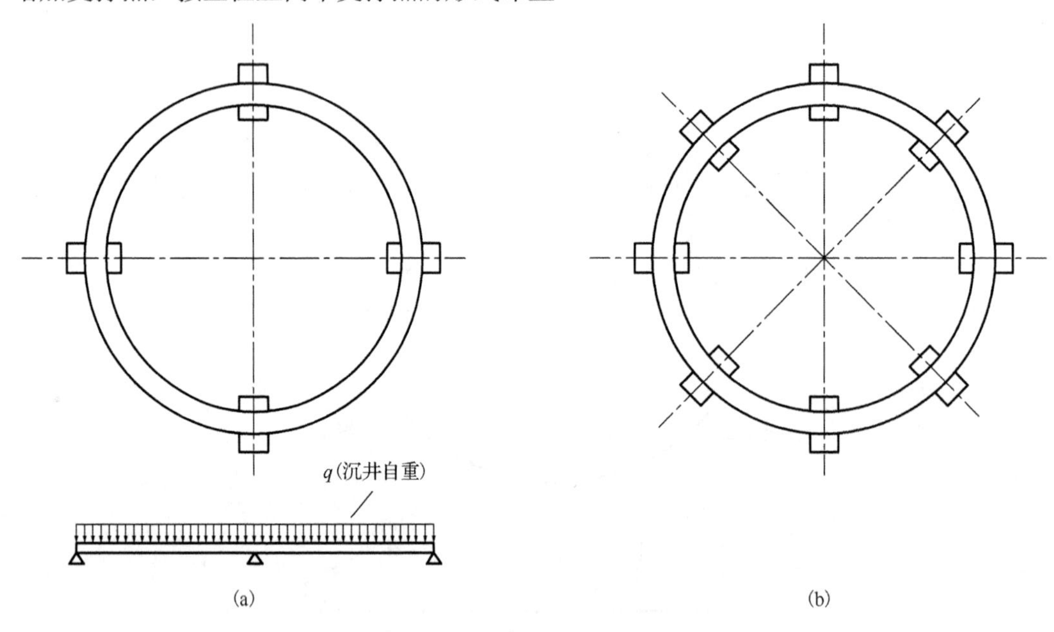

图 5-5　多支撑点圆形沉井

对抽出垫木时沉井的竖向内力进行计算时，可将井壁看作水平圆环梁，在沉井自重产生的均布荷载 q 作用下的剪力、弯矩和扭矩计算见表 5-3。

表 5-3　水平圆环梁在均布荷载 q 作用下的剪力、弯矩和扭矩

圆环梁支柱数	最大剪力	弯矩		最大扭矩	支柱轴线与最大扭矩截面之间的中心角
		两支柱间的跨中	支柱上		
4	$\pi qR/4$	$0.03524\pi qR^2$	$-0.06430\pi qR^2$	$0.01060\pi qR^2$	19°21′
6	$\pi qR/6$	$0.01500\pi qR^2$	$-0.02964\pi qR^2$	$0.00302\pi qR^2$	12°44′

续表

圆环梁支柱数	最大剪力	弯矩		最大扭矩	支柱轴线与最大扭矩截面之间的中心角
		两支柱间的跨中	支柱上		
8	$\pi qR/8$	$0.00832\pi qR^2$	$-0.01654\pi qR^2$	$0.00126\pi qR^2$	9°33′
12	$\pi qR/12$	$0.00380\pi qR^2$	$-0.00730\pi qR^2$	$0.00036\pi qR^2$	6°21′

内力计算的假定分为以下几种。

(1)沉井在下沉时，竖向受力如图 5-6 所示，到达设计标高处需要验算接缝处的竖向拉力。承受接缝处拉力的钢筋的抗拉安全系数为 1.2。沉井入土部分的最危险截面为其中间处，该位置的竖向拉力为

$$S_{\max} = \frac{G}{4} \tag{5-6}$$

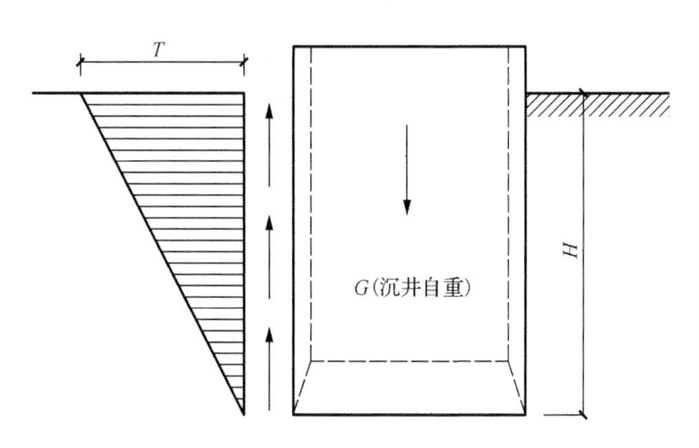

图 5-6　井壁竖向受力图

(2)在土上层坚硬下层松软的情况下，可近似认定下部 $0.65H$ 处为悬吊状态，其等截面井壁的最大竖向拉力为

$$S_{\max} = 0.65G \tag{5-7}$$

一般按照最大拉力来配置等截面的竖向钢筋，也可以构造规定为准进行配置，其截面面积取两者中的较大者。

(3)当井壁截面在竖直方向呈阶梯形变化时，应求出最大竖向拉力的作用点位置，并按照最大竖向拉力或构造要求配置竖向钢筋。

(4)有预留孔洞的井壁会对周围产生削弱，应对削弱处的应力进行验算。

2. 井壁水平方向内力计算

沉井井壁会因周边的水、土作用产生水平方向的内力，按照深度分段对水平方向的内力进行计算，如图 5-7 所示。在沉井下沉至设计标高时，其井壁承受最大水平方向的压力。

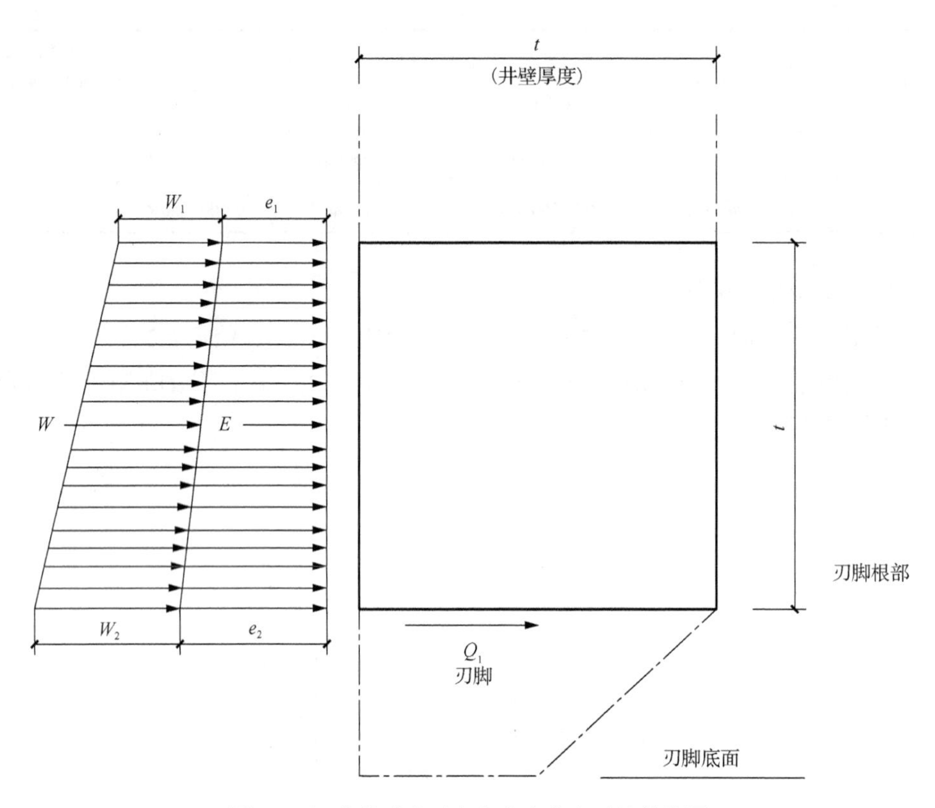

图 5-7　沉井井壁水平方向内力分布及计算简图

对于没有设置横墙的沉井，按水平框架受力方法对井壁进行分析。计算起始位置在刃脚根部以上的井壁，厚度取 t，该段井壁荷载 q 包含了刃脚悬臂梁传来的水平剪力(Q_1)、框架自身高度范围内的水压力(W)与土压力(E)：

$$q = W + E + Q_1$$

$$W = \frac{W_1 + W_2}{2} t$$

$$E = \frac{e_1 + e_2}{2} t$$

式中，W_1、W_2 分别为作用在该段井壁上、下截面处的水压力强度(kPa)，$W_1 = \lambda h_1 \gamma_W$，$W_2 = \lambda h_2 \gamma_W$，$\gamma_W$ 为水的重度；e_1、e_2 分别为作用在该段井壁上、下截面处的土压力强度(kPa)；t 为井壁厚度（m）；Q_1 为水平方向的剪力(kN/m)。

λ 为计算水压力时的折减系数，若沉井采用排水开挖下沉，则作用在井内壁上的水压力为 0，作用在井外壁上的水压力按土的种类确定，即砂性土取 λ=1.0，黏性土取 λ=0.7；若沉井不采用排水开挖下沉，则计算井外壁上的水压力时取 λ=1.0，而作用在井内壁上的水压力根据施工期间的水位差按最不利情况进行计算，一般取 λ=0.5。

刃脚高度 t 范围内的最大弯矩、轴向压力以及剪力均可按水平框架受力方法解出。

对于其余各段井壁的计算，可按井壁断面的变化将井壁分成数段，取每段控制设计的井壁进行计算，作用在框架上的荷载 $q=W+E$。水平框架弯矩 M、轴向压力 N 和剪力 Q 的最大值均用同样方法求得。

采用泥浆润滑套下沉的沉井，在计算沉井外侧的泥浆压力时，不做拆减，要保证泥浆压力大于水与土的压力和。

若沉井下沉采用空气幕的方法，可忽略空气对井壁的压力。

3. 沉井刃脚验算

由于弯曲应力、外部水与土压力的向内弯曲应力等原因，在竖向将刃脚看作悬臂梁，在水平方向则为闭合框架固定在井壁上，如图 5-8 所示。

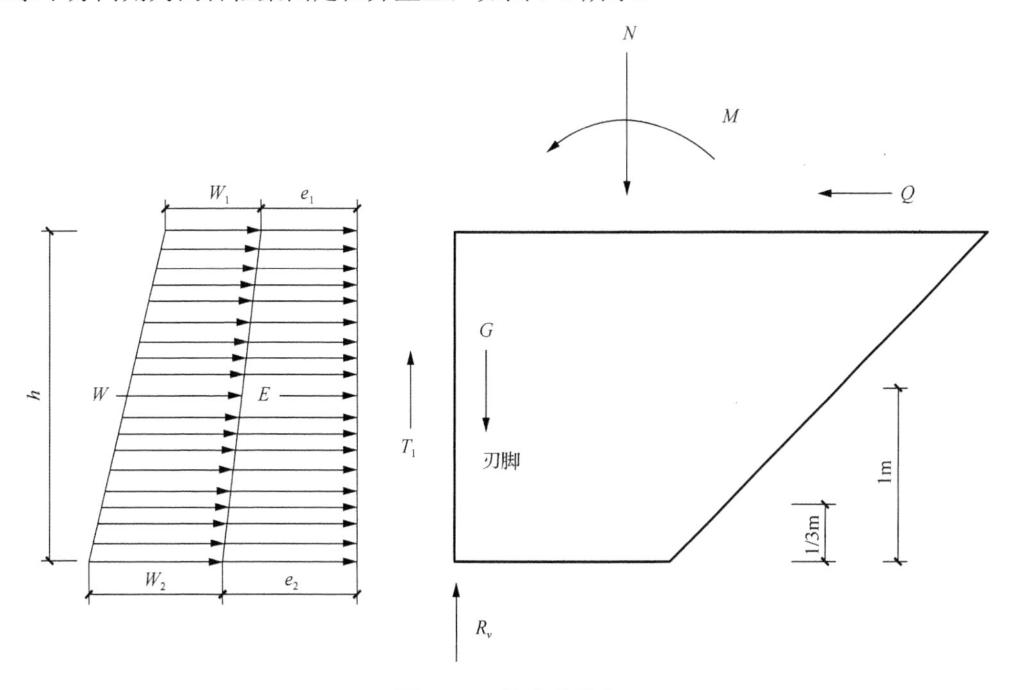

图 5-8　刃脚上的外力

沉井刃脚的根部水平方向截面的最大向外弯矩是在计算内侧钢筋数量时所考虑的最不利情况，即在下沉过程中，刃脚内侧切入土中 1m，且沉井顶部露出部分较高时，刃脚因受到井孔内土体的横向压力而在根部水平断面产生最大向外弯矩。

(1)沿刃脚水平方向取一个单位宽度，计算作用在刃脚外壁单位宽度上的水压力 W 和土压力 E。

(2)以式(5-8)和式(5-9)来计算刃脚外壁的摩擦阻力 T_1(kN/m)，取较小数值：

$$T_1 = E\tan\varphi \approx 0.5E \tag{5-8}$$

$$T_1 = fA \tag{5-9}$$

式中，φ 为刃脚外壁与土体外壁的外摩擦角，在水中一般取 26.5°；f 为土体与刃脚外壁之间单位面积上的摩擦阻力(kPa)，按表 5-4 取值；A 为刃脚外壁与土体接触的单位宽度上的面积(m^2)。

表 5-4　土体与刃脚外壁单位面积上的摩擦阻力标准值

序号	土层类型	摩擦阻力/(kN/m^2)
1	流塑状态黏性土	10～15
2	可塑、软塑状态黏性土	10～25
3	硬塑状态黏性土	25～50
4	泥浆土	3～5
5	砂性土	12～25
6	砂砾石	15～20
7	卵石	18～30

(3)刃脚底面单位宽度上土的垂直反力 R_v 如图 5-9 所示，可按式(5-10)计算：

$$R_v = G - T_1 \tag{5-10}$$

式中，G 为沿井壁方向的单位周长沉井自重(kN/m)；T_1 为沿井壁周边单位宽度上土对外沉井外壁的摩擦阻力(kN/m)。

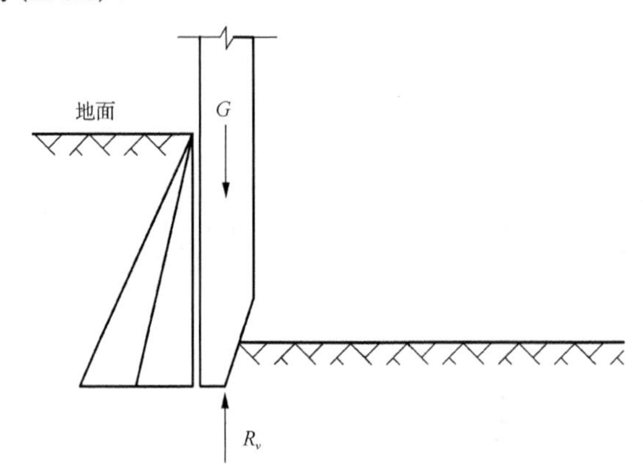

图 5-9　刃脚底面单位宽度上土的垂直反力

如图 5-10 所示，以 β 表示刃脚斜面上的土反力与法线之间的夹角，斜面土反力所分解出的水平和垂直反力分别用 U 和 V_2 表示，踏面垂直反力为 V_1，则有

$$R_v = V_1 + V_2 \tag{5-11}$$

$$\frac{V_1}{V_2} = \frac{\sigma a}{\frac{1}{2}\sigma b} = \frac{2a}{b} \tag{5-12}$$

式中，$b = (t - a) / h$。

联立式(5-11)和式(5-12)得出 V_1 和 V_2。斜面上与踏面上的垂直反力的距离为 $a/2$ 和 $a+b/3$，即可以求出两个力的合力作用点。

(4)刃脚侧面高度的 1/3 处为水平合力作用点，合力大小按式(5-13)计算：

$$U = V_2 \tan(\alpha - \beta) \tag{5-13}$$

(5)以 g 来表示刃脚单位宽度上的重力，则有

$$g = \frac{\gamma_c h(t + a)}{2} \tag{5-14}$$

式中，γ_c 为钢筋混凝土重度，一般取 25kN/m^3；h 为刃脚高度(m)。

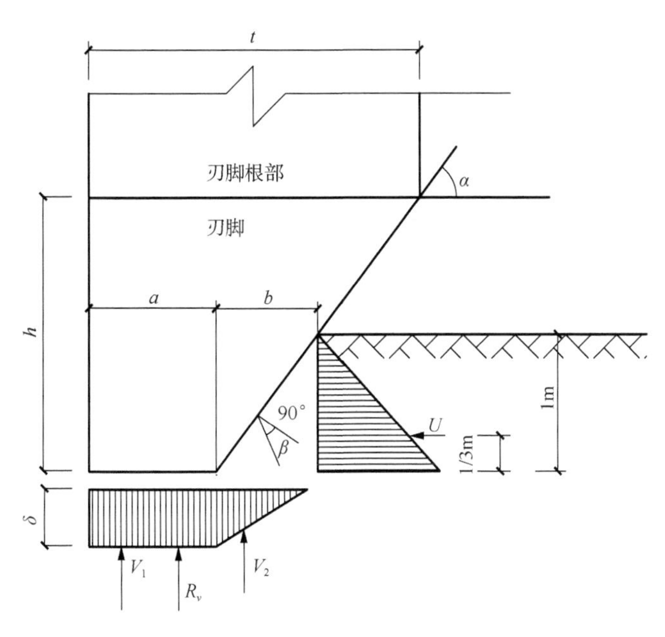

图 5-10　垂直反力的作用点

(6)根据外力作用在刃脚上的大小、方向和位置，可以得出刃脚根部上的轴向压力 N、水平剪力 Q 以及中心轴弯矩 M。其内侧竖向钢筋应伸至刃脚根部以上 $0.5L_1$(L_1 为沉井外壁的最大计算路径)。

由于沉井在设计标高处下部的土被掏空，因此确定刃脚外侧竖向配筋时应考虑其井壁外侧的水与土的压力作用。

沿沉井周边取单位宽度来计算刃脚上的外力：

(1)计算刃脚的水压力值时，内侧水压力值的计算一般取外侧的 1/2。不透水土层处取静水压力值的 70%，透水层中取静水压力值。

(2)由于刃脚下的土已被掏空，因此刃脚底面的垂直反力与斜面上的水平反力均为零。

(3)根据刃脚向外挠曲(图 5-11)的算法可以计算出作用在刃脚外壁的摩擦阻力 T_1 以及单位宽度上的重力 g。刃脚根部截面的弯矩值可忽略不计。

(4)根据以上计算的所有外力，刃脚根部截面单位周长内的轴向压力、水平剪力以及弯矩均可求出。

4. 按水平闭合框架计算刃脚水平方向的挠曲强度

在计算水平方向的挠曲强度时，可将刃脚看作水平闭合框架(图 5-12)，并配置钢筋。在没有封底混凝土且刃脚下的土被挖空的状态下，处于设计标高的沉井刃脚受到的水平力最大。沿井壁竖直方向取单位高度形成的水平闭合框架，可用刃脚竖直方向挠曲强度的计算方法来计算其水平闭合框架的外力。

矩形沉井上的弯矩 M、轴向力 N 和剪力 Q 的最大值可近似以 $M = qL_1^2 - 16$、$N = qL_2/2$、$Q = qL_1/2$ 计算。其中，q 为作用在刃脚水平闭合框架上的水平均布荷载，L_1、L_2 分别为沉井外壁支撑与内隔墙间的最大、最小计算跨度。

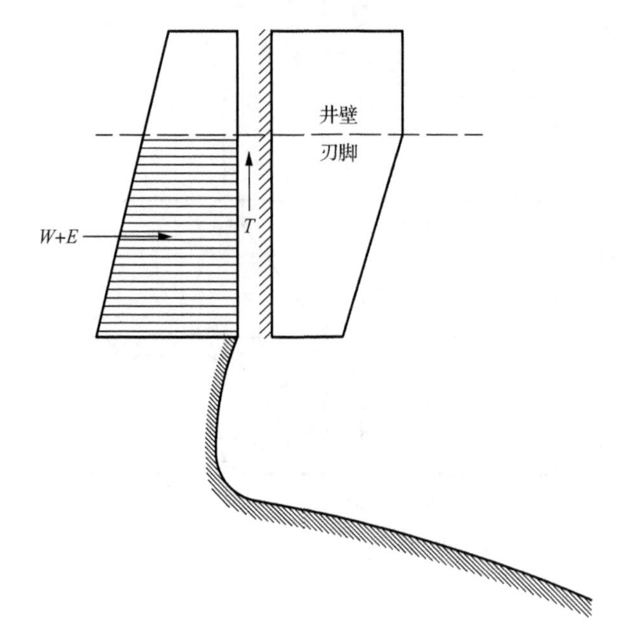

图 5-11　刃脚向外挠曲

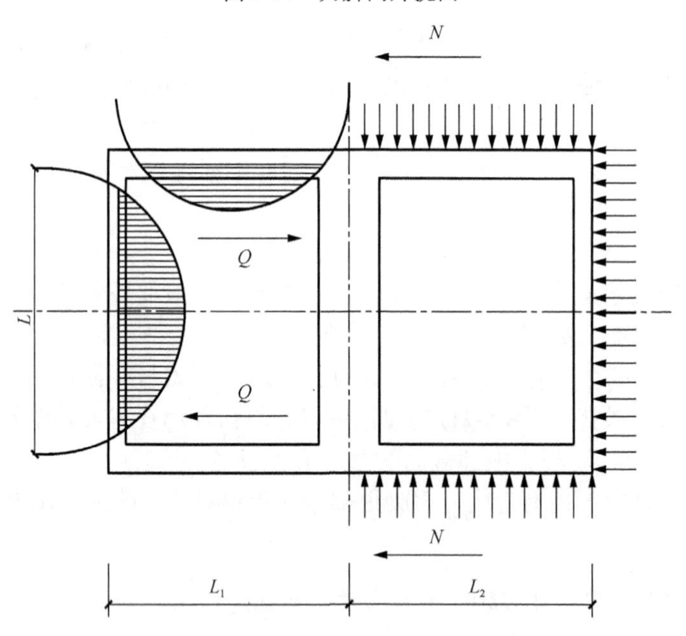

图 5-12　矩形沉井刃脚的水平闭合框架

把沉井刃脚看作双向板。为了简化计算，将刃脚竖直方向看成一个悬臂梁固定在井壁上，水平方向上则是闭合框架。悬臂梁和水平闭合框架将共同承担刃脚侧面上的水平外力。根据悬臂梁和水平闭合框架的变形关系与假定来计算两者的荷载分配系数。

刃脚悬臂梁的荷载分配系数为

$$\eta_1 = \frac{0.1L_1^2}{h^4 + 0.05L_1^4} \leqslant 1.0 \tag{5-15}$$

刃脚水平闭合框架的荷载分配系数为

$$\eta_2 = \frac{h^4}{h^4 + 0.05L_2^4} \tag{5-16}$$

式中，L_1、L_2 分别为沉井外壁支撑与内隔墙间的最大和最小计算跨度(m)；h 为刃脚高度(m)。

上述公式只适用于内壁墙底面高出刃脚底面 0.5m 以内。

5. 沉井底节验算

由于沉井下沉至支座时，底节垫木开始抽出，因此刃脚下的支撑位置不断变化。一般按以下情况对底节进行验算，如图 5-13 和图 5-14 所示。

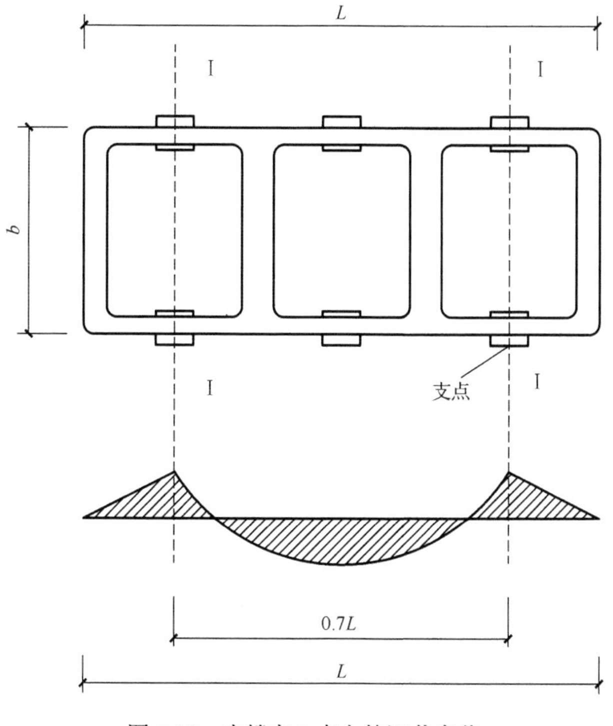

图 5-13　支撑在 1 点上的沉井底节

1) 排水或无水情况下下沉的沉井

在此情况下，挖土的情况可以直接观察到，此时沉井的支撑点在其受力最有利的位置上。

2) 不排水下沉的沉井

在此情况下，可将沉井底节作为梁，假定沉井底节仅支撑于长边中点，两端悬空；假定沉井底节支撑在其短边两端点。

沉井底节的最小配筋率不大于 0.41%，且不小于 0.05%，底节构造钢筋不宜在转角处设置接头，此处钢筋要求较严格，以防转角处出现过大拉力。

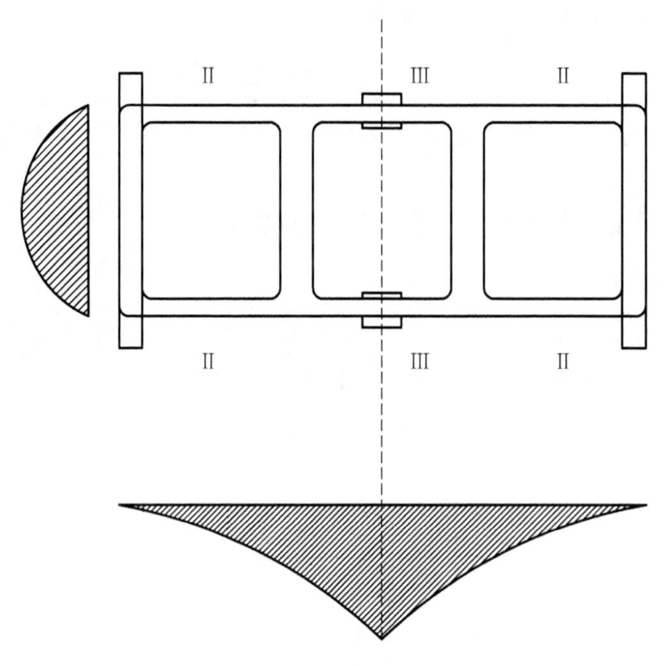

图 5-14　支撑在 2、3 点上的沉井底节

5.2.3　沉井底板及底梁计算

1. 沉井底板计算

1)沉井底板荷载计算

沉井底板井壁侧面的摩擦阻力一般不需要考虑。钢筋混凝土底板承受全部的水压力，将从钢筋混凝土底板底面至沉井外最高地下水位面作为最大静水压力的计算水头高度，同时板自重应不计。

将地基反力与最大静水压力取较大值作为沉井底板下的均布计算反力。

2)沉井底板内力计算

内力的计算方法主要有单跨和多跨两种计算方法。根据井壁与底梁凹槽和水平插入钢筋的情况来确定沉井底板的边界支撑条件，底板周边无牢固连接情况视为简支。根据《建筑结构静力计算手册》可计算矩形及圆形沉井的底板内力，如图 5-15 所示。

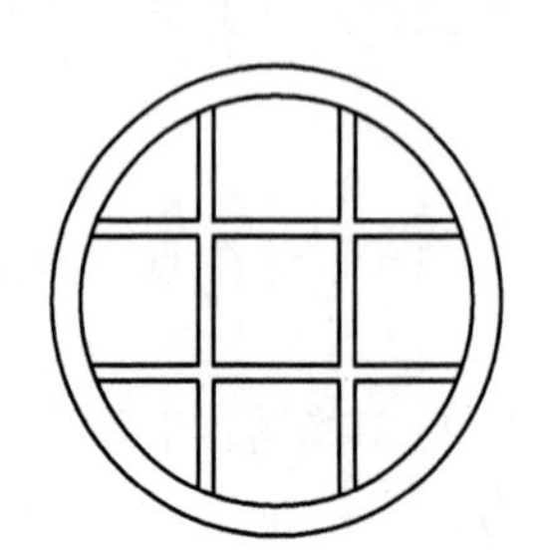

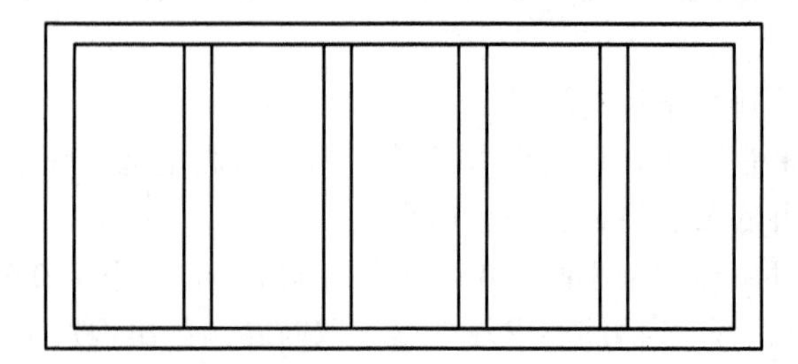

图 5-15　设计底梁的沉井

2. 沉井底梁计算

一般以分格的形式设置底梁，来应对大尺寸沉井平面并不设置内隔墙的情况，以此增加整体刚度以及减小沉井或井壁的计算跨度，有利于底梁联系两侧井壁。

1)沉井底梁荷载计算

沉井在下沉时，沉井的全部自重通过刃脚作用在砂垫层上。如果刃脚踏面与底梁底面标高相同，可能会导致地基反力增加，使底梁向上拱起。对于分节浇筑、一次下沉的沉井，这种情况更为突出。此时，作用在底梁上的地基反力可假定为地基平均反力与底梁宽度的乘积，并考虑底梁受力的不均匀系数α，一般取α=1.2～1.3。

沉井的底梁或者框架底梁的底面一般高于刃脚踏面 0.5～1.5m，以改善底梁上拱情况，在软土地区高 0.5m 最适宜，可避免发生较大的沉降。

在软土地区下沉自重较大的沉井时，由于底梁底面可能与地基土面接触，故此时底梁所承受的计算反力为：底梁宽度×地基土单位面积的极限承载力-底梁单位长度的自重。

当沉井在坚硬土层中下沉时，梁地下的土体有可能被全部掏空。这时对于大型沉井的底梁，应考虑底梁由其自重和施工产生的向下弯曲荷载等不利受力情况。

2)沉井底梁内力计算及配筋要点

底梁向下或向上的反力根据以上几种不同情况确定，然后通过底梁与井壁的连接方法与刚度来计算底梁内力。

当底梁与井壁嵌固不足时，底梁按简支梁计算，即在均布荷载 q 的作用下，跨中弯矩系数取 1/8，底梁与井壁的连接使支座处也承担一部分弯矩，此时可将承担跨中弯矩的部分钢筋弯起伸入支座，以便承担这部分弯矩。

如果井壁与底梁嵌固足够，则计算简图按两端嵌固考虑，即在均布荷载 q 的作用下，跨中弯矩系数取 1/24～1/12，支座处的弯矩系数取-1/12。

计算时，考虑施工中的荷载为临时荷载，因此可适当减小支座弯矩。当两支座弯矩的平均值与跨中弯矩的绝对值之和不小于相应简支梁的跨中弯矩 $ql^2/8$ 时，可以保证跨中截面的安全。

在求得弯矩和剪力后，进行配筋计算。当梁高度较小、剪力较大时，支座附近可能会出现斜裂缝，所以要验算斜截面强度，按受弯构件计算所需水平钢筋数量，必要时在支座处增设横向箍筋或斜钢筋。

5.2.4　沉井封底计算

1. 沉井封底混凝土计算要求

在进行抽水时，应降低容许应力值以减少封底混凝土承受的基底水和土的向上反力。封底混凝土厚度一般是短边长或井孔直径的 1.5 倍以下。

2. 干封底法及封底混凝土厚度计算

沉井下沉到设计标高后，采用干封底可以解决沉井刃脚处不透水黏土层或基底的少量涌水、翻砂等问题。封底混凝土厚度一般为 0.6～12m。为避免刃脚下不透水黏土层被底层含水砂层中的地下水压力破坏，导致事故，沉井必须满足下列计算条件：

$$A\gamma' h_s + cUh_s > A\gamma_w H_w \tag{5-17}$$

式中，A 为沉井底部面积(m^2)；γ' 为土的有效重度(kN/m^3)；h_s 为刃脚下不透水黏土层厚度(m)；c 为黏土的黏聚力(kPa)；U 为沉井刃脚踏面内壁周长(m)；γ_w 为水的重度(kN/m^3)；H_w 为底层含水砂层的水头高度(m)。

在沉井内设有吸水鼓并有良好滤层的情况下降水，一直降到钢筋混凝土底板足够承担地下水回升后的水与土压力时，可拆除并封闭降水管。在这种情况下也可采用干封底(图 5-16)。

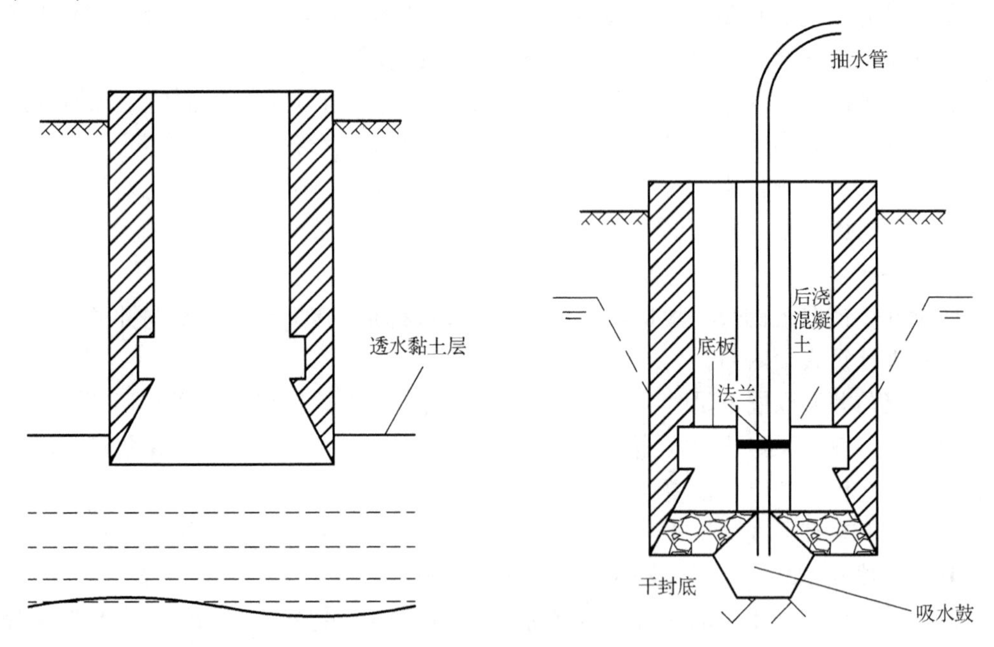

图 5-16　沉井可干封底的情况

沉井干封底时，封底混凝土要达到一定厚度以满足钢筋混凝土底板顺利施工的需求。采取相应的排水与降水措施，做到井底基本无水，以便底板钢筋绑扎及混凝土养护。

3. 湿封底施工法及封底混凝土厚度计算

当沉井刃脚停留在透水黏土层中，且土层厚度不足以抵抗地下水的作用等水文地质条件极为不利的情况时，宜采用湿封底法。水下封底混凝土厚度不仅要满足沉井封底后井内抽水时井外水、土压力将混凝土顶破，而且要满足沉井抗浮等要求。其强度按素混凝土强度来计算。

1)水下封底混凝土板上的荷载计算

作用在水下封底混凝土板上向上的均布荷载 p(kN/m^2)为

$$p = \gamma_w h_w - q_1 \tag{5-18}$$

式中，h_w 为水位面至封底混凝土板下表面的距离(m)；q_1 为单位面积上水下封底混凝土板自重(kN/m^2)。

2) 水下封底混凝土的弯矩计算

受封底混凝土位置的影响，不能直接对其进行检查，因此无法保证其浇筑质量，因此尽量做到不出现拉应力。地基反力以相对于竖向 45°分配线方向传至井壁与内隔墙，若水下封底混凝土的两条分配线在水下封底混凝土内或板底面上相交，不会出现拉应力(图 5-17)。

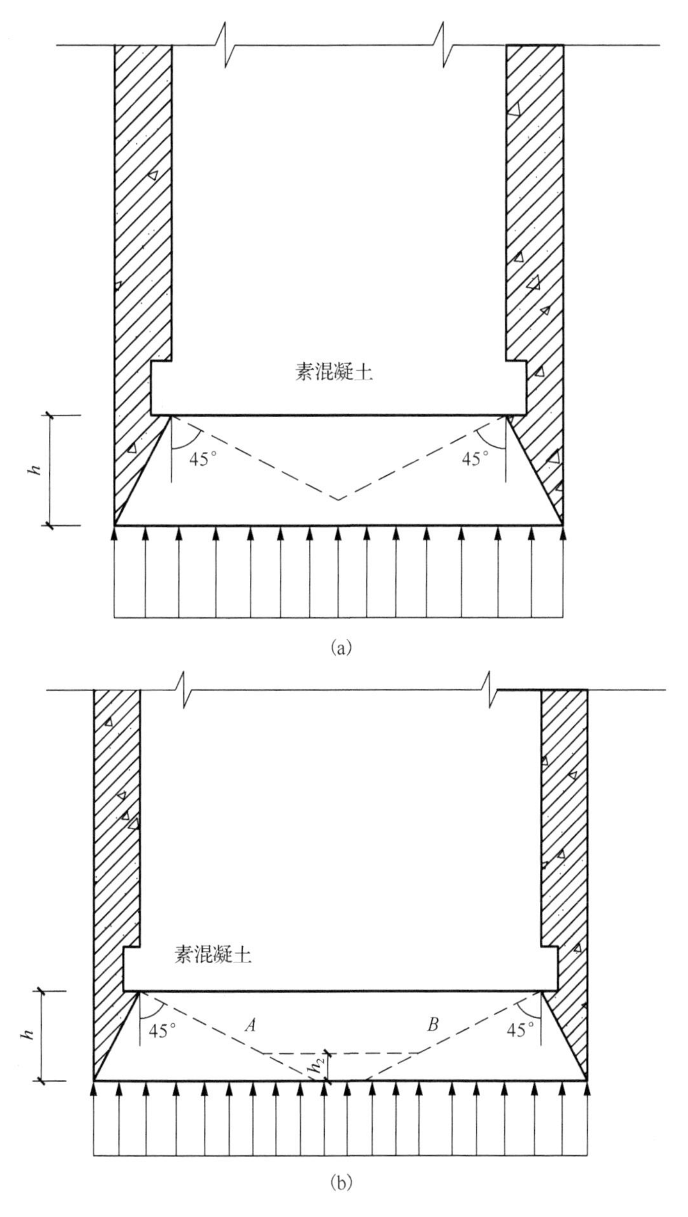

图 5-17　水下封底混凝土

将混凝土的中央部分挖深，以保证当沉井刃脚较短时可以形成倒拱。封底混凝土板与刃脚间的连接视为简支。若有梁系支撑，仍视为简支，但该支点处断开。

当圆形板承受均匀荷载时，其中心的最大弯矩为

$$M_{\max}=\frac{qr^2}{16}(3+v)\approx 0.2qr^2 \tag{5-19}$$

式中，q 为静水压力产生的计算荷载(kN/m)；r 为圆板的计算半径(m)；v 为混凝土泊松比。

当双向板承受均布荷载时，两个方向的跨中弯矩分别为

$$M_x=a_x qL_x^2 \tag{5-20}$$

$$M_y=a_y qL_y^2 \tag{5-21}$$

式中，a_x、a_y 为弯矩系数，按表 5-5 取用；L 为计算跨度(m)，在所有跨度值中以较小值为准。

表 5-5　M_x 和 M_y 的弯矩系数

L_x/L_y	a_x	a_y
0.50	0.0965	0.0174
0.55	0.0890	0.0210
0.60	0.0820	0.0242
0.65	0.0750	0.0271
0.70	0.0683	0.0296
0.75	0.0620	0.0317
0.80	0.0561	0.0334
0.85	0.0506	0.0348
0.90	0.0456	0.0358
0.95	0.0410	0.0364
1.00	0.0368	0.0368

3) 水下封底混凝土的厚度计算

$$h_t=\sqrt{\frac{3.5KM_m}{bf_t}}+h_u \tag{5-22}$$

式中，h_t 为水下封底混凝土的厚度(m)；M_m 为水下封底混凝土受到均布反力最大值时的最大计算弯矩(kN·m)；K 为设计安全系数，一般取 1.75；b 为计算宽度，可取 1m；f_t 为混凝土抗拉强度设计值；h_u 为在混凝土掺泥时所需要增加的厚度，一般取 0.3～0.5m，如果没有发生掺混现象则不考虑。

4) 水下封底混凝土的抗剪计算

如图 5-18 所示，沉井内侧会受到来自水下封底混凝土作用的最大剪应力。

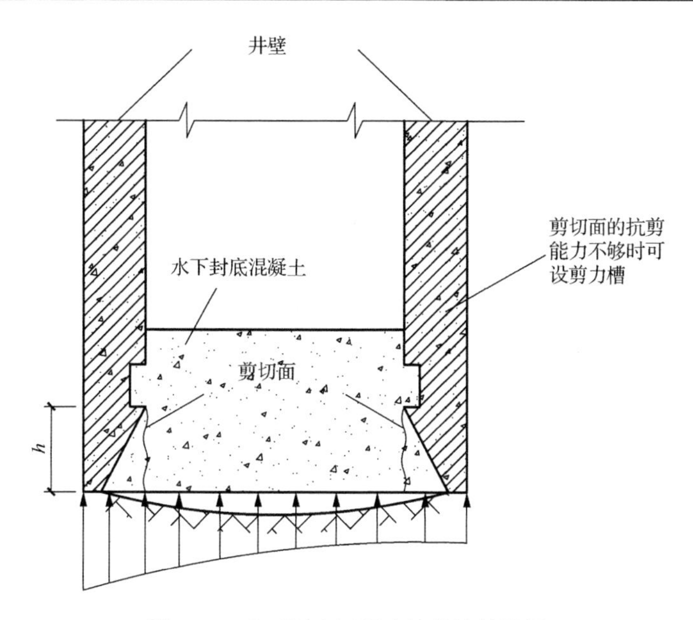

图 5-18　水下封底混凝土抗剪计算简图

第6章　滑行道桥结构设计

滑行道桥是滑行道跨越陆侧交通(如道路、铁路、隧道等)或其他障碍(如水体、地形障碍等)的一种特殊桥梁结构，是用以解决飞行器与车辆运行冲突、机场内外交通、河流等交叉问题的一种交通设施。

滑行道桥在结构强度、尺寸、等级、净空等方面均应满足飞机日夜运营的需求，也需考虑在不同季节及一些恶劣天气下的运营要求，如冰雪、暴雨、低能见度、阵风等，还应考虑桥上飞机事故紧急救援的要求等。

我国最早的滑行道桥建于1976年，为北京首都国际机场二次扩建工程西跑道通往站坪的滑行道横跨进场道路所需建设的滑行东桥，该桥原设计总宽 60m，其中飞机滑行道面宽33m，由6片箱梁组成；两侧车行道及防护、排水等构造宽13.5m，各由2片箱梁组成，按飞机荷载全重500t设计，上部结构采用预应力混凝土连续箱梁，下部结构为薄壁式桥墩，如图6-1所示。由于上部结构接缝处防水不良，结构劣化严重，该桥于2012年进行改造，上部结构被拆除更换成钢箱梁，下部结构也进行了加固。

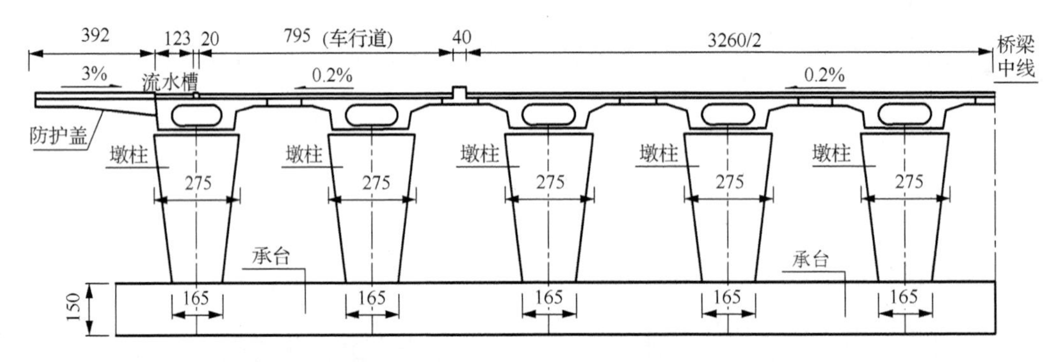

图6-1　北京首都国际机场滑行东桥横断面图(单位：cm)

我国已先后在北京首都国际机场、广州白云国际机场、上海浦东国际机场、北京大兴国际机场、成都双流国际机场、西安咸阳国际机场等修建了60多座滑行道桥。这些滑行道桥的基本信息见表6-1。

表6-1　我国已建滑行道桥基本信息

机场	工程名称	尺寸特征/m					桥型	设计标准	桥面板厚度/mm	梁高/m	建成年代
		跨数	跨径	总长	可用宽度	总宽					
北京/首都	B5#桥—滑行西桥	1	14.26	14.26	60	60	预应力混凝土T梁	F类			1993
	B7#桥—滑行东桥	3	17.09+16.25+17.09	50.43	44	52	单箱多室连续钢箱梁	E类		0.89	2012

续表

机场	工程名称	尺寸特征/m					桥型	设计标准	桥面板厚度/mm	梁高/m	建成年代
		跨数	跨径	总长	可用宽度	总宽					
	B9#桥—1#滑行桥 B11#桥—2#滑行桥 B12#桥—3#滑行桥	2	9+9	26	44	52	钢筋混凝土闭合框架桥	E 类			1994
	B13#桥—5#滑行桥 B14#桥—5#滑行桥	2	2×16.25	35.5	44	45	预应力混凝土连续梁桥	E 类	280	1.2	2006
	B16#桥—4#滑行桥	2	2×16.25	35.5	44	59.52	预应力混凝土连续梁桥	E 类	280	1.2	2006
	B19#桥—北联下穿桥 B20#桥—北联下穿桥	1	19	19	44	45	预应力混凝土连续梁桥	E 类	280	1.2	2006
	B21#桥—13#滑行桥 B22#桥—14#滑行桥 B26#桥—10#滑行桥 B28#桥—12#滑行桥 B29#桥—7#滑行桥 B31#桥—9#滑行桥 B32#桥—4#滑行桥 B34#桥—6#滑行桥 B35#桥—1#滑行桥 B37#桥—3#滑行桥	1	22.4	22.4	61	61	钢筋混凝土闭合框架桥	F 类	320	1.5	2007
	B27#桥—11#滑行桥 B30#桥—8#滑行桥 B33#桥—5#滑行桥 B36#桥—2#滑行桥	1	26.4	26.4	61	61	钢筋混凝土闭合框架桥	F 类	320	1.5	2007
	北区 2 号滑行道桥等	2	2×16.25	35.5	44	64	预应力混凝土连续梁桥	E 类	280	1.2	2008
	北区 6 号、7 号滑行道桥	1	16	19	44	64	预应力混凝土简支梁桥	E 类	280	1.2	2008
北京/大兴	磁大路滑行道桥(1 座)	3	7.75+16.5+16.5	40.8	45	65.3	钢筋混凝土闭合框架桥	E 类		1.4	2019
	磁大路滑行道桥(4 座)	3	7.75+16.5+16.5	40.8	61	81.3	钢筋混凝土闭合框架桥	F 类		1.4	2019
上海/浦东	南进场路 1 号、2 号滑行道桥	1	25.3	25.3	44	44	预应力混凝土刚构桥	E 类	280	1.6	2015
	拖机道桥	3	3×16	48	45	45	预应力混凝土刚构桥	E 类	250	1.1	2013
	三期扩建飞行区桥梁工程(ET1、WT1、ET4、WT4)	1	24	24	55.5	55.5	整体式桥梁	E 类	232	1.6	2019
	三期扩建飞行区桥梁工程(ET2-Q1、WT2-Q1)	1	24	24	54.25	54.25	整体式桥梁	E 类	232	1.6	2019

续表

机场	工程名称	尺寸特征/m					桥型	设计标准	桥面板厚度/mm	梁高/m	建成年代
		跨数	跨径	总长	可用宽度	总宽					
上海/浦东	三期扩建飞行区桥梁工程(ET2-Q3、WT2-Q3)	1	24	24	52.5	52.5	整体式桥梁	C类	230	1.3	2019
	三期扩建飞行区桥梁工程(ET3-Q4、WT3-Q4)	1	24	24	52.7	52.7	整体式桥梁	C类	230	1.3	2019
	三期扩建飞行区桥梁工程(ET3-Q6、WT3-Q6)	1	24	24	54.55	54.55	整体式桥梁	E类	232	1.6	2019
	三期扩建飞行区桥梁工程(ET5、WT5)	1	24	24	45	45	整体式桥梁	E类	232	1.6	2019
	三期扩建飞行区桥梁工程(E类滑行道桥)	1	21.6	21.6	45～55.5	45～55.5	先简支后固接小箱梁	E类	280	1.6	2018
	三期扩建飞行区桥梁工程(C类滑行道桥)	1	21.6	21.6	52.5～52.7	52.5～52.7	先简支后固接小箱梁	C类	250	1.3	2021
上海/虹桥	虹桥机场绕滑道系统安全改造工程	18	(12.5+13.6+13.4)+4×(13.4+13.6+13.4)+(13.4+13.6+12.5)	240.6	44	45	刚构桥	E类	262	1.2	待建
广州/白云	T1、T2滑行道桥	5	16+3×20+16	92	44	65.5	预应力混凝土连续梁桥	E类	250	1.3	2003
	T3滑行道桥	2	2×16	32	60	65.5	预应力混凝土简支梁桥	F类	250	1.2	2009
	T4滑行道桥	2	2×16	32	44	65.5	预应力混凝土简支梁桥	E类	250	1.2	2003
成都/双流	交通中心停机坪及滑行道项目飞机滑行道桥	4	30.977+2×39.425+30.977	152.804	45	45	预应力混凝土连续箱梁	E类	400	3.5	在建
	大件路下穿机场段改建项目	4	22+2×28+22	110	44	60	预应力混凝土连续箱梁	F类	300	2.5	2010
西安/咸阳	西垂滑1号滑行道桥	1	22.5	22.5	45	65	预应力混凝土简支梁桥	E类	280	1.6	2011
	西垂滑2号滑行道桥	1	27	27	45	65	预应力混凝土简支梁桥	E类	280	1.8	2011
	西垂滑3号滑行道桥	1	23	23	61	80	预应力混凝土简支梁桥	F类	300	1.8	2011
	西垂滑4号滑行道桥	1	23.5	23.5	61	80	预应力混凝土简支梁桥	F类	300	1.8	2011
	西货运G滑行道桥	1	22.5	22.5	45	65	预应力混凝土简支梁桥	E类	280	1.8	2011
	西货运F滑行道桥	1	23	23	61	80	预应力混凝土简支梁桥	F类	300	1.8	2011

续表

机场	工程名称	尺寸特征/m					桥型	设计标准	桥面板厚度/mm	梁高/m	建成年代
		跨数	跨径	总长	可用宽度	总宽					
武汉/天河	飞行区 1 号滑行道桥 飞行区 2 号滑行道桥	5	21+3×30+21	132	45	65	预应力混凝土连续梁桥	E 类	280	2	2016
青岛/胶东	飞行区 1 号滑行道桥	2	2×22.85	45.7	61	81	预应力混凝土连续梁桥	F 类	280	1.6	2019
	飞行区 2 号滑行道桥	2	2×22.85	45.7	45	65	预应力混凝土连续梁桥	E 类	280	1.6	2019
海口/美兰	飞行区 1 号滑行道桥	2	23.35+26.85	50.2	45	65	预应力混凝土连续梁桥	E 类	300	2	2021
	飞行区 2 号滑行道桥	2	23.35+27.72	51.07	61	81	预应力混凝土连续梁桥	F 类	320	2	2021
	飞行区 3 号滑行道桥 飞行区 4 号滑行道桥	2	2×15.85	31.7	45	65	预应力混凝土连续梁桥	E 类	300	1.4	2021
乌鲁木齐/地窝堡	飞行区 1 号滑行道桥 飞行区 2 号滑行道桥	4	24.8+2×35.2+24.8	120	46.3	66.3	预应力混凝土连续梁桥	E 类	280	2.5	2022

随着交通运输的发展，尤其是机场扩建工程受周边现有交通设施的影响大，越来越多的机场需要修建滑行道桥。考虑到安全和经济原因，滑行道桥的总体设计宜遵循以下原则：

(1)滑行道桥应设置在直线段上，且在桥的两端各设一段直线，其长度至少是飞机纵向轮距的两倍且不小于表 6-2 中的规定值，便于航空器对准桥中线滑行。

表 6-2　滑行道桥两端的直线段最小长度

飞行区指标Ⅱ	滑行道桥两端的直线段最小长度/m
A	15
B	20
C、D 或 E	50
F	70

(2)滑行道桥宽度应不小于滑行道直线段道面加道肩的最小总宽度，见表 6-3。

表 6-3　滑行道直线段道面加道肩的最小总宽度

飞行区指标Ⅱ	滑行道直线段道面加道肩的最小总宽度/m
C	25
D	38
E	44
F	60

(3)滑行道桥的坡度应满足排水要求，纵坡应满足滑行道纵坡要求。

(4)快速出口滑行道不应设在桥上。

(5)滑行道桥应提供救援和消防车辆通道，确保从桥两边来的救援和消防设备能顺利通过。

(6)滑行道桥上应提供侧面保护措施和防止引擎吹袭的保护措施，以免对桥下通过的车辆或行人造成危害。

6.1 滑行道桥结构形式

6.1.1 桥梁结构类型

桥梁按受力体系分为梁式桥、拱式桥、悬索桥、刚构桥及组合体系桥；按工程规模分为特大桥、大桥、中桥、小桥和涵洞；按主要承重结构的材料分为木桥、圬工桥、钢筋混凝土桥、预应力混凝土桥、钢桥和钢-混凝土组合桥等。

滑行道桥以跨越地面交通为主，跨越范围不大，对跨径没有很高要求，因此适宜采用中小跨径类桥型，如梁式桥、拱式桥。受桥面净空的制约，中承式和下承式拱桥均不适用，且下承式拱桥要考虑建筑高度较高及桥下净空的制约，现有的滑行道桥均为梁式桥。梁式桥上部结构以受弯为主，在竖向荷载作用下，桥墩和桥台处无水平反力，梁内产生较大弯矩，通常采用抗弯性能好的材料来建造，如钢筋混凝土、预应力钢筋混凝土、钢材等。随着现代装配式施工技术的不断发展，梁式桥由于其适合标准化、工业化施工的特点，在中小跨径桥梁中的优势更加明显。

梁式桥的结构类型有简支梁(板)桥、连续梁桥、刚构桥、悬臂梁桥。其中悬臂梁桥通过在跨内设铰或挂梁的方式，形成悬臂结构或悬臂与简支组合结构，悬臂梁桥属于静定体系，内力不受基础不均匀沉降及其他附加变形的影响，且由于支点负弯矩的存在，跨中正弯矩减小。但由于铰缝或挂梁连接接缝的存在，降低了结构的整体刚度，且悬臂端与挂梁衔接处的变形不利，伸缩装置的存在也使得后期维护修养工作量加大，制约了该桥型的使用。另外，挂梁牛腿或铰部位的局部受力不利，已建的滑行道桥中未采用该桥型。滑行道桥中常用的桥型有以下几类。

1. 整体框架桥

当滑行道桥跨越的区间不大时，可考虑采用地下通道为桥下交通提供通行线路，此时可采用整体式箱形框架，做成涵式地道桥梁，如北京大兴国际机场磁大路滑行道桥就采用了整体式箱形框架结构，如图 6-2 所示。整体式箱形框架桥的刚度较大，整体性好，缺点是桥上和桥下通道一体化施工，施工期内需完全中断桥下交通，跨越既有交通路线时需慎重采用。

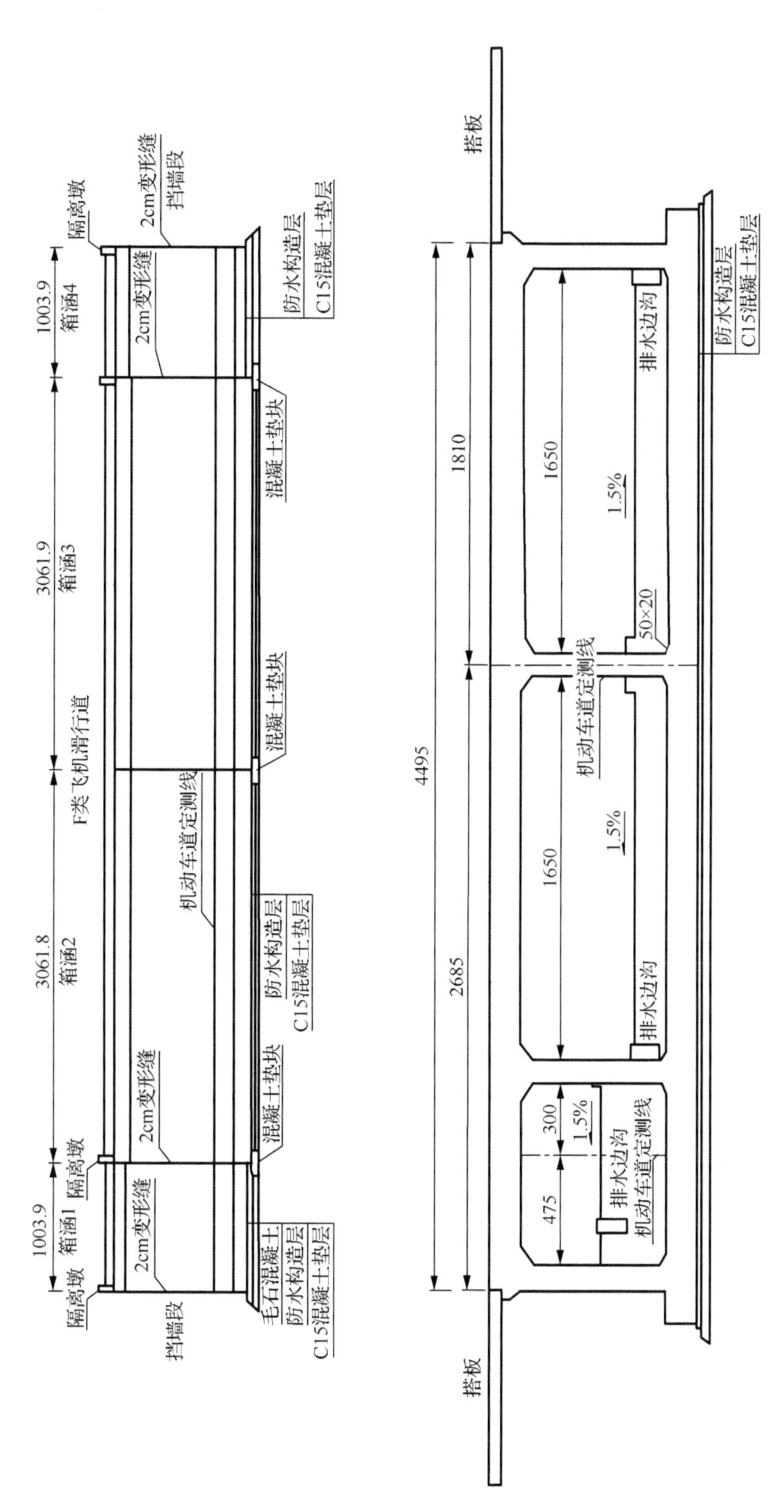

图 6-2　北京大兴国际机场磁大路 F 类滑行道桥（单位：cm）

2. 简支梁(板)桥

简支梁(板)桥如图 6-3 所示，可以是单孔，也可以是多孔，每孔两端设有伸缩缝。简支梁(板)桥受力明确，构造简单，施工方便，对地基承载力要求不高，一般适用于跨径在 50m 以下时。多孔简支梁(板)桥由于伸缩缝数量多，影响桥上的通行舒适度；伸缩装置为易损构件，增加了运营维护工作量，因此其宜做成桥面连续或结构性连续的。

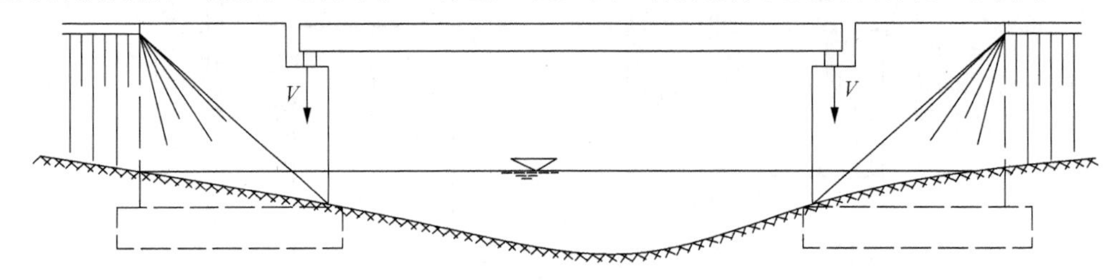

图 6-3　简支梁(板)桥基本结构形式

西安咸阳国际机场 1～4 号滑行道桥均采用单孔预应力混凝土简支梁桥设计方案，孔径为 20～30m。

滑行道桥上可能出现较大的水平荷载，且支座维修更换周期较主体结构短，采用墩(台)梁固结的方式更有利于水平受力及增强刚度，我国大部分单孔滑行道桥采用主梁与桥台固结的整体框架(刚构桥)。

3. 连续梁桥

连续梁桥是由两孔或两孔以上的主梁连续形成的体系。中间支点处主梁连续，产生了负弯矩，使得跨中正弯矩减小，连续梁的跨中正弯矩小于同等跨径简支梁的跨中正弯矩，且连续梁整体刚度大，变形小，桥上伸缩缝少，通行平顺，舒适度优于多跨简支梁。但连续梁是超静定体系，应考虑不良地基对结构体系的影响，地基不均匀沉降、收缩徐变及温度等均引起结构次内力，受力较简支梁复杂得多。

武汉天河国际机场三期扩建工程跨进出场路就采用了 5 跨预应力混凝土连续梁桥方案，如图 6-4 所示。

4. 刚构桥

刚构桥是将主梁与墩(台)连成整体的一种超静定结构，如单孔简支梁桥主梁与桥台连接形成门形刚构桥，多孔连续梁桥主梁与桥墩连接形成连续刚构桥。为满足部分地形或净空的需求，刚构桥的桥墩也可做成倾斜的，形成斜腿刚构。由于墩梁固结作用，连续刚构桥由活载引起的跨中正弯矩较同等跨径的连续梁要小，受力更有利。刚构桥不需要设支座，养护工作量减小。但刚构桥对地基承载力要求更高，尤其是受地基不均匀沉降影响大。此外，墩梁联结处的构造及受力复杂，这也是刚构桥的一个缺点。桥台处的伸缩装置是易损构件，因此，为减少养护维修工作量，可去掉此伸缩装置形成连续的路面，且采用柔性桥台(如单排桩柱式或薄壁式桥台)来适应温度、收缩徐变等引起的纵向位移，即为整体式桥梁，整体式桥梁一般适用于桥梁总长度小于 150m 的情况。

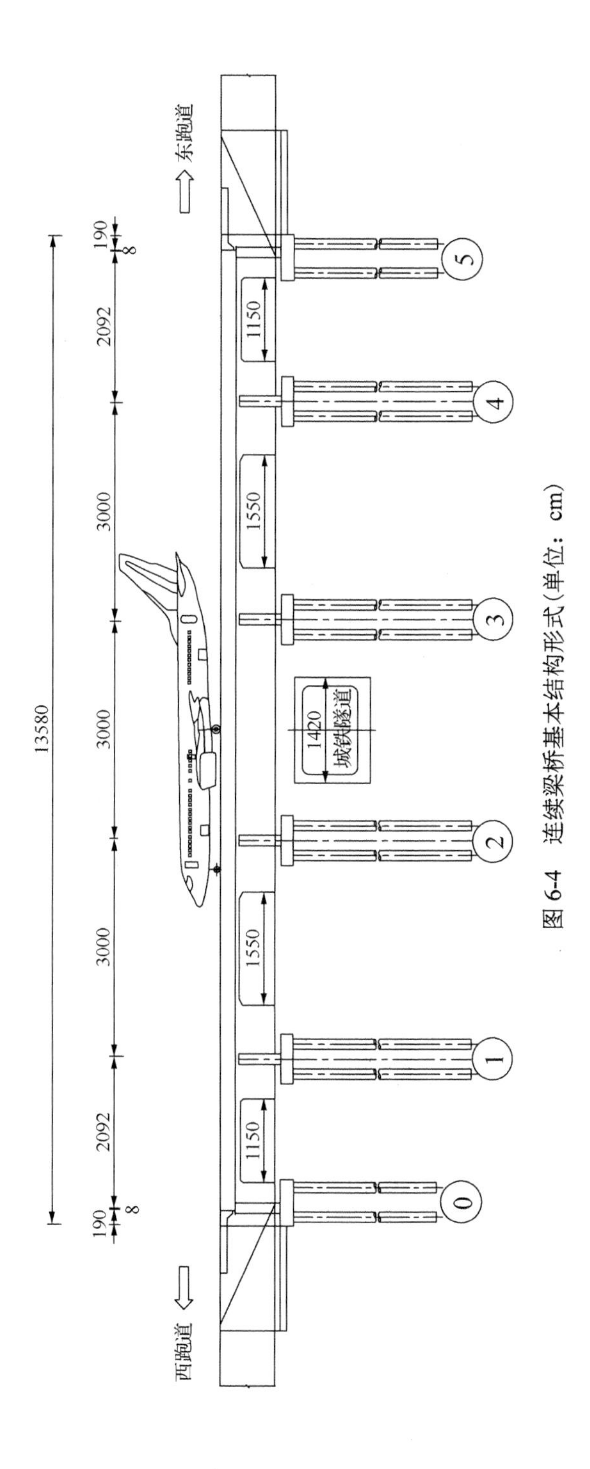

图 6-4　连续梁桥基本结构形式(单位：cm)

上海浦东国际机场滑行道桥、法兰克福机场滑行道桥均采用了预制梁加后浇带形成墩梁固结的整体式桥梁，如图 6-5、图 6-6 所示。

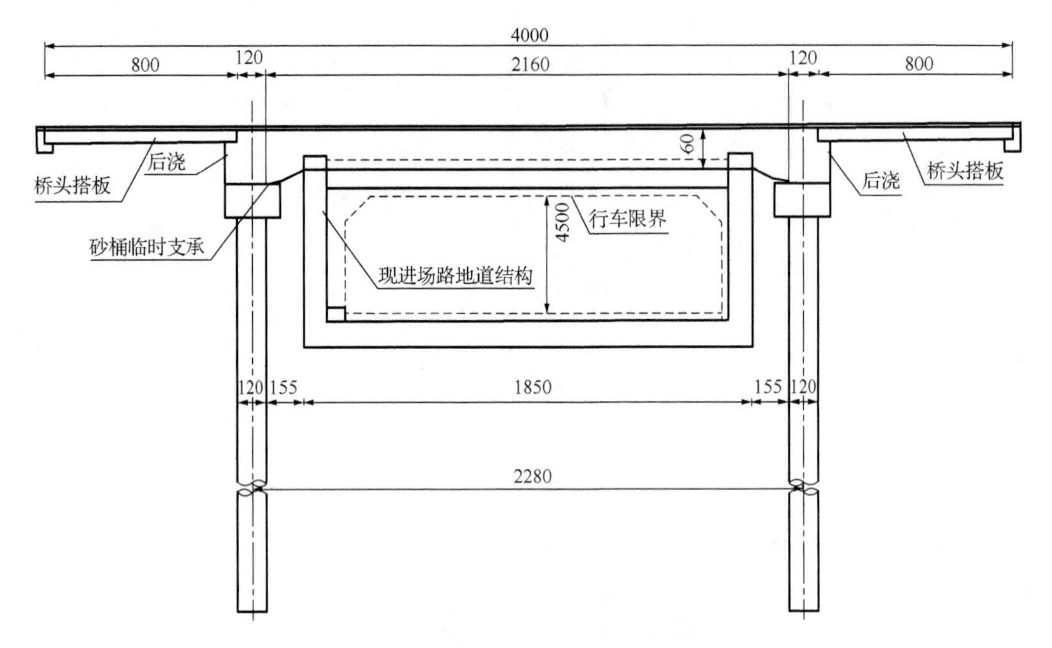

图 6-5　上海浦东国际机场滑行道桥(单位：cm)

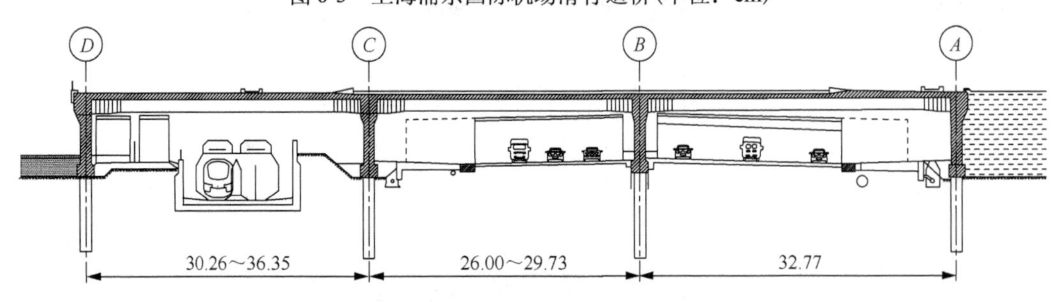

图 6-6　法兰克福机场滑行道东 1 桥(单位：m)

5. 组合梁桥

组合梁桥常用的有组合钢板梁桥、组合钢箱梁桥、组合钢桁梁桥。钢-混凝土组合梁桥充分利用了钢材和混凝土材料的各自特点，兼具钢结构和混凝土结构的优点，较混凝土梁可减轻自重，减小截面尺寸；较钢梁可减小用钢量，且可增大刚度和稳定性。滑行道桥桥面较宽，采用组合钢板梁时一般采用多主梁形式，多主梁结构的中间宜设置横梁及相应的竖向加劲肋。

我国目前已建的滑行道桥中尚未有钢-混凝土组合梁桥的结构形式。林同棪国际工程咨询(中国)有限公司为夏洛特道格拉斯国际机场设计的两座滑行道桥的跨径分别为 27.9m 和 23.6m，桥宽均为 66m，均采用了钢板梁上铺混凝土桥面板的结构，结构整体轻盈、美观。

6. 钢箱梁桥

钢箱梁截面形式如图 6-7 所示，有单箱单室箱梁(用于宽度与跨径之比较小的桥梁)、双箱单室箱梁或单箱多室箱梁等(主要用于桥宽较大的桥梁)。单箱多室钢箱梁的整体性好、抗扭能力强，具有良好的技术经济竞争能力。北京首都国际机场滑行东桥 2012 年进行改造，上部结构更换为钢箱梁。

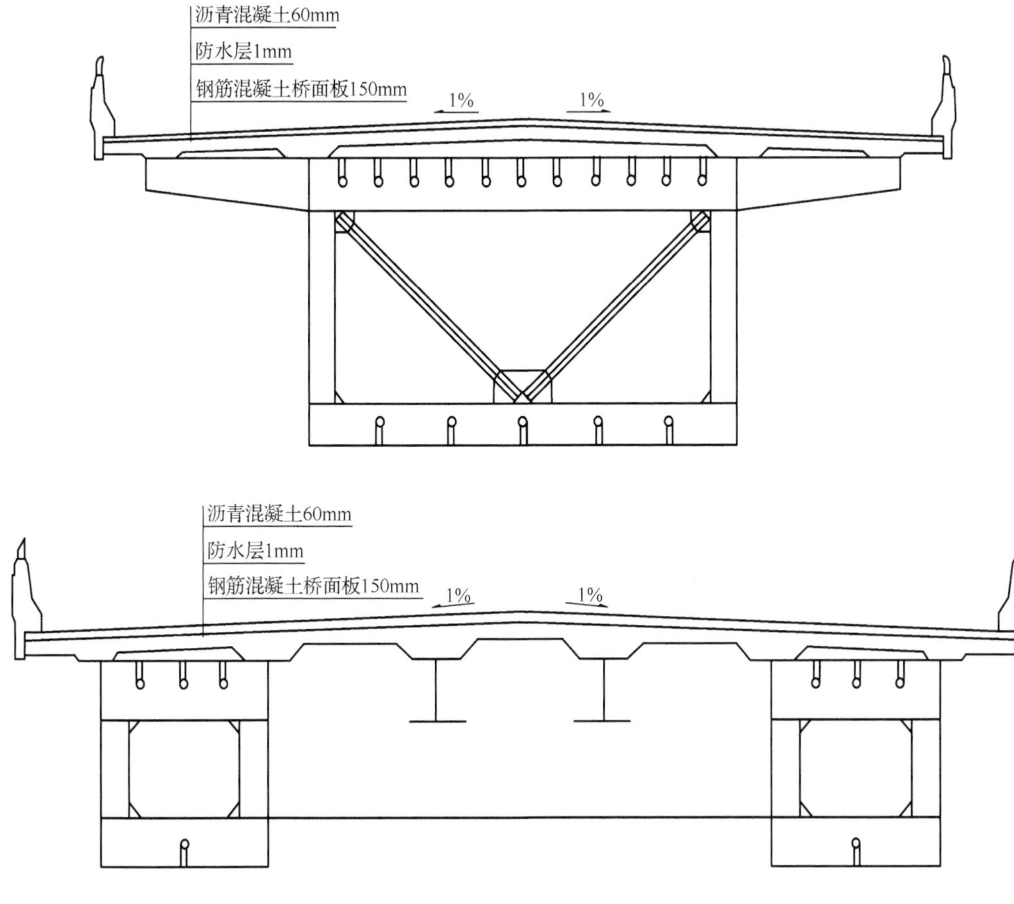

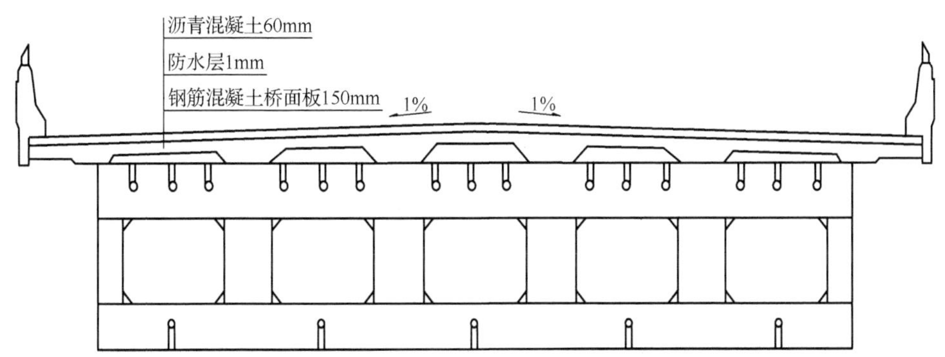

图 6-7　钢箱梁截面形式

6.1.2　上部结构构造

滑行道桥上部结构可以采用混凝土结构或钢结构，根据 Bruce A. Moulds 对美国 24 座飞机桥梁的调查统计，混凝土桥和钢-混凝土组合梁桥各占 1/2 左右，而我国已建或在建的 60 余座滑行道桥则以混凝土梁桥为主。

一般跨径小于 20m 时可采用钢筋混凝土简支梁桥或刚构桥，由于预应力混凝土的抗裂性好、刚度大，且目前预应力施工技术成熟，对于跨径超过 10m 的简支梁桥也可以采用预应力混凝土简支梁桥或刚构桥。孔径不超过 50m 的多孔桥梁可采用等高度连续梁桥或连续刚构桥，孔径超过 50m 时建议采用变高度梁或拱式结构。下沉式或地基不良地区可考虑采用整体闭合框架结构。

对于简支或连续梁(刚构)桥，在截面形式的选择上，根据跨径及桥宽可分别选择整体式板、整体式肋梁、装配式肋梁、整体或装配式箱梁等截面形式，如图 6-8 所示。

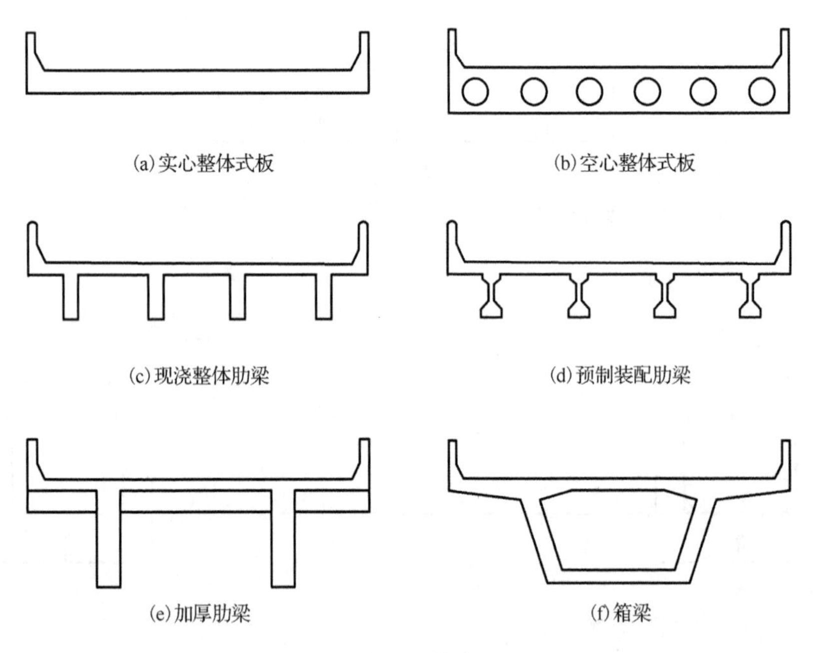

图 6-8　常用梁桥截面形式

1. 整体式板(梁)

整体式板桥一般做成实体式等厚度的矩形截面，简支钢筋混凝土整体式板桥一般用于跨径 8m 以下，板厚与跨径之比可取 1/15～1/10。由于滑行道桥宽度大，桥宽往往大于跨径，在荷载作用下，板呈双向受力状态，应按纵、横两个方向计算受力钢筋。

整体式板桥的主钢筋直径应不小于 10mm，间距不应大于 200mm。垂直于主钢筋的分布钢筋的直径不应小于 8mm，间距不应大于 200mm，截面面积不宜小于板截面面积的 0.1%。

整体式板具有整体性好、刚度大、易于做成复杂形状等优点，但往往自重大，且需要现浇施工，施工周期长，对桥下交通干扰大。为了减轻整体式板的自重而做成肋式板或梁，整体式 T 梁的整体性好、刚度大，抗弯能力提高，适用跨径也增大。但整体式 T 梁的现场施工模板工程复杂，在实际工程中甚少采用。

2. 装配式板(梁)

装配式空心板可减轻自重，充分利用材料。空心板的顶板和底板厚度均不应小于 80mm，以保证足够的配筋及保护层厚度设置要求。装配式板之间必须采用牢靠的横向连接构造，以保证板块共同受力。

装配式 T 梁或箱梁标准化、工厂化、装配化的施工作业，使其具有施工速度快、模板支架少、产品质量佳、施工环境好、劳动力减少等优点，从而得到广泛应用。装配式简支梁的梁高可取跨径的 1/18～1/10，根据飞行区指标Ⅱ的级别及跨径大小进行合理选取。由于滑行道桥宽度大，为了增强结构的整体刚度，横向预制梁的宽度不宜设置得过小，建议在我国公路桥梁标准图基础上增大预制梁宽度。

3. 箱梁

箱梁具有较大的挖空率，且整体抗弯和抗扭刚度较大。我国公路桥梁中，箱梁使用频繁，其形式有宽幅单箱多室扁平箱梁、预制装配式小箱梁、多箱单室箱梁等。其中单箱多室箱梁的整体性较好，但这种单箱多室结构宜采用现浇施工，对桥下交通干扰较大。预制装配式小箱梁可以进行标准化预制施工，但箱梁之间的现浇湿接缝连接是整个上部结构的薄弱部位，且由于此部位钢筋密集，混凝土浇筑不便。

澳门国际机场(图 6-9)采用了多箱单室的截面形式，上海浦东国际机场三期扩建项目中多座滑行道桥采用了预制箱梁现浇拼装的方式。

以上混凝土梁桥的各种截面形式与公路梁桥截面的构造一致，但由于飞机荷载巨大，桥面板厚度宜较公路桥梁厚，整体梁高也可酌情增大。

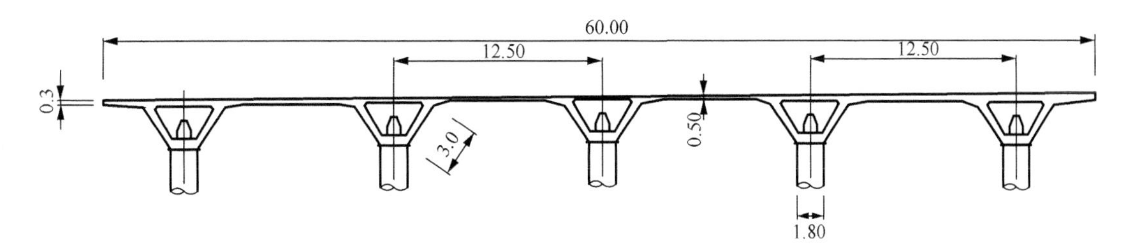

图 6-9　澳门国际机场跑道桥断面(单位：m)

6.1.3　下部结构构造

滑行道桥的下部结构包括桥墩和桥台。墩台用于支承上部结构的荷载并将它传给地基基础。桥墩是多跨桥梁的中间支承结构，桥台一般设置在桥梁两端，除支承桥跨结构外，还起到衔接两岸路堤、承受台后土压力的作用。因此，桥墩和桥台不仅本身应具有足够的强度、刚度和稳定性，还要考虑地基的承载力、沉降等的影响，避免产生过大的水平位移、转动或沉降。跨线的滑行道桥还需要考虑桥下交通可能对墩台产生的撞击作用。

桥墩的常用结构形式主要有实体重力式墩、多柱式墩、薄壁式墩(也可做成花瓶形、T 型等造型)等，如图 6-10 所示。

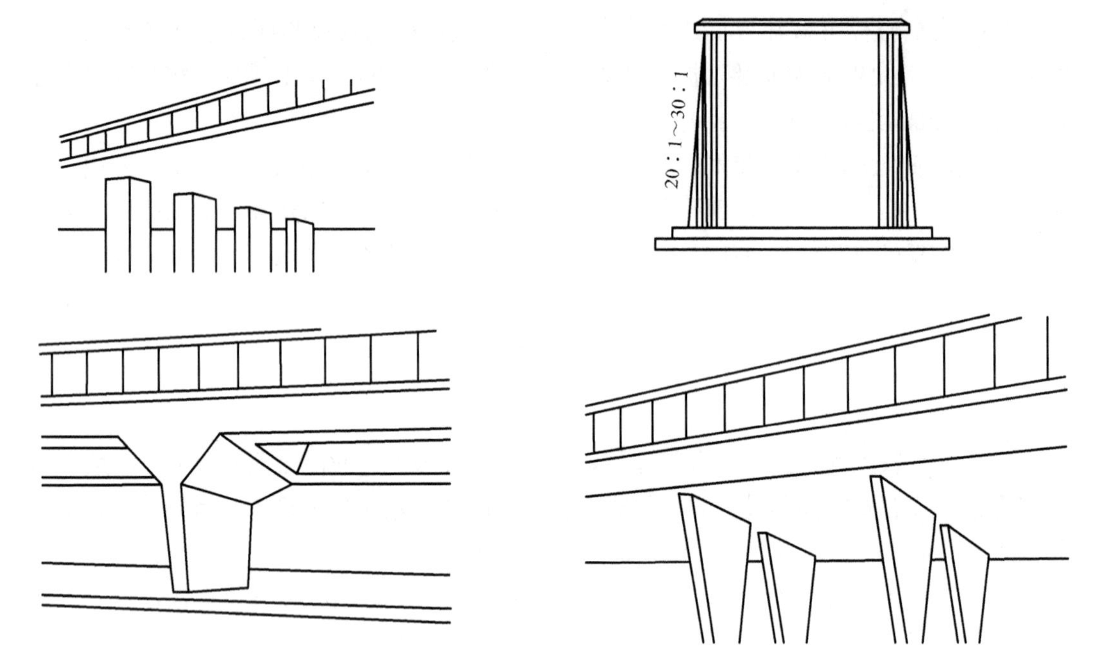

图 6-10　常见桥墩结构形式

广州白云国际机场 T_1、T_2 滑行道桥(宽 65.5m，长 92m)均为 5 跨预应力混凝土连续箱梁结构，采用了薄壁 W 形桥墩柱。北京首都国际机场东滑行道桥也采用了薄壁式墩柱。

6.1.4　附属构造

1. 桥面铺装

桥面铺装可保护桥面板不受轮胎的直接磨耗，并防止主梁遭受雨水的侵蚀，对轮胎传递下来的局部荷载起到一定的分布作用。常规的桥面铺装材料有水泥混凝土、沥青混凝土等类型，可考虑与滑行道面层材料一致。水泥混凝土面耐磨性能好，适合重载交通，水泥混凝土铺装可直接铺设在防水层或桥面板上，层厚不宜小于 8cm，强度等级不应低于 C40，且内部应配置钢筋网，钢筋直径不应小于 8mm，间距不宜大于 100mm。

水泥混凝土铺装的缺点是接缝处易于出现破裂，其破裂碎片被飞机发动机吸入可能引发事故，影响飞行安全。

沥青混凝土铺筑、维修、养护方便，随着高性能沥青混凝土材料的研究开发，有效改善了沥青混凝土铺装的缺点，应用增加，我国不少机场采用在混凝土道面上盖沥青面层，滑行道桥上采用沥青混凝土铺装也是可行方案。沥青混凝土铺装可考虑分双层设计，下层采用中粒式沥青混凝土整平，上层采用与相邻滑行道一致的面层厚度和级配。

此外，聚丙烯纤维混凝土等类型的纤维混凝土也可用于滑行道桥铺装改造，以提高桥面的抗疲劳性能。例如，北京首都国际机场 6、7 号滑行道桥桥面铺装改造时就采用了聚丙烯纤维混凝土，以提升铺装的抗裂、抗冲击等性能。

2. 防护设施

防护设施宜作为滑行道桥的附加安全设施，而不是作为减少桥宽的一种构造措施。考虑到滑行道桥上飞机出现意外的可能，桥上应设计消防救援通道，宽度不超过 3.6m(位于滑行道及道肩之外，且在安全区内)。

ICAO 的《机场设计手册》给出了两种混凝土路缘的形式，如图 6-11 所示。路缘石高度一般为 20～60cm。考虑维护人员及车辆通过滑行道桥的需求，必要时可在混凝土路缘石外再设一道侧向防护设施，可以采用混凝土护栏或栏杆，护栏必须设在滑行道安全区之外。护栏的强度可按公路桥梁相关标准设计。

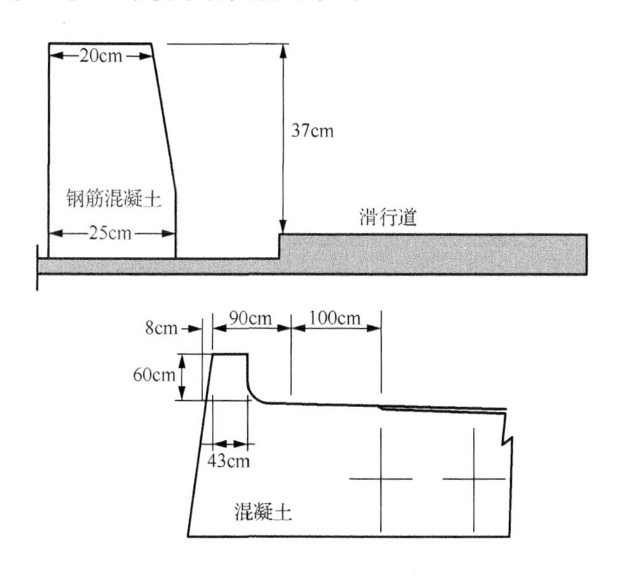

图 6-11　滑行道桥路缘示意图

GB 50284—2008 建议滑行道边缘的防护设施不高于 200mm，而滑行道肩边缘的防护设施不高于 600mm，滑行道安全区边缘的防护设施不高于 910mm。一般的防护设施是高 60～91cm(2～3ft)(1ft=0.3048m)的混凝土护栏，高度超过障碍净空要求时，要基于机翼净空进行评估；在滑行道边缘设置 25～50mm 高的振动带也能有效阻止飞机滑偏。

飞机引擎产生的气流对桥面及桥下交通均有影响，图 6-12 为滑行中飞机引擎气流的扩散影响范围。因此，当滑行道桥下有交通时，宜设置防护设施以防止飞机引擎气流对桥下交通的影响，可以采用轻质的打孔或格栅材料罩顶，若采用不开孔材料覆盖，则要考虑排水和承载力问题。

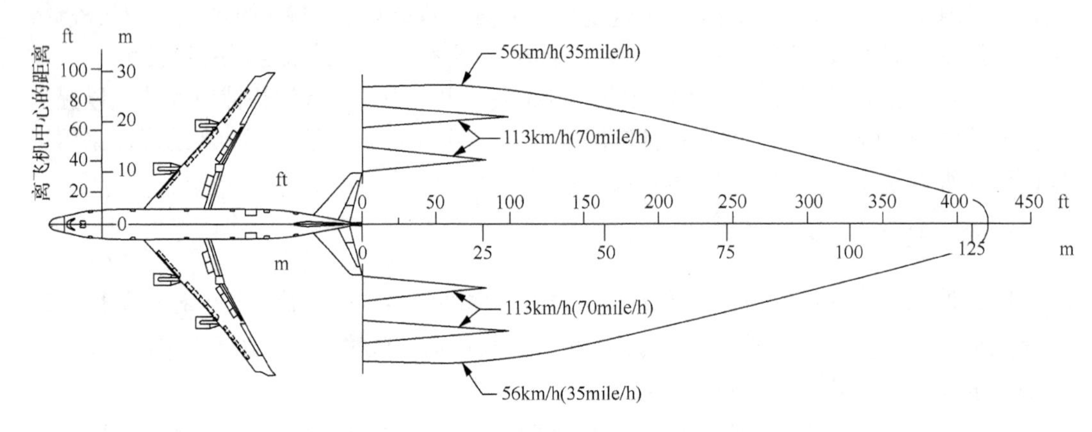

图 6-12　飞机引擎气流的扩散影响范围

1mile=1.609344km

3. 灯光

在夜间或低能见度条件下，要考虑安装中线灯光，间距不小于 15m(比地面上间距小)。桥面最外缘两侧沿纵向设障碍物灯，间距不大于 46m。

4. 排水

良好的排水系统可以有效排除桥面积水，从而为飞机滑行提供合适的表面，降低雨水侵蚀桥梁的风险。为满足排水要求，滑行道桥一般设置横坡，不小于 1.5%；若小于 1.5%，则要确保有其他措施提供足够的排水能力。

6.1.5　案例介绍

1. 上海浦东国际机场三期扩建滑行道桥

上海浦东国际机场三期扩建项目中多条滑行道与机场南进场路相交，共修建了 12 座滑行道桥，分别为 ET1、ET2-Q1、ET2-Q3、ET3-Q4、ET3-Q6、ET4、WT1、WT2-Q1、WT2-Q3、WT3-Q4、WT3-Q6、WT4，其中 ET1、WT1、ET4、WT4 四座桥的桥宽达 55.5m。这 12 座滑行道桥的桥长一致，均为 24m，均采用墩梁固结预制梁方案，预制箱梁的跨径为 21.6m(临时支撑的跨径)，在台帽顶现浇混凝土使预制梁与台帽形成整体，下部结构选用直径为 1.2m 的桩基础，桩间距为 3.3m 左右，上部结构采用预制箱梁，宽度为 4.1m，标准湿接缝宽度为 0.9m，小箱梁梁高有 1.6m(大飞机)和 1.3m(小飞机)两种，在墩顶附近加高 0.45m，如图 6-13 所示。

2. 武汉天河国际机场滑行道桥

武汉天河国际机场三期扩建工程新建一条 E 类联络滑行道，与机场进出场路发生交叉，且进出场路下有明挖城际铁路箱涵和双孔盾构地铁隧道，因此该桥采用(21+3×30+21)m 的预应力混凝土连续梁桥方案，如图 6-14 所示。

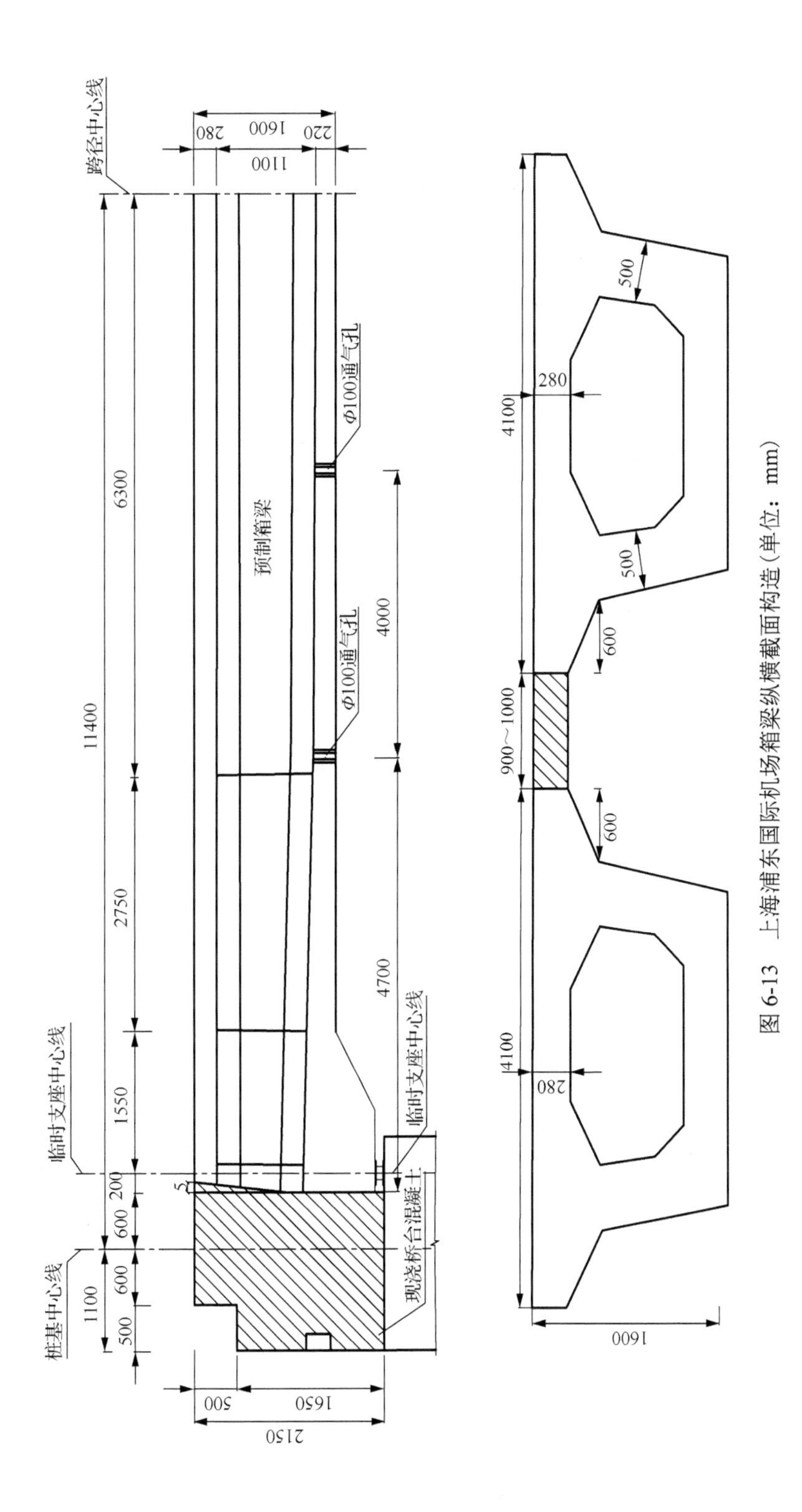

图 6-13　上海浦东国际机场箱梁纵横截面构造（单位：mm）

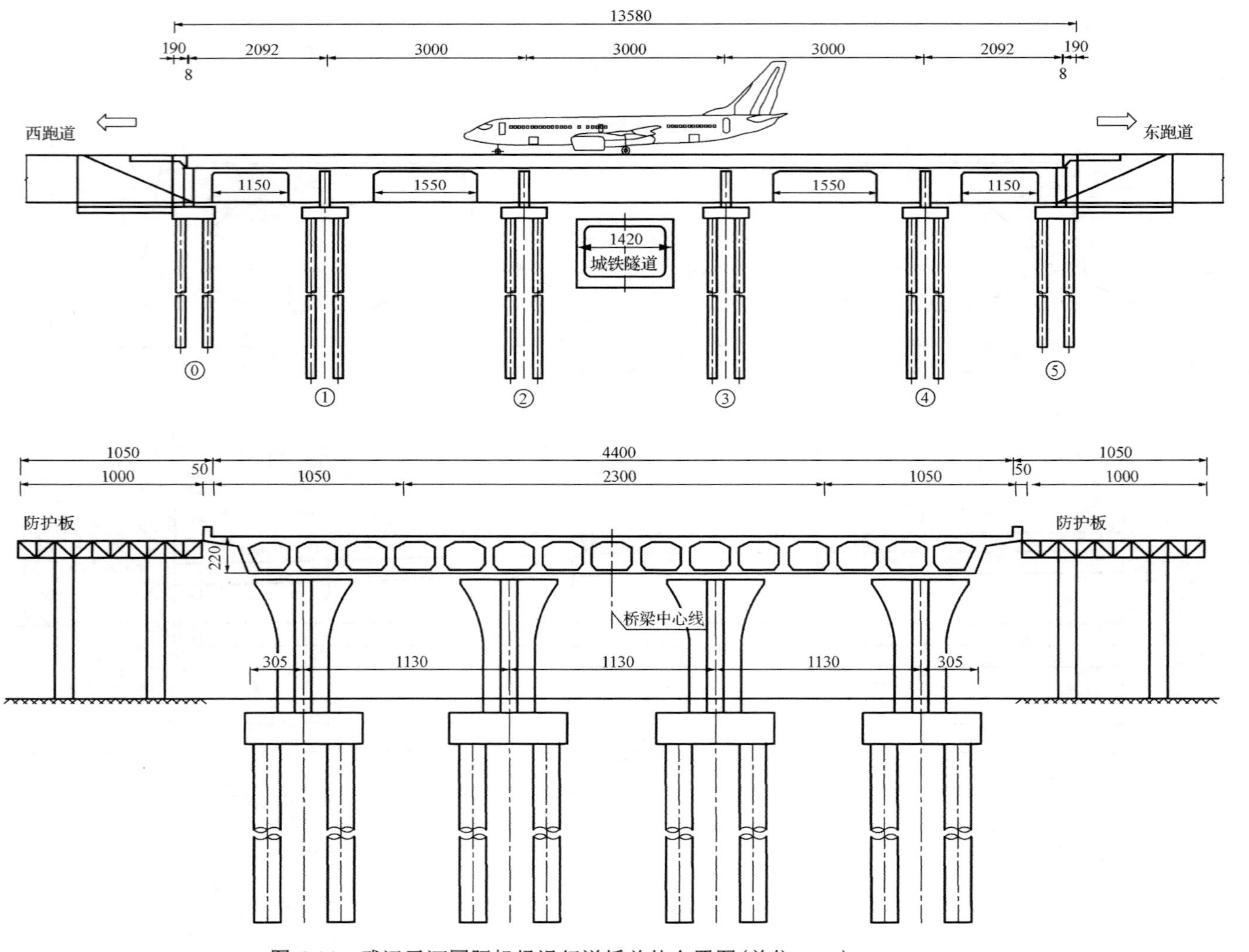

图 6-14　武汉天河国际机场滑行道桥总体布置图(单位：cm)

6.2　滑行道桥荷载

滑行道桥上的作用按照随时间变化分为永久作用、可变作用和偶然作用。滑行道桥上的各类荷载与公路桥梁有很多相似之处，但又有所不同。根据滑行道桥承受荷载的特点，滑行道桥的设计应考虑可能通过的最重飞机引起的静载和动载效应，要考虑飞机主起落架的集中荷载、动载冲击力、水平制动力、风作用在大型飞机上引起的横向作用力等，此外，还应考虑桥梁服役期间飞机重量的增大可能，FAA 建议给予 20%～25%的放大。因此，其可变作用包括飞机荷载、飞机冲击力、飞机制动力、飞机引起的土侧压力。偶然作用则有飞机对护栏的撞击作用、桥下车辆的撞击作用。关于滑行道桥上飞机相关荷载，国内尚未见对应的规范，因此本书仅结合参考资料及相关规范探讨飞机荷载、飞机冲击力、飞机制动力，其他荷载可参考《公路桥涵设计通用规范》。

6.2.1　飞机荷载

飞机种类繁多，每种都有自己的尺寸和荷载特征，参照公路桥梁的计算特点，可将飞机荷载分为整体计算荷载和局部计算荷载。

1. 飞机整体计算荷载

对桥梁进行整体计算时，可将飞机荷载简化为前、后起落架处的集中荷载。若采用平面杆系结构模型计算，则可将其简化为平面上的集中荷载，如图 6-15 所示。

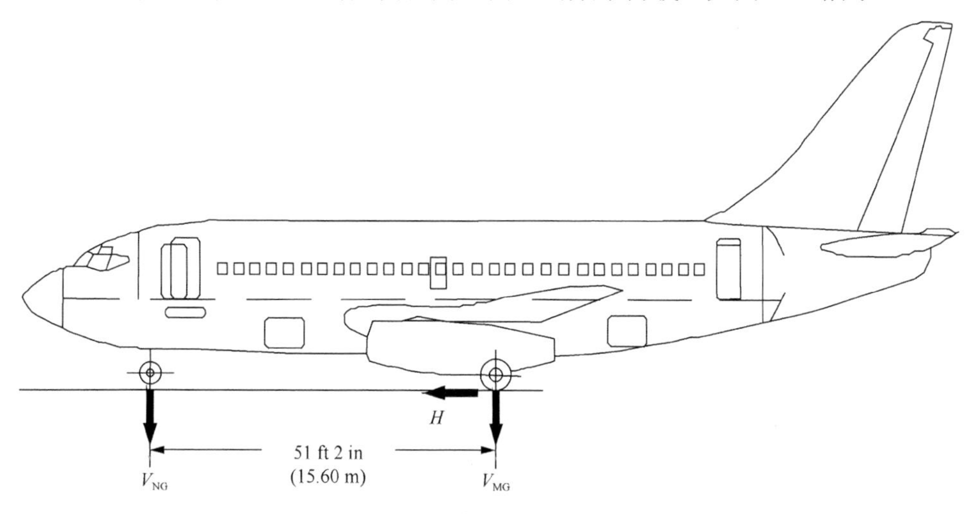

图 6-15　飞机整体计算荷载示意图

1in=2.54cm

若采用空间结构模型计算，则可将其简化为空间上的集中荷载，即根据主起落架个数，将主起落架分解为横桥向的多个集中荷载，以 B737-800 飞机为例，B737-800 对应飞行区等级为 4C 级，最大滑行重量为 792.42kN，起落架参数如图 6-16 所示，前后起落架间距为 15.6m，前起落架及主起落架均采用单轴双轮，主起落架间距 5.72m，则荷载如图 6-16 所示。荷载值的大小及布置可以查阅飞机特性手册。

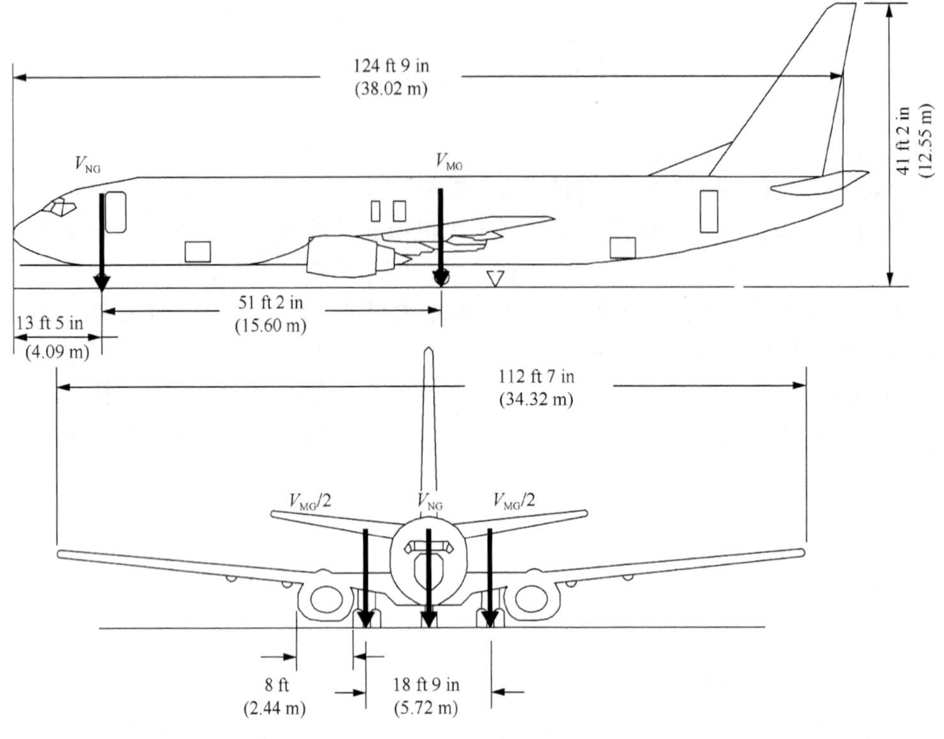

图 6-16　飞机整体计算荷载示意图

2. 飞机局部计算荷载

在对桥面板进行计算时，宜采用飞机局部轮载，图 6-17 是 B737-800 的轮载分布情况，其前起落架轮胎尺寸为 27×7.7-15 12PR(直径 27in)，断面宽 7.7in，轮胎使用的轮辋直径为 15in，层级为 12)，胎压为 13.03kg/cm^2，主起落架轮胎尺寸 H44.5×16.5-21 28PR，胎压为 14.41kg/cm^2。

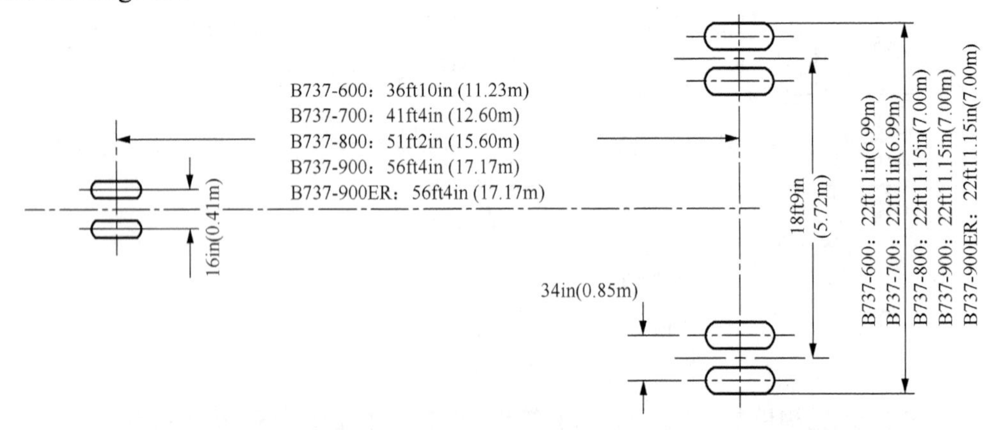

图 6-17　B737-800 飞机轮胎布置示意图

飞机轮胎与地面接触的范围及形状与地面刚度、轮胎胎压及轮胎荷载大小等因素有关，关于轮胎的着面范围及形状，我国《民用机场沥青道面设计规范》(MH/T 5010—2017) 假设主起落架单轮与沥青道面之间的接触轮印为圆形，直径按式(6-1)计算：

$$d = 2\sqrt{\frac{1000P_{\mathrm{t}}}{\pi q}} \tag{6-1}$$

以 B737-800 为例，P_{t}=792.42×0.95/4= 88.2(kN)，胎压 q=1.47MPa，则可求得 d=403.8mm。

根据《民用机场水泥混凝土道面设计规范》(MH/T 5004—2010)可知，轮印形状及范围如图 6-18 所示。图中 L_t 可按式(6-2)计算：

$$L_t = \sqrt{\frac{P_t \times 10^4}{5.227q}} \tag{6-2}$$

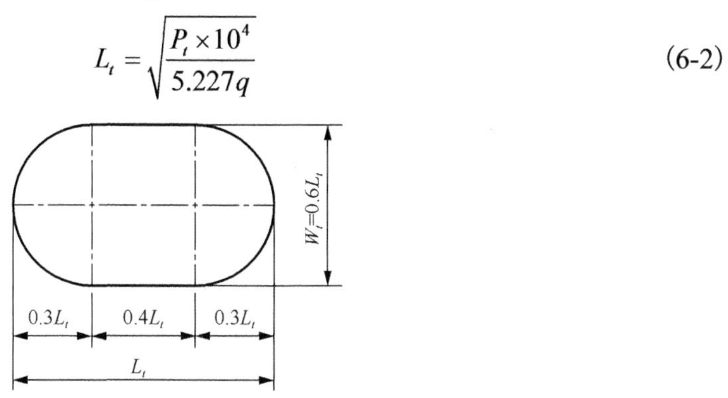

图 6-18　水泥混凝土道面上的轮印形状及范围

飞机主起落架上的轮载可按飞机参数计算确定，可按式(6-3)计算：

$$P_t = \frac{Gk}{n_c n_w} \tag{6-3}$$

式中，P_t 为飞机主起落架上的轮载(kN)；G 为飞机重量(kN)；k 为主起落架荷载分配系数；n_c 为主起落架个数；n_w 为一个主起落架的轮子数。

以 B737-800 为例，P_t=792.42×0.95/4=188.2(kN)，q=1.47MPa，则 L_t=494.9mm，W_t=0.6 L_t=296.9mm。

FAA AC150/5320 则给出了系列飞机构型的轮胎荷载大小及分布范围，如图 6-19 所示，但其给出的机型针对我国机场不一定适用。

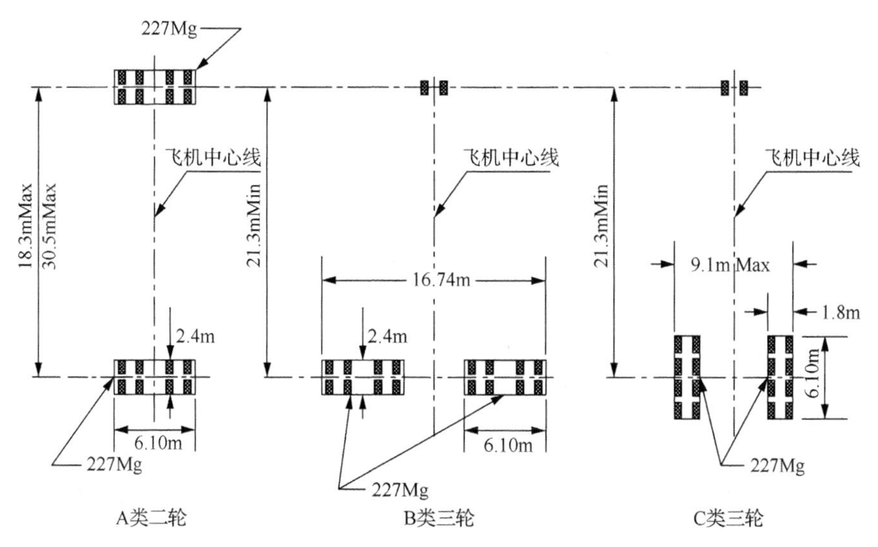

图 6-19　FAA 推荐轮载

虽然飞机重量增加，但飞机设计中往往采用更大的轮间距、更大的轮胎尺寸及更高的胎压等来降低单个轮载，例如，B747 主起落架采用 16 个轮胎，而 B727 采用 4 个轮胎，虽然 B747 的重量约为 B727 的 4 倍，但单个轮载却差别不大。B777 的单个轮载达到 250kN。

根据飞机在桥上滑行的特点，一般滑行道桥上的飞机荷载仅需考虑单架飞机的作用，这一点相对公路桥梁需考虑车队荷载作用要简单。飞机的重量可参考飞机参数，参考《民用机场沥青道面设计规范》，常用飞机的荷载参数见表 6-4。滑行道桥统计最大重量指最大起飞重量(包括飞机重量、载重、燃油重等)。

表 6-4　飞机荷载参数

序号	机型	最大滑行重量/kN	最大起飞重量/kN	最大着陆重量/kN	最大无燃油重量/kN	空机重量/kN	主起落架荷载分配系数 k	主起落架间距/m	主起落架总轮数 n_c	主起落架轮距/m			主起落架构型	主起落架轮胎压力 q/MPa
										S_t	S_{L1}	S_{L2}		
1	B737-200	567.00	564.72	485.34	430.91	289.51	0.935	5.23	4	0.78	—	—	双轮	1.26
2	B737-300	566.99	564.72	517.09	476.27	326.02	0.950	5.23	4	0.78	—	—	双轮	1.40
3	B737-400A	682.60	680.40	562.45	530.70	336.50	0.950	5.24	4	0.78	—	—	双轮	1.28
4	B737-500	607.82	605.55	498.96	464.94	320.99	0.950	5.23	4	0.78	—	—	双轮	1.34
5	B737-600	657.90	655.60	551.30	519.50	363.90	0.950	5.72	4	0.86	—	—	双轮	1.30
6	B737-700	703.30	701.00	586.20	552.20	376.60	0.950	5.72	4	0.86	—	—	双轮	1.39
7	B737-800	792.42	790.04	663.80	627.50	414.30	0.950	5.72	4	0.86	—	—	双轮	1.47
8	B737-900	792.43	790.16	663.61	636.39	429.01	0.950	5.72	4	0.86	—	—	双轮	1.47
9	A318	684.00	680.00	575.00	545.00	388.18	0.950	7.60	4	0.93	—	—	双轮	0.89
10	A319	704.00	700.00	610.00	570.00	392.25	0.926	7.60	4	0.93	—	—	双轮	0.89
11	A320	758.52	754.60	632.10	592.90	397.18	0.931	7.60	4	0.93	—	—	双轮	1.14
12	A321	834.00	830.00	735.00	695.00	476.03	0.956	7.60	4	0.93	—	—	双轮	1.36
13	MD-90	712.14	707.60	644.10	589.67	399.94	0.950	5.09	4	0.71	—	—	双轮	1.14
14	B757-200	1161.00	1156.50	952.50	853.00	593.50	0.950	7.32	8	0.86	1.14	—	双轴双轮	1.21
15	B757-200pf	1229.30	1224.70	1016.10	952.60	645.80	0.950	7.32	8	0.86	1.14	—	双轴双轮	1.24
16	B767-200	1437.89	1428.82	1233.77	1133.98	801.27	0.950	9.30	8	1.14	1.42	—	双轴双轮	1.24
17	B767-200ER	1796.23	1791.69	1360.78	1179.34	823.77	0.950	9.30	8	1.14	1.42	—	双轴双轮	1.31
18	B767-300	1596.50	1587.50	1361.00	1261.00	860.50	0.950	9.30	8	1.14	1.42	—	双轴双轮	1.38
19	B767-300ER	1873.34	1868.80	1451.50	1338.10	900.11	0.950	9.30	8	1.14	1.42	—	双轴双轮	1.38
20	A300	1659.00	1650.00	1340.00	1240.00	885.00	0.950	9.60	8	0.89	1.40	—	双轴双轮	1.16
21	A310-200	1329.00	1320.00	1185.00	1085.00	768.69	0.932	9.60	8	0.93	1.40	—	双轴双轮	1.46

续表

序号	机型	最大滑行重量/kN	最大起飞重量/kN	最大着陆重量/kN	最大无燃油重量/kN	空机重量/kN	主起落架荷载分配系数 k	主起落架间距/m	主起落架总轮数 n_c	主起落架轮距/m			主起落架构型	主起落架轮胎压力 q/MPa
										S_t	S_{L1}	S_{L2}		
22	MD-11	2871.22	2859.88	1950.48	1814.40	1320.49	0.780	10.67	8	1.37	1.63	—	双轴双轮	1.38
23	B747-200B	3791.00	3778.00	2857.00	2387.80	1706.00	0.952	11.00/3.84	16	1.12	1.47	—	双轴双轮	1.38
24	B747-300	3791.00	3778.00	2603.20	2426.30	1748.20	0.952	11.00/3.84	16	1.12	1.47	—	双轴双轮	1.31
25	B747-400	3978.00	3968.93	2857.63	2562.79	1827.21	0.952	11.00/3.84	16	1.12	1.47	—	双轴双轮	1.38
26	B747-400F	3978.00	3968.93	3020.92	2880.31	1660.54	0.952	11.00/3.84	16	1.12	1.47	—	双轴双轮	1.38
27	B747-400COMBI	3978.00	3968.93	2857.63	2562.79	1840.82	0.952	11.00/3.84	16	1.12	1.47	—	双轴双轮	1.38
28	B747SP	3188.00	3156.00	2041.00	1859.40	1479.70	0.952	11.00/3.84	16	1.10	1.37	—	双轴双轮	1.26
29	B777-200	3002.80	2993.70	2376.80	2245.30	1605.30	0.954	10.98	12	1.40	1.45	1.45	三轴双轮	1.28
30	B777-200LR	3411.00	3401.90	2231.70	2068.40	1543.10	0.938	10.97	12	1.40	1.45	1.48	三轴双轮	1.50
31	B777-300	3002.80	2993.70	2376.80	2245.30	1578.00	0.948	11.00	12	1.40	1.45	1.45	三轴双轮	1.48
32	B777-300ER	3411.00	3401.90	2512.90	2376.80	1688.30	0.936	10.97	12	1.40	1.45	1.48	三轴双轮	1.50
33	A330-200	2339.00	2330.00	1820.00	1700.00	1215.53	0.950	10.68	8	1.40	1.98	—	双轴双轮	1.42
34	A330-300	2339.00	2330.00	1870.00	1750.00	1294.64	0.958	10.68	8	1.40	1.98	—	双轴双轮	1.42
35	A340-200	2759.00	2750.00	1850.00	1730.00	1315.81	0.796	10.68	10	1.40	1.98	—	双轴双轮	1.42
36	A340-300	2759.00	2750.00	1920.00	1810.00	1369.29	0.802	10.68	10	1.40	1.98	—	双轴双轮	1.42
37	A340-500	3692.00	3680.00	2400.00	2250.00	1684.68	0.660	10.68	12	1.40	1.98	—	双轴双轮	1.42
38	A340-600	3692.00	3680.00	2590.00	2450.00	1748.67	0.660	10.68	12	1.40	1.98	—	双轴双轮	1.42
39	A380-800	5620.00	5600.00	3860.00	3610.00	2774.76	0.570	5.26	20	1.53	1.70	1.70	三轴双轮	1.47
40	B787-800	2283.84	2279.30	1723.65	1610.25	1177.07	0.913	9.80	8	1.30	1.46	—	双轴双轮	1.57
41	B787-900	2517.44	2279.30	1723.65	1610.25	1177.07	0.936	9.80	8	1.52	1.51	—	双轴双轮	1.54

注：主起落架轮距 S_t 为主起落架轮子之间横向中-中距离；S_{L1}、S_{L2} 为纵向中-中距离(其中 S_{L1} 离飞机鼻轮较近)。

3. 飞机冲击力

飞机以较高速度驶过滑行道桥时，由于桥面平整度及发动机等因素的影响，会引起桥梁结构的振动，从而造成内力增大，这种动力效应是冲击作用。在滑行道桥设计中可引入冲击系数，飞机冲击力即为飞机荷载标准值乘以冲击系数。

ACI 343R-95 对上部结构、立柱、支座及刚接墩等构件，按以下情况取冲击系数：停机坪和低速滑行道建议取 1.3，高速滑行道和跑道建议取 1.4，跑道着陆区域取 2.0；对于桥台、挡墙、桩等构件可不考虑冲击力。澳门国际机场考虑有失误的着陆时，冲击系数取 3。目前关于飞机在滑行道桥上冲击系数的研究较少，建议取飞机静载效应的 30%，对于跑道桥，此值建议取 60%，米兰马尔彭萨机场采用 1.3。

桥台、挡墙、桩、墩帽、非刚接桩、埋置基础(上覆土层厚度在 1m 以上)不考虑冲击。

4. 飞机制动力(braking forces)

Bruce A. Moulds 统计了美国 24 座滑行道桥，设计飞机制动力取飞机总重的 5%、20%、70%不等，差别很大。ACI 建议在没有足够资料时，停机坪和低速滑行道建议取 30%，高速滑行道和跑道建议取 80%。

6.2.2　作用效应组合

我国现行建筑结构及桥梁基本采用基于概率论的极限状态设计法。考虑两种极限状态：承载能力极限状态和正常使用极限状态，详见第 1 章。

承载能力极限状态下有三种作用效应组合：基本组合、偶然组合和地震组合。基本组合为永久作用的设计值效应与可变作用的设计值效应相组合，组合表达式为

$$S_{ud}=\gamma_0 S\left(\sum_{i=1}^{m}\gamma_{Gi}G_{ik},\ \gamma_{Q1}\gamma_L Q_{1k},\ \psi_c\sum_{j=2}^{n}\gamma_{Lj}\gamma_{Qj}Q_{jk}\right) \tag{6-4}$$

式中，S_{ud} 为承载能力极限状态下作用基本组合的效应组合设计值；γ_0 为结构重要性系数，对应于设计安全等级一级、二级和三级的桥梁分别取 1.1、1.0 和 0.9；γ_{Gi} 为第 i 个永久作用效应的分项系数；G_{ik} 为第 i 个永久作用效应的标准值；γ_{Q1} 为飞机荷载(含冲击力)的分项系数，可参照汽车荷载取 γ_{Q1}=1.4 或参照铁路列车荷载取 1.5(无其他可变作用参与组合时)或 1.2(有其他可变作用参与组合时)；Q_{1k} 为飞机荷载效应(含冲击力)的标准值；γ_{Qj} 为在作用效应组合中除飞机荷载效应(含冲击力)、风荷载外的其他第 j 个可变作用效应的分项系数，取 γ_{Qj}=1.4，但风荷载的分项系数取 γ_{Qj}=1.1；Q_{jk} 为在作用效应组合中除飞机荷载效应(含冲击力)外的其他第 j 个可变作用效应的标准值；ψ_c 为组合值系数，取 ψ_c=0.75。

偶然组合为永久作用标准值与可变作用某种代表值、一种偶然作用设计值相组合。与偶然作用同时出现的可变作用，可根据观测资料或工程经验取用。地震组合的效应设

计值按现行桥梁设计规范的有关规定计算。偶然组合和地震组合用于结构在特殊情况下的设计，对于滑行道桥而言，宜通过专项研究确定。

正常使用极限状态设计以弹性理论或弹塑性理论为基础，其作用效应组合有频遇组合和准永久组合。频遇组合的效应设计值可按式(6-5)计算：

$$S_{fd}=S\left(\sum_{i=1}^{m}G_{ik},\ \psi_{f1}Q_{1k},\ \sum_{j=2}^{n}\psi_{qj}Q_{jk}\right) \tag{6-5}$$

式中，S_{fd}为作用短期效应组合设计值；G_{ik}为第i个永久作用效应的标准值；Q_{1k}为飞机作用效应(不计汽车冲击力)的标准值；Q_{jk}为第j个可变作用效应的标准值；ψ_{f1}为飞机荷载的频遇值系数(不计汽车冲击力)，若按汽车荷载取ψ_{f1}=0.7，按列车荷载取1.0，飞机荷载可通过专题研究确定，此处建议取1.0；ψ_{qj}为第j个可变作用效应的准永久值系数，人群荷载ψ_{qj}=1.0，风荷载ψ_{qj}=0.75，温度梯度作用ψ_{qj}=0.8，其他作用ψ_{qj}=1.0。

准永久的效应设计值可按式(6-6)计算：

$$S_{qd}=S\left(\sum_{i=1}^{m}G_{ik},\ \sum_{j=1}^{n}\psi_{qj}Q_{jk}\right) \tag{6-6}$$

式中，S_{qd}为作用长期效应组合设计值。

其他符号的意义同式(6-5)。

需要指出的是，目前滑行道桥没有对应的设计规范，以上作用效应组合参考了公路桥梁和铁路混凝土桥梁的设计理论和方法，在设计钢桥时应注意参照相应钢桥规范。

6.3　滑行道桥结构设计

桥梁的设计需开展平面、纵断面及横断面的设计。

桥梁平面设计即确定桥梁的平面线形，滑行道桥一般宜设计成直线。滑行道可能与被跨线路或河道斜交，按现有桥梁设计方法，可采用斜桥斜做或斜桥正做方式。图6-20为法兰克福机场斜桥正做的滑行道桥。

桥梁纵断面设计包括确定桥梁的总跨径及分孔、桥道的标高等，一般根据被跨障碍物范围兼顾地形及造价等因素确定。桥下通车或通航的桥孔，应满足建筑净空限界及通航净空的要求，还应考虑桥的两端与滑行道的顺利衔接，满足滑行道的纵断面设计纵坡要求。

桥梁横断面设计内容主要是根据表6-3确定滑行道桥的最小宽度，并根据不同桥跨结构选取合适的横截面形式。

滑行道桥的设计计算是指为满足特定飞机及滑行道的需求，进行承载能力极限状态及正常使用极限状态验算。由于没有通用的滑行道桥设计标准，以滑行道桥服役期可能通过的最大飞机荷载为设计荷载。此处给出的滑行道桥结构设计参照公路桥梁结构设计，从局部和整体两个方面考虑，即桥面板的计算及主梁的计算。

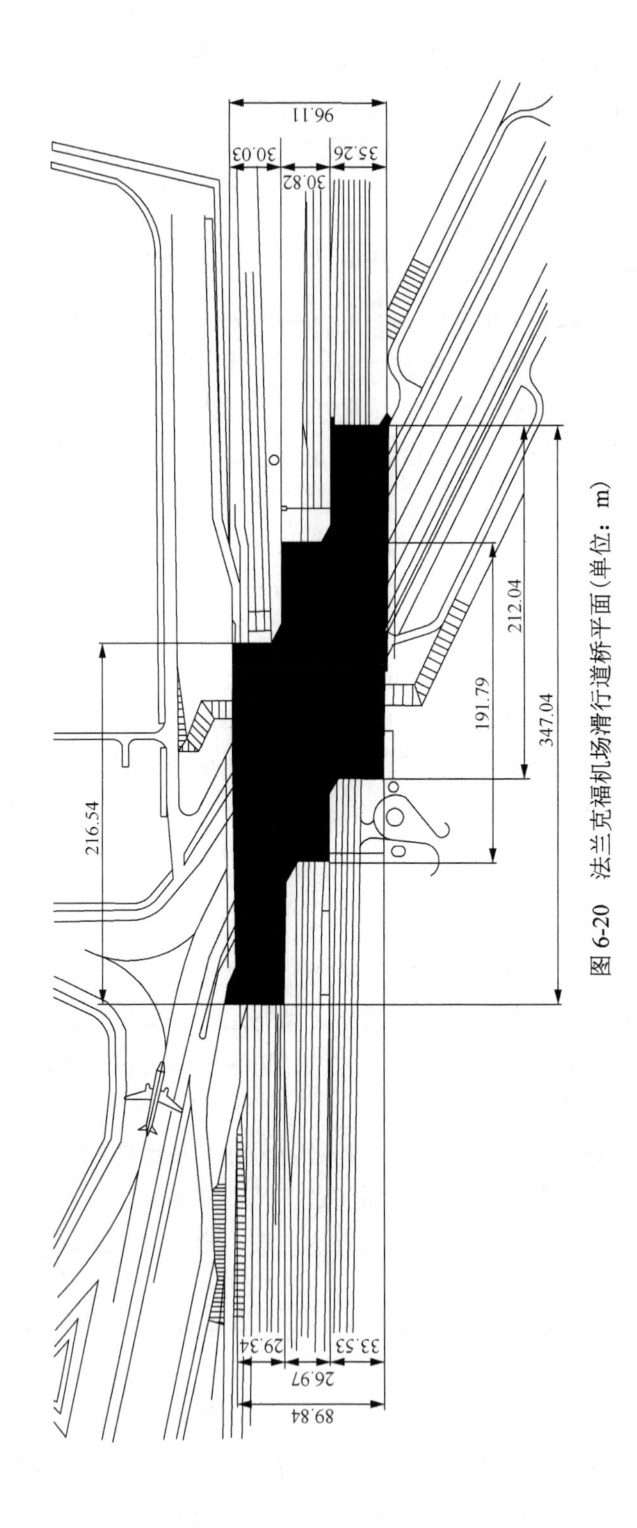

图 6-20　法兰克福机场滑行道桥平面(单位：m)

6.3.1　桥面板计算

1. 桥面板的受力图式

桥面板是直接承受轮压的结构部位，它通常与主梁梁肋和横隔梁相连，同时又是主梁截面的组成部分(即主梁的顶板)，从而保证主梁的整体作用。桥面板为四边支承板或三边支承板(最外侧翼缘桥面板)，如图 6-21 所示。当荷载作用于板上时，荷载会向相互垂直的两对支承边传递，但当两个方向的支承跨径不同时，板沿两个方向的相对刚度也不同，向两个方向传递的荷载也不相等。

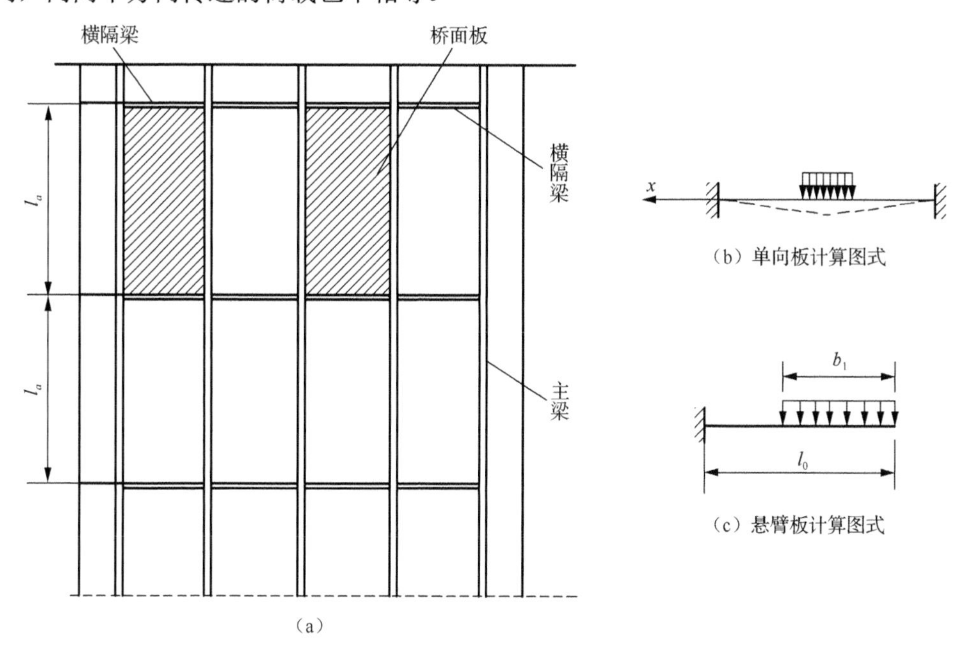

图 6-21　桥面板计算图式(CAD 图)

根据弹性薄板理论，通常将长宽比等于和大于 2 的四边支承板视作仅由短跨承受荷载的单向受力板(即单向板)来设计；长宽比小于 2 的四边支承板按双向板来设计。由于普遍的桥梁设计中，横隔梁一般布置稀疏，主梁的间距往往比横隔梁的间距小得多，桥面板基本上属于单向板。对于翼缘板的端边为自由边的情况，则可视为沿短跨一端嵌固，另一端自由的悬臂板来分析。因此，滑行道桥中可能遇到的桥面板受力图式主要有单向板和悬臂板，少数情况也可能出现双向板和铰接悬臂板。

2. 桥面板上的荷载

由于桥面板计算属于局部部位计算，板的计算跨径与轮压的分布宽度尺度相近，为了避免大的计算误差，计算时应较精确地将轮压作为分布荷载来处理。轮压荷载的分布形状目前在机场道面中有规定：《民用机场沥青道面设计规范》(MH/T 5010—2017)假设主起落架单轮与沥青道面之间的接触轮印为圆形，而《民用机场水泥混凝土道面设计规范》(MH/T 5004—2010)则假设飞机主起落架轮印为圆端形。但是对于滑行道桥的轮压荷载尚无规定。参考《公路桥涵通用设计规范》，可将轮胎与桥面的接触面看作一个矩形，记为 $a_0 \times b_0$（a_0为行进方向，b_0为横桥向），a_0和 b_0的大小根据飞机主起落架的轮胎布置及胎压确定。

a_0和 b_0的计算示例：以 B737-800 为例，主起落架单个轮胎的力为 P_t=792.42×0.95/4=188.2(kN)，胎压 q=1.47MPa，则按《民用机场水泥混凝土道面设计规范》计算得到：L_t=495mm，W_t=0.6L_t=297mm，按照面积等效原则可等效为矩形 431mm×297mm。由于该机型每个主起落架下两个轮胎的中心距仅 860mm，经过铺装层扩散后两个轮胎的荷载分布范围有重叠，以 100mm 厚的铺装层为例，扩散后单轮的着地面积为(431+2×100)mm×(297+2×100)mm。考虑轮胎重叠以后的作用范围为 631mm×497mm，则该主起落架的分布荷载集度为 p=188.2/(0.631×0.497)=600.1(kN/m^2)。

轮压不直接作用在桥面板上，而是通过铺装层扩散分布后传至桥面板上，充气轮胎与铺装层的接触面实际上接近于椭圆，扩散以后轮压在桥面板上的实际分布形状较复杂。参考公路桥涵设计规范，轮胎荷载通过铺装层按 45° 角扩散，如图 6-22 所示，则扩散后的分布面积为 $a_1 \times b_1$，其中，$a_1=a_0+2H$，$b_1=b_0+2H$(式中，H 为铺装层厚度)。(注：FAA 建议飞机轮胎荷载通过柔性面层扩散后 $a_1=a_0+H$，$b_1=b_0+H$，通过刚性面层则不扩散。)

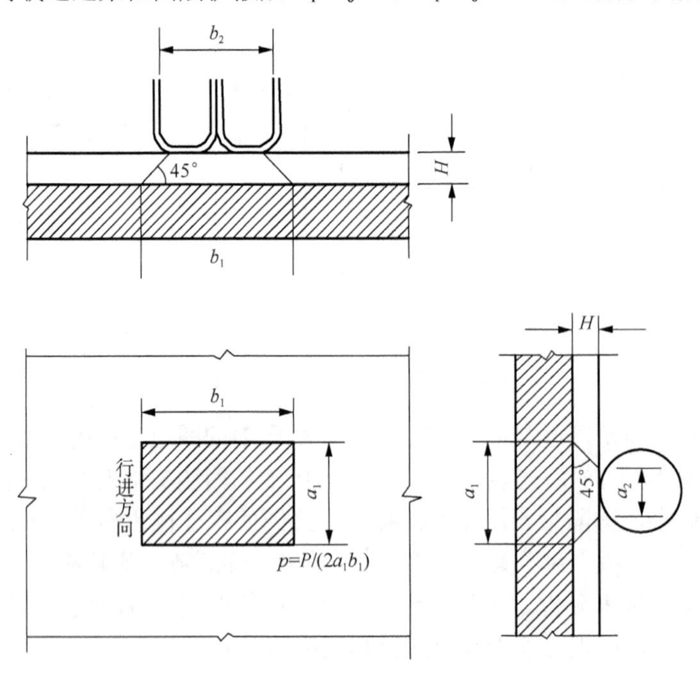

图 6-22 轮胎荷载的扩散

3. 桥面板的有效工作宽度

众所周知，板在局部分布荷载 p 的作用下，不仅直接承压部分(如宽度为 a_1)的板带参加工作，与其相邻的部分板带也会分担一部分荷载、共同参与工作。因此，在桥面板的计算中，就需要确定板的有效工作宽度(或称为荷载的有效分布宽度)。

现在考察一块跨径为 l、宽度较大的梁式桥面板的受力状态。当荷载以 $a_1 \times b_1$ 的分布面积作用在板上时，板除沿其计算跨径 x 方向产生挠曲变形 w_x 外，在沿垂直于计算跨径的 y 方向也必然发生挠曲变形 w_y。这说明荷载作用下不仅直接承压的宽度为 a_1 的板条受力，其邻近的板也参与工作，共同承受车轮荷载所产生的弯矩，如图 6-23 所示。

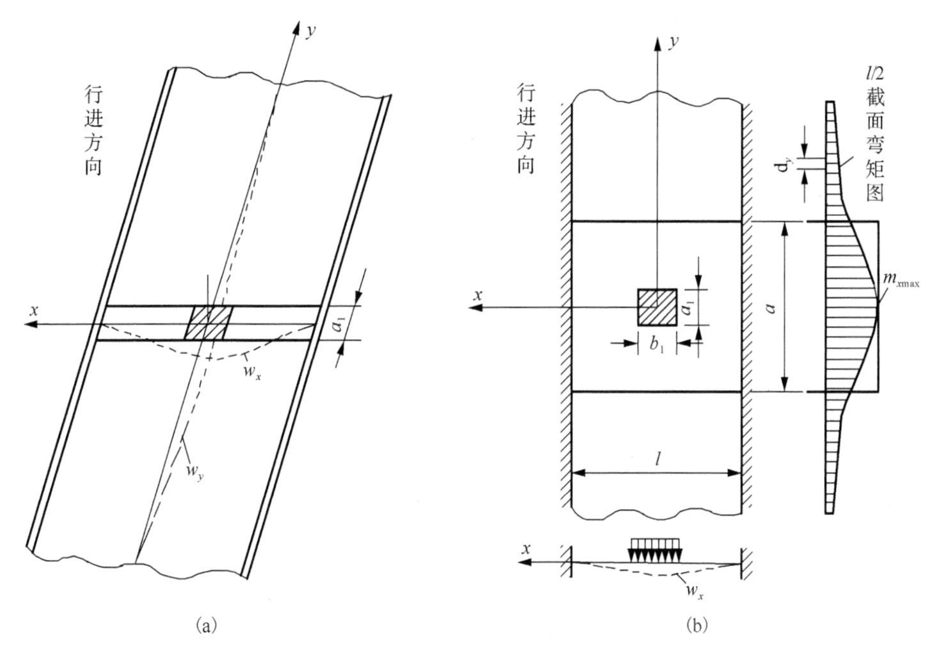

图 6-23　有效工作宽度示意图

关于板的有效工作宽度，参考公路桥涵设计规范，平行于板的计算跨径方向的荷载有效分布宽度 $b=b_1$。垂直于板的跨径方向的荷载有效分布宽度则按以下情况分别计算：

(1) 单个车轮在板的计算跨径中部时：

$$a = a_1 + l/3 \geqslant 2l/3 \tag{6-7}$$

(2) 多个相同车轮在板的跨径中部时，当各单个车轮按式(6-3)计算的荷载有效分布宽度有重叠时：

$$a = a_1 + d + l/3 \geqslant 2l/3 + d \tag{6-8}$$

(3) 车轮在板的支承处时：

$$a = a_1 + t \tag{6-9}$$

(4) 车轮在板的支承附近，距支点的距离为 x 时：

$$a = a_1 + t + 2x \tag{6-10}$$

式中，l 为板的计算跨径；t 为板的跨中厚度；d 为有多个车轮时外轮之间的中距。

4. 桥面板的内力计算

桥面板的内力以每米宽的板条进行计算，需借助板的有效工作宽度来得到每米宽板条上的荷载。考虑到飞机轮胎作用方式与汽车轮胎类似，单向板或悬臂板有效工作宽度的计算可参考公路桥梁的相关计算。

滑行道桥的桥面板一般为支承在一系列弹性支承(即梁肋)上的多跨连续板，梁肋的弹性变形及梁肋本身的扭转刚度均会影响到桥面板的内力，因此桥面板的受力分析相当复杂。工程中可采用近似方法计算，即先算出同等跨度的简支板在恒载和活载作用下的跨中弯矩 M_0，再乘以偏安全的经验修正系数进行修正，分别得到支点外的负弯矩和跨中处的正弯矩，修正系数可视板厚 t 和梁肋高度 h 的比值来选用。

当 $t/h<1/4$ 时(即主梁抗扭能力较大)：

(1)跨中弯矩为 $M_c=+0.5M_0$；

(2)支点弯矩为 $M_a=-0.7M_0$。

当 $t/h\geqslant 1/4$ 时(即主梁抗扭能力较小)：

(1)跨中弯矩为 $M_c=+0.7M_0$；

(2)支点弯矩为 $M_a=-0.7M_0$。

计算剪力时，可不考虑板和梁肋的弹性固结作用，荷载尽量靠近梁肋边缘布置，按简支结构计算剪力。

M_0 是由使用荷载引起的 1m 宽板的跨中最大设计弯矩，它是恒载弯矩 M_{0g} 和活载弯矩 M_{0p} 的组合。其中 M_{0g} 为 1m 宽简支板条的跨中恒载弯矩，M_{0p} 为 1m 宽简支板条的跨中活载弯矩，对于飞机轮胎荷载：

$$M_{0p}=(1+\mu)\cdot\frac{P}{8a}\left(l-\frac{b_1}{2}\right) \tag{6-11}$$

每米宽板的支点剪力为

$$Q_{支p}=(1+\mu)\cdot(A_1y_1+A_2y_2) \tag{6-12}$$

式中，P 为主起落架轮重，当多个轮胎的影响范围有重叠时，取互相有影响的多个轮胎总重；a 为板的有效工作宽度，可按式(6-7)～式(6-10)计算；l 为板的计算跨径；μ 为冲击系数，建议取为0.3。

6.3.2 主梁内力计算

1. 计算方法简述

对于传统装配多片梁式简支梁桥，要计算作用于单片主梁上的荷载和内力，需要通过横向分布系数把空间荷载布置及结构分析问题转化为平面杆系计算问题，而现有结构分析软件使用方便，可以采用梁格法建立结构模型，再根据实际可能的荷载布置工况，分析最不利截面内力(弯矩 M 和剪力 Q)。有了截面内力，就可按钢筋混凝土或预应力混凝土结构计算原理进行各主梁截面的配筋设计及验算。

对于小跨径简支梁(板)桥，通常只需计算跨中截面的最大弯矩和支点截面的最大剪力。对于较大跨径的简支梁(板)桥，一般还应计算 1/4 跨径截面的弯矩和剪力。若主梁截面有变化(如梁肋宽度变化或梁高变化)，则应计算截面变化处的内力。采用有限元分析时，将梁划分为多个单元，在控制截面处设置节点，从而可得到沿梁长多个截面的内力。

2. 恒载内力计算

混凝土桥梁的结构自重往往占全部设计荷载很大的比重(通常占 60%～90%)，梁的跨径越大，结构自重所占的比重也越大。为了简化，往往将横隔梁重量、沿桥横向不等分布的铺装层及栏杆重量等均匀分配给主梁。对于等截面梁桥的主梁，其计算恒载为均布荷载，计算出结构自重荷载分布值 g 后，则梁内各截面的弯矩 M 和剪力 Q 计算公式为（计算图式如图 6-24 所示）：

$$
\begin{aligned}
M_x &= \frac{gl}{2}\times x - gx\times\frac{x}{2} = \frac{gx}{2}(l-x) \\
Q_x &= \frac{gl}{2} - gx = \frac{g}{2}(l-2x)
\end{aligned}
\tag{6-13}
$$

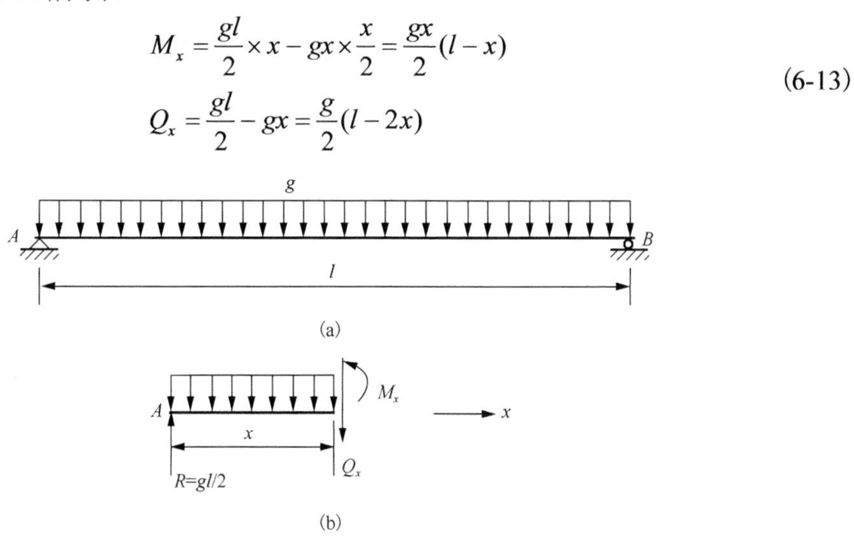

图 6-24　简支梁桥自重内力计算示意图

对于组合梁桥，应按实际施工组合情况，分阶段计算恒载内力，即第一阶段由预制主梁承受自身重量及装配或现浇梁桥面板的重量，第二阶段由预制主梁与桥面板组成的整体承受铺装层及其他桥面构造的重量、活载等荷载。

3. 活载内力计算

由于缺少特定规范，滑行道桥上的活载内力可根据机场等级及起降飞机情况，选取最不利的飞机对应的起落架参数进行计算，相关参数见对应飞机手册。起落架处荷载以集中荷载作用于主梁上，用一般工程力学的方法来计算截面内力，其一般公式如下：

$$
S = (1+\mu)\times\sum_{i=1}^{k}(P_i\times y_i) \tag{6-14}
$$

式中，S 为所求截面的弯矩或剪力；P_i 为各起落架分配到的荷载；y_i 为沿桥跨纵向与荷载位置对应的内力影响线竖标值；k 为起落架荷载个数。

4. 作用效应组合

计算得到各单项荷载的标准值后，需将荷载乘以相应的荷载分项系数，再进行不利工况的组合，得到组合内力值。桥梁上的作用及作用组合较为复杂，从现有工程应用看，公路桥梁设计规范较早引入了极限状态设计法，规范中给出了两种极限状态和四种设计状况，并通过荷载分项系数以及作用的标准值、频遇值、准永久值等进行作用组合。铁路桥涵规范设计引入极限状态设计法后，也采用类似方法，但在系数的取值上有所区别。滑行道桥尚无对应的设计规范，其分项系数可根据工程实际情况取定。

求得主梁作用效应后，对主梁进行强度计算或应用验算，以确保结构具有足够的强度安全储备和抗裂性能。

主梁的变形也应进行验算(一般计算竖向挠度)，以确保结构有足够的刚度，参考公路桥梁变形计算原理，可仅计算最大飞机荷载标准值作用下产生的活载挠度，不超过计算梁的 $l/600$ 即可。

6.3.3　案例计算分析

1. 结构形式

算例对象为某 4E 机场的滑行道桥，结构形式采用 24m 跨度的简支梁(作为计算跨径考虑)，桥宽 50m，横桥向采用 10 片小箱梁，预制小箱梁宽度为 4.1m，湿接缝宽 1m，半宽横断面如图 6-25 所示。假设通过滑行道桥的最大机型为 B747-400。

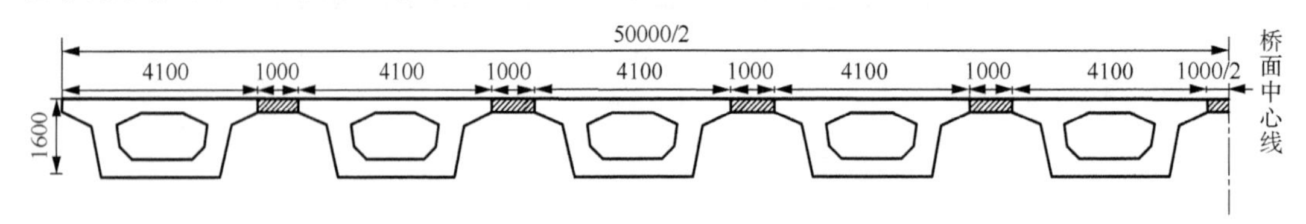

图 6-25　简支梁桥自重内力计算示意图(单位：mm)

2. 荷载

按简支梁计算 B747-400 荷载作用下的内力。

B747-400 的最大起飞重量为 3968.93kN，其起落架和轮胎布置如图 6-26 所示，查飞机手册得到的荷载参数和《民用机场沥青道面设计规范》中给出的荷载参数略有出入，此处以飞机手册参数进行计算。飞机手册给出前起落架静载为 290kN(以 $3m/s^2$ 制动时荷载值为 517kN)，主起落架为 4 个(每个主起落架有 4 个轮胎)，每个主起落架的静载为 928kN，以 $3m/s^2$ 的加速度制动时每个主起落架的水平制动力为 309kN，紧急制动时为 742.5kN。

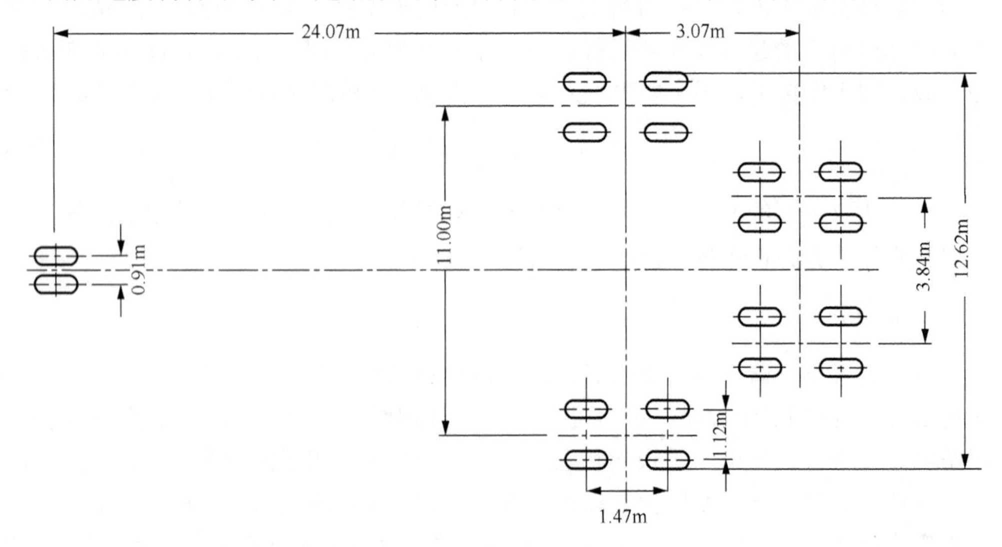

图 6-26　B747-400 起落架及轮胎布置图

3. 跨中截面弯矩计算

本桥横向共有10片预制箱梁，湿接缝连接，为了与汽车荷载效应对比，用刚接梁法计算梁的横向分布影响线，半桥主梁的影响线如图6-27所示。

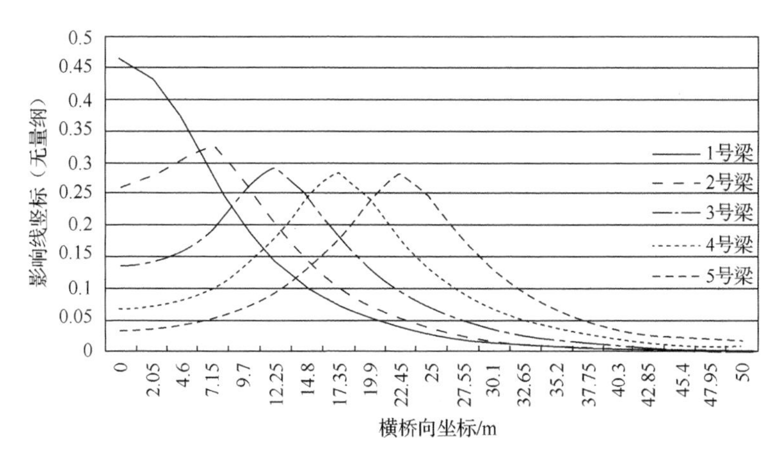

图6-27 半桥主梁横向分布影响线图

将飞机荷载按轮胎中心位置进行加载，以5号梁为例，采用后两排主起落架加载时，得到横向分布系数0.25；采用中间两排主起落架加载时，得到横向分布系数0.17。则5号梁上四个主起落架的作用力分别为(从前往后顺序)157.76kN、157.76kN、232.00kN、232.00kN，因此5号梁加载如图6-28所示，跨中最大弯矩为 M_c =157.76×(4.465+5.2)+232×(6+5.265)=4138.2(kN·m)。

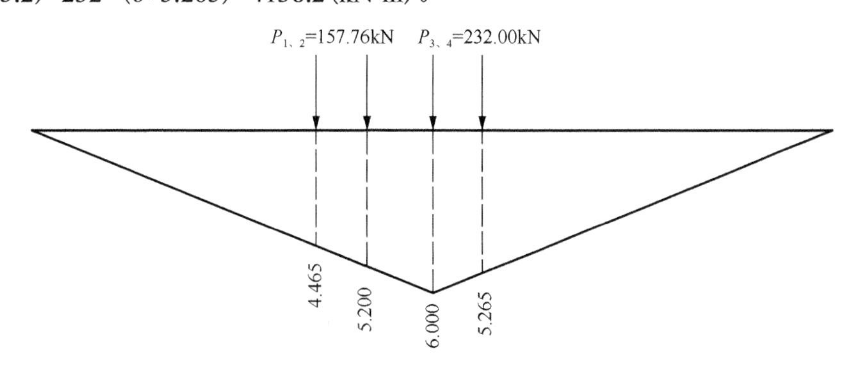

图6-28 5号梁跨中最大弯矩加载位置及影响线竖标图

对相同构造的桥梁用城-A车道荷载进行加载(4车道)，5号梁的横向分布系数为0.63，则其在汽车荷载作用下(不计冲击)的跨中弯矩为 M_q=1640.52kN·m，远小于飞机荷载作用效应。

第 7 章　其他配套设施结构设计

7.1　货运业务楼结构设计

货运业务楼的主要功能是对货物的配送、托运、存放及检验等，主要承担航空配货、托运、储存及检验等任务，满足自动化货物处理系统的需求。库区布置影响着搬运距离、操作安全性以及人员成本等问题。

7.1.1　主要结构形式

货运业务楼主要有混凝土排架与门式刚架等结构形式。当建筑规模较大时，会采用钢网架结构，对这种结构进行计算分析时通常将屋盖和承重结构分别计算，下部结构可作为排架计算。排架结构各部分的连接方式从屋架和柱到基础分别为铰接和刚接；刚架结构则相反，但柱与基础之间刚接与铰接的形式均存在。

排架结构可以单跨，也可以多跨(图 7-1)，根据生产工艺的不同，可以分成等高、不等高等形式。

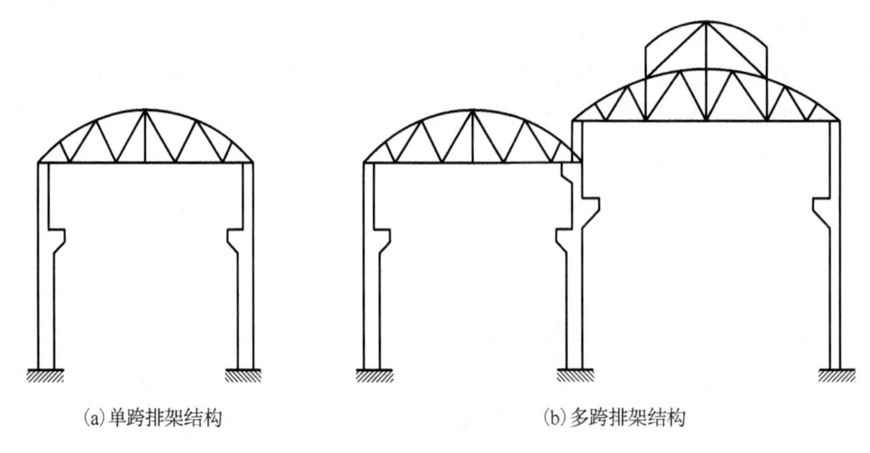

(a)单跨排架结构　　(b)多跨排架结构

图 7-1　排架结构

刚架结构是柱与屋架(屋面梁)刚接成一个构件，而与基础通常为铰接所组成的结构。刚架结构按顶点节点铰接与刚接分为三铰门式刚架与两铰门式刚架两种形式，如图 7-2 所示。

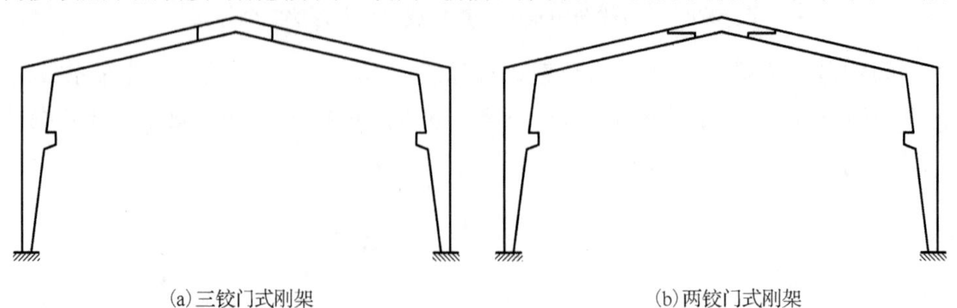

(a)三铰门式刚架　　(b)两铰门式刚架

图 7-2　钢筋混凝土门式刚架结构

7.1.2　排架结构的组成

1. 屋盖结构

屋盖结构分为有檩体系和无檩体系两种。有檩屋盖的整体刚度较差，一般不适用于大型厂房结构。无檩屋盖则由大型屋面板、屋架和屋盖支撑系统组成，其整体刚度较大，适用于各种类型的厂房。为保证采光的需要，屋盖结构中还设置有天窗。

2. 横向排架

横向排架由横向平面内的一系列排架柱、屋架或屋面梁和基础组成。作为厂房的基本结构，必须对横向排架进行设计计算，以确保可靠性。

3. 纵向排架

纵向排架由纵向柱列、连系梁、吊车梁、柱间支撑及基础等组成。纵向排架一般采用构造措施。当需要考虑抗震或柱子少于 7 根时，要进行纵向排架计算。由山墙、纵墙、基础梁等构件组成的围护结构承受自重以及风荷载等。

4. 吊车梁

吊车梁一般为装配式，在柱的牛腿上呈简支形式，其主要功能为承受竖向荷载、横向或纵向水平荷载，并将其分别传至纵向或横向平面排架上。因此吊车梁是直接承受吊车动力荷载的构件。

5. 支撑系统

支撑系统包含屋盖支撑与柱间支撑两种，支撑的主要作用是加强排架结构的空间刚度，以此保证结构构件在安装阶段与使用阶段的稳定和安全，同时也将风荷载、吊车水平荷载或水平地震作用传递给相应的承重构件。

6. 围护系统

围护系统包含纵墙、横墙以及由连系梁、抗风柱、抗风梁或抗风桁架与基础梁等组成的墙架。这些构件所承受的荷载主要是墙体和构件的自重及作用在墙面上的风荷载等。

7.1.3　排架结构的设计

1. 体型

一般排架结构的平面布置应体型简单、规则，各部分结构的刚度和质量均匀对称，尽量避免体型曲折复杂，凹凸变化。当考虑到生产工艺有必要采用较复杂的平面布置时，应将其分成体型简单的独立单元。竖向布置原则与上述相同，尽可能避免局部突出和设置高低跨，否则需要考虑高振型的影响。

2. 屋盖体系

尽量减轻屋盖重量以减小地震作用，同时也可减轻支撑体系等承重结构构件受地震作用的破坏。有檩屋盖应确保焊点牢固并有足够的支撑长度。无檩屋盖屋面板至少要有三个角与屋架焊牢，在屋面板吊装就位后，用短钢筋沿垂直屋架方向将相邻屋面板上的吊钩焊接，或者采用装配式整体屋面板接头。

3. 柱

排架结构一般采用钢筋混凝土柱。设计柱时，应提高其延性，使其在进入弹塑性工作阶段后仍具有足够的变形能力和承载力。根据合适的刚度确定柱截面，刚度过大可能会引起结构横向周期缩短而导致地震作用过大。

4. 围护墙体

排架结构常采用砖墙或大型墙板，震害表明，外围砖墙在地震后普遍开裂，甚至出现大面积倒塌，而大型墙板则基本完好，因此围护墙体优先选用大型墙板或其他轻质板材。

7.1.4　排架结构的计算简图

单层厂房包含横向和纵向排架，且进行排架分析时以横向排架为主，当设计中需要考虑地震作用时，纵向排架也一并进行计算。

1) 计算单元

由于横向排架沿厂房纵向一般等间距均匀排列，作用于厂房上的各种荷载沿厂房纵向基本均匀分布，计算时可以通过任意相邻纵向柱距的中心线截取出有代表性的一段作为整个结构的横向平面排架的计算单元，如图 7-3 所示。

2) 计算简图

在确定计算简图时，对平面排架做如下假定：

(1) 横梁与柱顶为铰接。

(2) 柱下端固接于基础顶面。

(3) 横梁为轴向变形可忽略的刚体。

(4) 排架柱高度应根据固定端顶部铰接点确定。

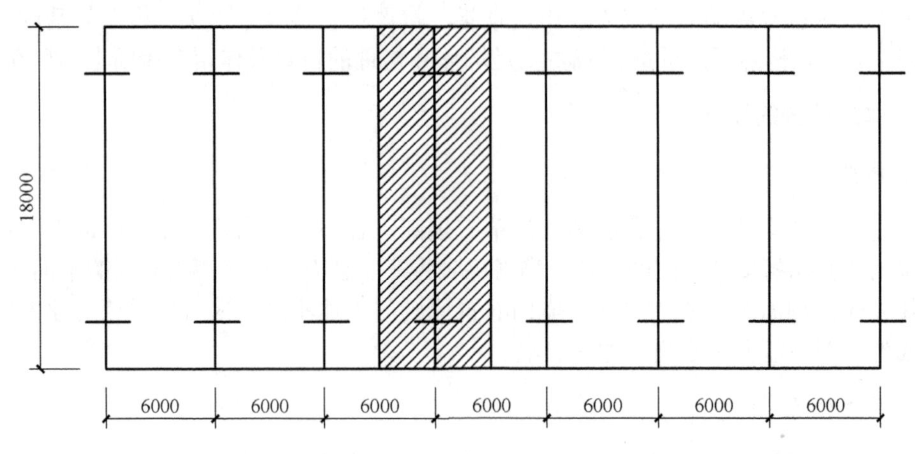

(a)

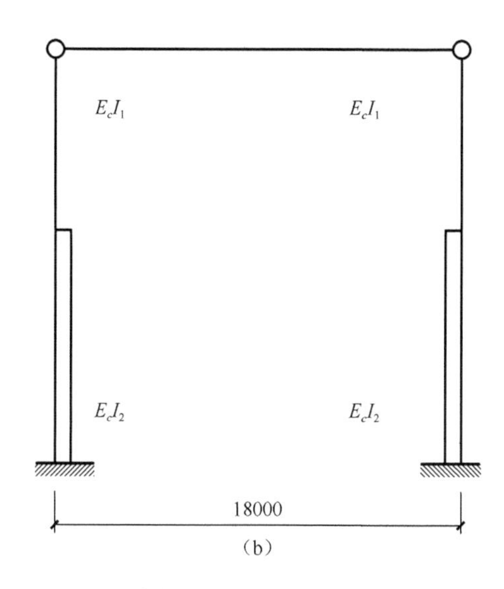

图 7-3　排架结构计算简图(单位：mm)

柱总高 H 取基础顶面至柱顶的距离，上柱高 H_1 为牛腿顶面至柱顶的距离，下柱高 H_2 为基础顶面至牛腿顶面的距离。上、下柱的截面惯性矩分别为 I_1 和 I_2，截面抗弯刚度分别取 E_cI_1 和 E_cI_2，其中 E_c 为混凝土的弹性模量。排架的跨度取轴线间距。

7.1.5　排架结构上的荷载

作用在排架上的荷载分为恒荷载和活荷载两种。恒荷载包含屋盖自重、柱自重等；活荷载包含屋面活荷载、作用在排架柱顶的集中风荷载以及横向均布风荷载等。

(1)在排架计算中，各种恒荷载取恒荷载分项系数 $\gamma_G=1.2$。

屋盖自重包含屋面各构造层、屋面层、天窗架、屋面或屋面梁、屋盖支撑等的自重，如图 7-4 所示。当采用屋架时，F_1 通过屋架上下边的交点作用于柱顶；当采用屋面梁时，F_1 通过梁端支撑点半中心线作用于柱顶。柱的自重 F_2 沿中心线作用。围护结构自重 F_3 沿连系梁中心线作用于牛腿顶面。

(2)屋面活荷载 Q_1 通过屋架以集中力的形式作用于柱顶，其作用位置与屋盖自重 F_1 相同。屋面雪荷载标准值 S_k 按式(7-1)计算：

$$S_k = \mu_r S_0 \tag{7-1}$$

式中，S_k 为雪荷载标准值(kN/m^2)；μ_r 为屋面积雪分布系数；S_0 为基本雪压(kN/m^2)。

进行排架计算时，屋面均布活荷载不应与雪荷载同时组合，仅取两者中较大值；积灰荷载与雪荷载或屋面均布荷载两者中较大值进行组合。

按照屋面水平投影来计算活荷载、雪荷载及积灰荷载，其分项系数取 $\gamma_Q=1.4$。

(3)风荷载标准值按式(7-2)计算：

$$w_k = \beta_z \mu_s \mu_z w_0 \tag{7-2}$$

式中，w_k 为风荷载标准值(kN/m^2)；β_z 为高度 z 处的风振系数根据《建筑结构荷载规范》(GB 50009—2012)取用；μ_s 为风荷载体型系数，“+”表示压力，“−”表示吸力；μ_z 为风压高度变化系数；w_0 为基本风压(kN/m^2)，由《建筑结构荷载规范》查得。

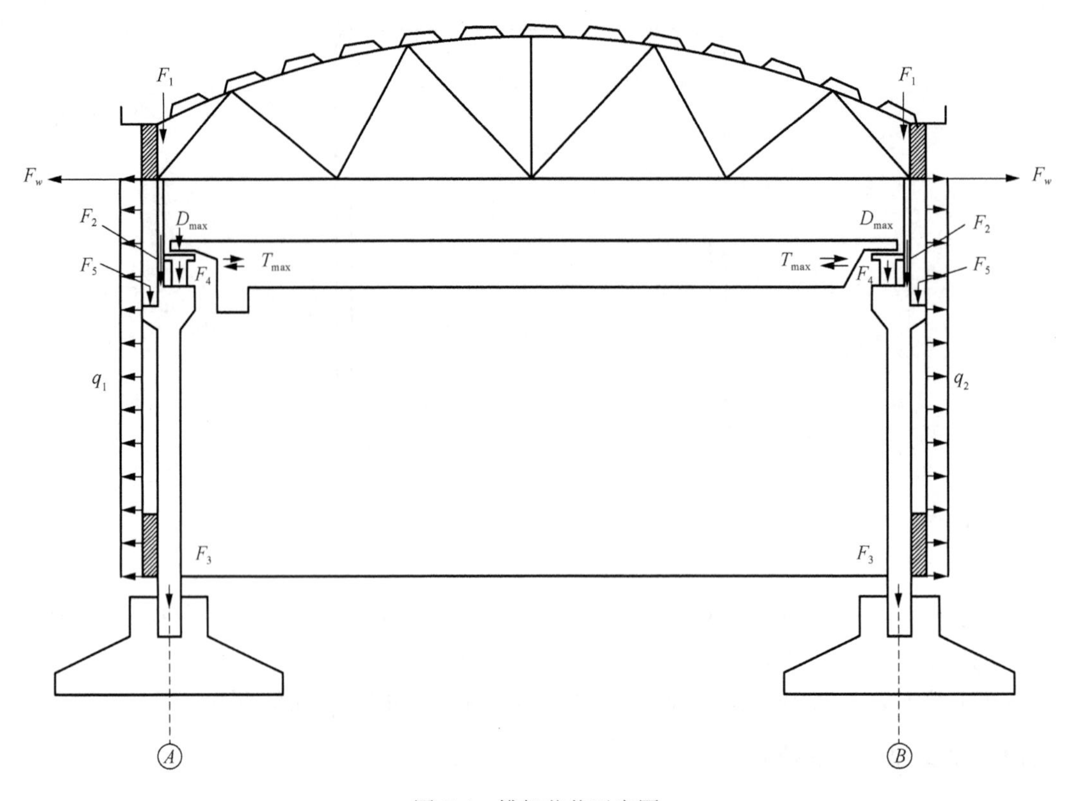

图 7-4　排架荷载示意图

(4) 计算围护结构时，应按式(7-3)计算：

$$w_k = \beta_{gz}\mu_{s1}\mu_z w_0 \tag{7-3}$$

式中，β_{gz} 为高度 z 处的风振系数根据《建筑结构荷载规范》(GB 50009—2012) 取用；μ_{s1} 为风载提醒系数。

为简化计算，将柱顶以下的风荷载沿高度取为均匀分布，其值分别为 q_1 和 q_2。

作用于柱顶以上的风荷载，通过屋架以集中力 F_w 的形式施加于排架柱顶，其值为屋架高度范围内的外墙迎风面、背风面的风荷载及坡屋顶屋面上的风荷载的水平分力的总和，计算时也取为均布荷载。此时的风压高度变化系数 u_z 按表 7-1 确定。

表 7-1　风压高度变化系数 u_z

离地面或海平面高度/m	地面粗糙度类别			
	A	B	C	D
5	1.17	1.00	0.74	0.62
10	1.38	1.00	0.74	0.62
15	1.52	1.14	0.74	0.62
20	1.63	1.25	0.84	0.62
30	1.80	1.42	1.00	0.62
40	1.92	1.56	1.13	0.73
50	2.03	1.67	1.25	0.84

续表

离地面或海平面高度/m	地面粗糙度类别			
	A	B	C	D
60	2.12	1.77	1.35	0.93
70	2.20	1.86	1.45	1.02
80	2.27	1.95	1.54	1.11
90	2.34	2.02	1.62	1.19
100	2.40	2.09	1.70	1.27
150	2.64	2.38	2.03	1.61
200	2.83	2.61	2.30	1.92
250	2.99	2.80	2.54	2.19
300	3.12	2.97	2.75	2.45
350	3.12	3.12	2.94	2.68
400	3.12	3.12	3.12	2.91
≥450	3.12	3.12	3.12	3.12

注：地面粗糙度分为 A、B、C、D 四类：A 类指近海海面和海岛、海岸、湖岸以及沙漠地区；B 类指田野、乡村、丛林、丘陵及房屋较稀疏的乡镇和城市郊区；C 类指有密集建筑群的城市市区；D 类指有密集建筑群且房屋较高的城市市区。

标高根据天窗设置情况以天窗檐口或厂房檐口取值。排架计算简图如图 7-5 所示。由于风载是可变向的，因此在进行排架计算时，要考虑左风和右风两种情况。

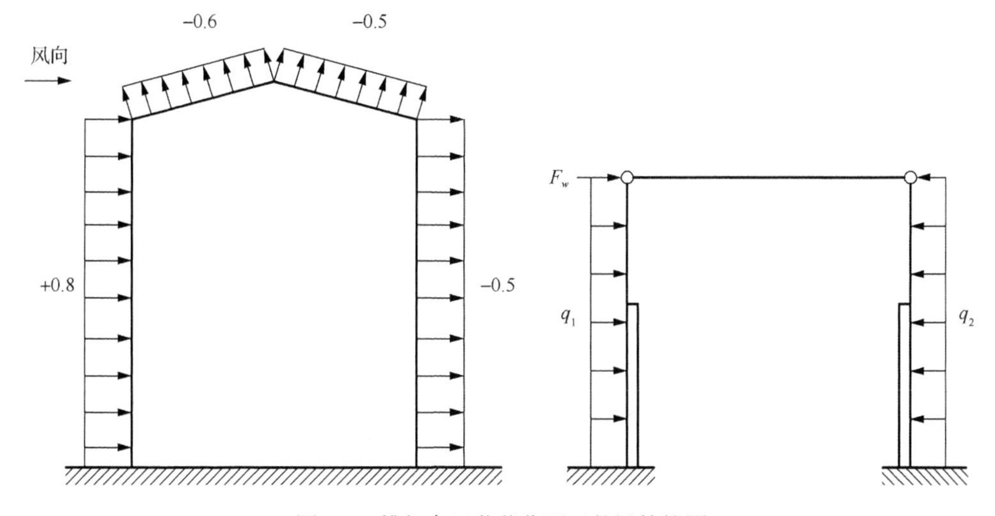

图 7-5　排架在风荷载作用下的计算简图

7.1.6　排架内力计算

1. 恒荷载与活荷载作用下单跨排架内力计算

在恒荷载 F_1、F_2、F_3、F_4 及屋面活荷载 Q_1 作用下，一般属于结构对称、荷载也对称的情况，可按无侧移排架计算。由于在排架计算简图中假定横梁为无轴向变形的刚性连杆，因此排架柱可按图 7-6 所示的简图计算内力。

根据对排架上的荷载进行分析可知，F_1 对上柱及下柱截面均有偏心，Q_1 对上、下柱截面也有偏心且偏心距与 F_1 相同，F_2、F_4 对下柱截面也有偏心，在计算中可将 F_1、F_2、

F_4 及 Q_1 简化为作用在柱截面中心的轴力和作用在相应柱顶及牛腿顶面处的力矩 M_1 和 M_2。由于 F_1、F_2、F_3、F_4 及 Q_1 作用于柱截面形心时只引起柱的轴向力，不引起弯矩和剪力，所以可按图 7-6 计算柱截面的弯矩和剪力。

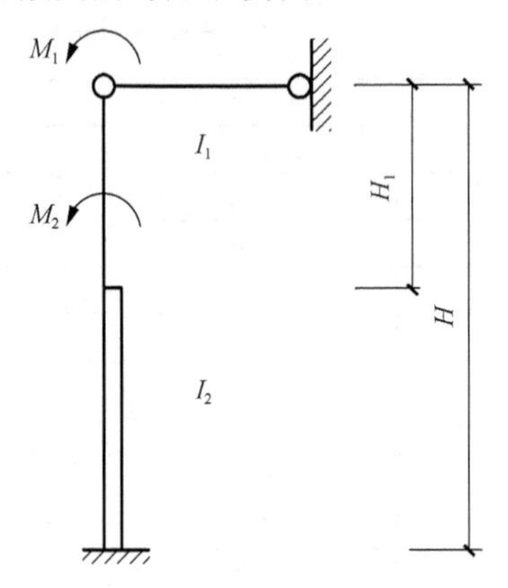

图 7-6　力矩 M_1、M_2 作用下的计算简图

2. 风载及吊车荷载作用下的排架内力计算

在风荷载及吊车荷载作用下，属于荷载不对称的情况，可视柱顶为有侧移的排架进行内力计算，如图 7-7 所示。

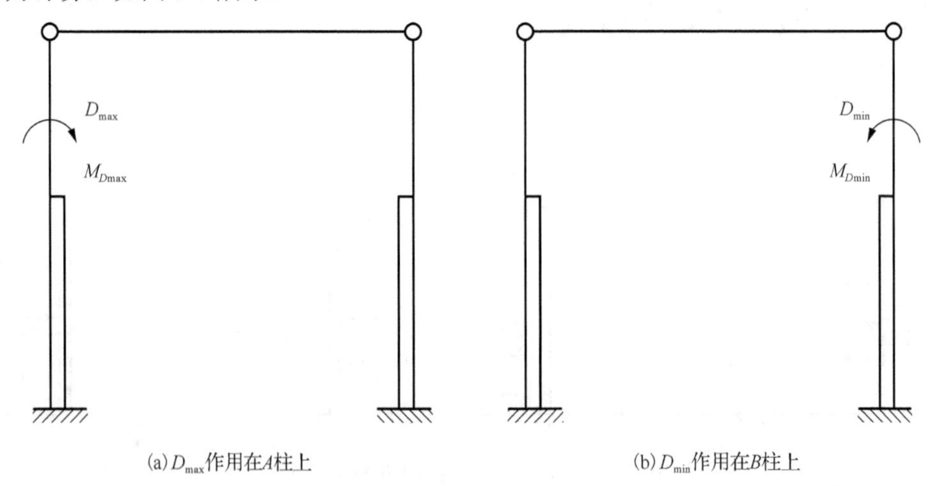

(a) D_{max}作用在A柱上　　(b) D_{min}作用在B柱上

图 7-7　吊车荷载作用下的排架内力

1) 吊车竖向荷载 D_{max} 作用下的排架内力计算

吊车竖向荷载 D_{max}（或 D_{min}）作用于牛腿顶面并对下柱截面有偏心，可将其简化为作用于柱面中心的轴向力 D_{max}（或 D_{min}）和附加力矩 $M_{D\max}$ 或 $M_{D\min}$，按图 7-7 所示简图分别计算。

当 $M_{D\max}$ 作用在 A 柱上时，排架柱的内力计算如图 7-8 所示。

2) 吊车水平荷载作用下的排架内力计算

在吊车水平荷载T_{max}作用下，排架柱的内力计算如图 7-9 所示。

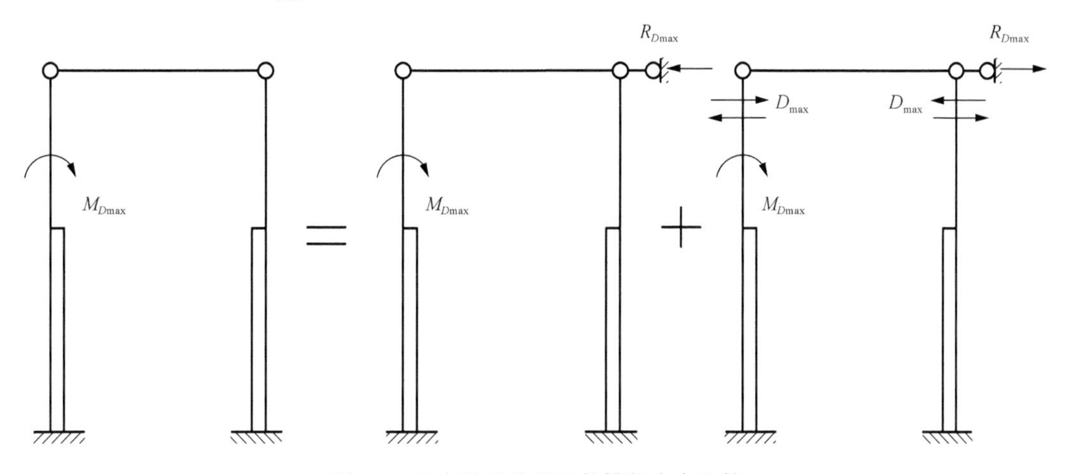

图 7-8　吊车荷载作用下的排架内力计算

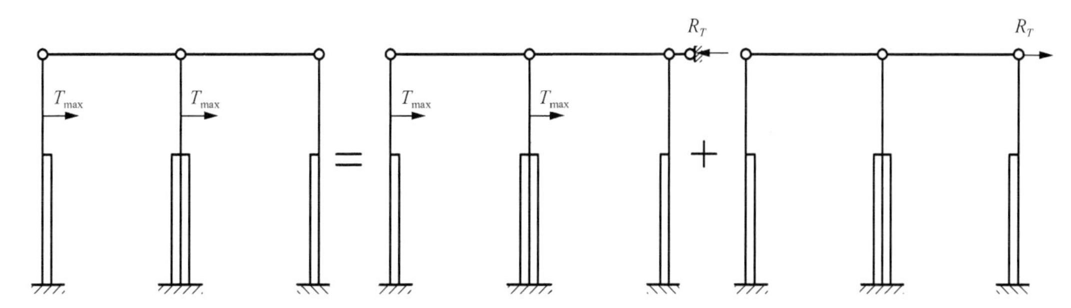

图 7-9　两跨等高排架在吊车水平荷载作用下的内力计算

3) 风荷载作用下的排架内力计算

排架在风荷载 F_w、q_1、q_2作用下的计算简图如图 7-10 所示，可分解为如图 7-11 所示的三个受力图。

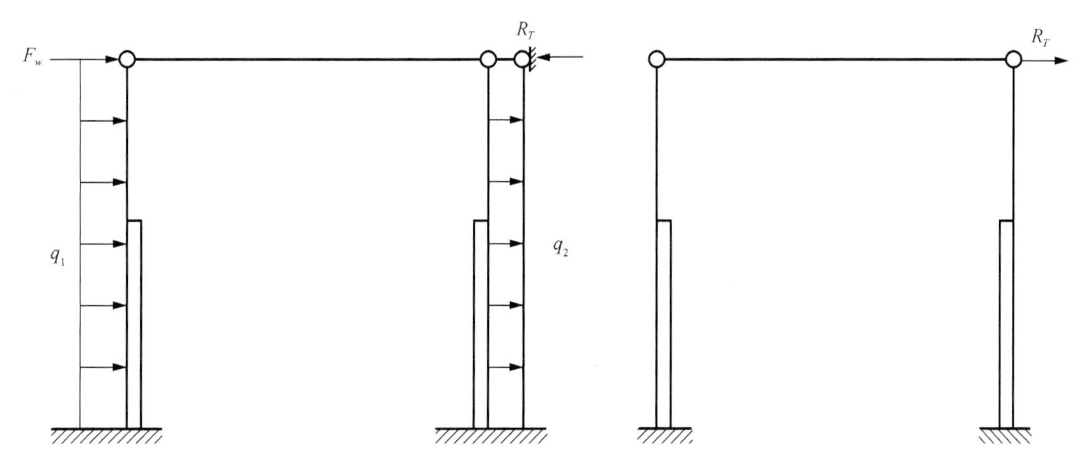

图 7-10　单跨排架在风荷载作用下的计算简图

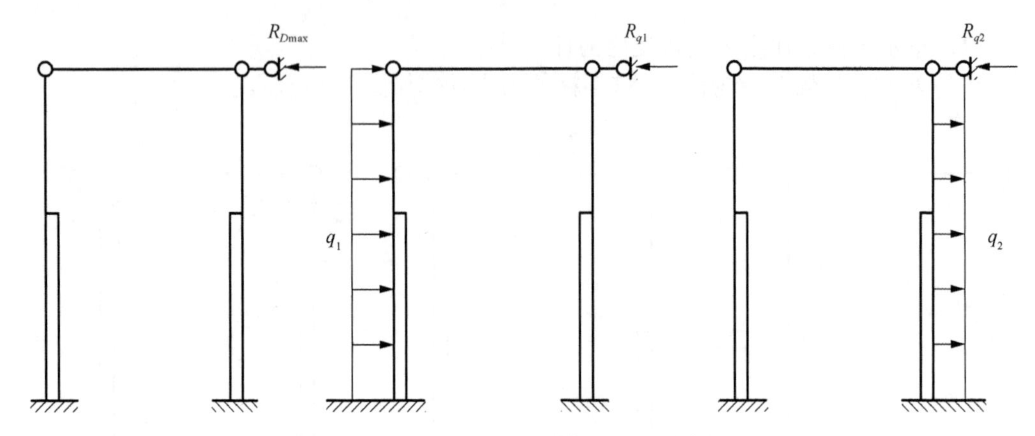

图 7-11　F_w、q_1、q_2 分别作用下的受力情况

当风荷载由右向左作用时，*A*、*B* 柱的内力分别从左向右作用，*B*、*A* 柱的内力数值相等，符号相反。

7.1.7　排架结构的控制截面和内力组合

1. 控制截面

控制截面是指对柱内钢筋量计算起控制作用的截面。一般在单阶排架中取内力最大的 I—I 截面为上柱的控制截面；在下柱中，通常各截面也是相同的，而Ⅱ—Ⅱ截面在吊车竖向荷载作用下弯矩最大，轴力也最大，因此Ⅱ—Ⅱ和Ⅲ—Ⅲ截面为下柱的控制截面，如图 7-12 所示。下柱的纵筋按Ⅱ—Ⅱ和Ⅲ—Ⅲ截面中的钢筋用量大者配置。柱底Ⅲ—Ⅲ截面的内力也是基础设计的依据。

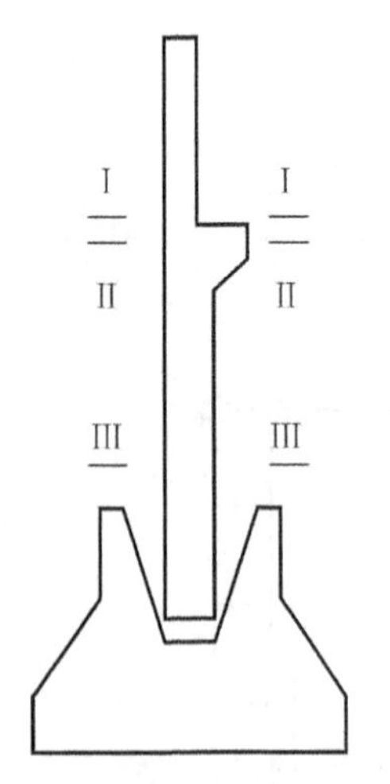

图 7-12　单阶排架的控制截面

2. 内力组合

排架柱各控制截面的内力包括弯矩 *M*、轴力 *N* 和剪力 *V*，属偏心受压构件，在进行配筋计算时，剪力对其影响较小。

由偏心受压正截面的 M-N 相关曲线可知，构件可在不同弯矩 M 和轴力 N 的组合下达到其极限承载力。内力 M 和 N 对截面最不利的具体搭配，需要进行内力组合才能判断。对排架柱各控制截面，一般应考虑以下 4 种内力组合：

(1) $+M_{max}$ 及相应的 N、V；

(2) $-M_{max}$ 及相应的 N、V；

(3) N_{max} 及相应的 M、V；

(4) N_{min} 及相应的 M、V。

在这 4 种内力组合中，除第 3 组为构件小偏心受压破坏组合外，其他三组均是以构件可能出现大偏心受压破坏进行组合的；全部内力组合可使柱避免出现任何一种破坏形式。各控制截面的钢筋就是按照以上 4 种内力组合所计算出的钢筋用量最大者配置的。

在进行内力组合时，还须注意以下问题。

(1) 恒荷载必须参与每一种组合。

(2) 吊车竖向荷载 D_{max} 可分别作用于左柱和右柱，只能选择其中一种参与组合。

(3) 吊车水平荷载 T_{max} 向右与向左只能选其中一种参与组合。

(4) 风荷载向右与向左只能选择其中一种参与组合。

(5) 组合 N_{max} 或 N_{min} 时，应使弯矩 M 最大，对于轴力为零而弯矩不为零的荷载(如风荷载)也考虑组合。

(6) 在考虑吊车水平荷载 T_{max} 时，必有 D_{max} 或 D_{min} 参与组合；但在考虑吊车竖向荷载 D_{max} 或 D_{min} 时，该跨所受作用力不一定有该吊车的水平荷载。

7.1.8　牛腿及基础设计

1. 柱截面设计

在进行柱截面承载力计算时，需确定柱子的计算长度。柱子的计算长度与柱的支撑条件和高度有关，柱计算长度的规定见表 7-2。

表 7-2　柱的计算长度

柱的类型		排架方向	垂直方向	
			有柱间支撑	无柱间支撑
无吊车厂房柱	单跨	$1.5H$	$1.0H$	$1.2H$
	两跨及多跨	$1.25H$	$1.0H$	$1.2H$
有吊车厂房柱	上柱	$2.0H_u$	$1.25H_u$	$1.5H_u$
	下柱	$1.0H_1$	$0.8H_1$	$1.0H_1$
露天吊车柱和栈桥柱		$2.0H_1$	$1.0H_1$	—

注：① H 为从基础顶面算起的柱子全高；H_1、H_u 分别为从基础顶面至装配式吊车梁底面或现浇式吊车梁顶面的柱子下部、上部高度；

② 吊车荷载可忽略时，有吊车厂房上柱的计算长度，按无吊车厂房取值；

③ 有吊车厂房上柱的计算长度仅适用于 $H_u/H_1 \geq 0.3$ 的情况。

2. 柱的构造要求

若混凝土强度等级小于或等于 C60，钢筋强度等级为 500MPa 时，全部纵向受力钢筋的配筋率不应小于 0.5%；钢筋强度等级为 400MPa 时，纵筋配筋率应为 0.55%以上；钢筋强度等级为 300MPa 和 335MPa 时，纵筋配筋率为 0.6%以上。对于 C60 以上混凝土，应根据规定再增加 0.1%。柱截面纵向受力钢筋的中距不应大于 300mm。

柱中箍筋的构造应满足对偏心受压构件的要求。柱与屋架(屋面梁)、吊车梁等构件的连接构造参阅有关标准图集或设计手册。

3. 牛腿的设计

牛腿分为长牛腿和短牛腿两种，其中 $a \geqslant h_0$ 为长牛腿，$a<h_0$ 为短牛腿，根据竖向力和下柱边缘的距离来确定，其受力特点与悬臂梁相似，如图 7-13 所示。

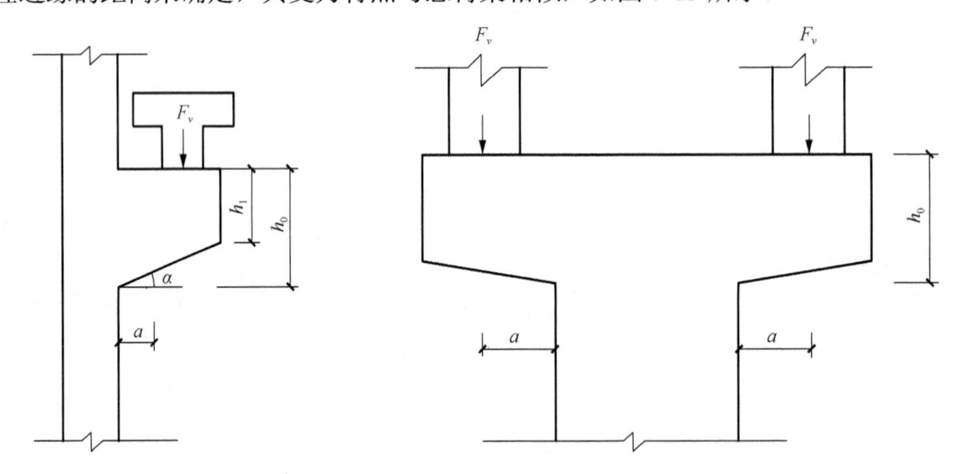

图 7-13　短牛腿与长牛腿

试验表明，荷载作用下，在牛腿上部产生与牛腿上表面基本平行且比较均匀的主拉应力，而在从加载点到牛腿下部与柱交点的连线附近则呈混凝土斜向压力。

如图 7-14 所示，牛腿的试验表明，在竖向力作用下，当荷载增加到破坏荷载的 20%～40%时，首先在牛腿上表面与上柱交接处出现垂直裂缝①，但其始终开展不大，对牛腿受力性能影响不大；增加至 40%～60%时，会出现像②的斜裂缝；荷载接近破坏荷载时，则出现裂缝③，表示牛腿即将破坏。

牛腿截面(图 7-15)宽度一般与柱宽相同；牛腿的顶面长度与吊车梁中线的位置、吊车梁端部的宽度 b_c 以及吊车梁至牛腿端部的距离 c_1 有关，一般吊车梁中线到上柱外边缘的水平距离为 750mm，吊车梁至牛腿端部的水平距离 c_1 通常为 70～100mm。

牛腿的总高度 h 以使用阶段不出现斜裂缝②为控制条件确定，《混凝土结构设计规范(2015 年版)》(GB 50010—2010)给出了初定牛腿的有效高度 h_0 的验算公式：

$$F_{vk} \leqslant \beta\left(1-0.5\frac{F_{hk}}{F_{vk}}\right)\frac{f_{tk}bh_0}{0.5+\dfrac{a}{h_0}} \tag{7-4}$$

式中，F_{vk}为作用于牛腿顶部的竖向压力标准值；F_{hk}为作用于牛腿顶部的水平拉力标准值；f_{tk}为混凝土抗拉强度标准值；β为裂缝控制系数；b为牛腿宽度；h_0为牛腿与下柱交接处的垂直截面有效高度。

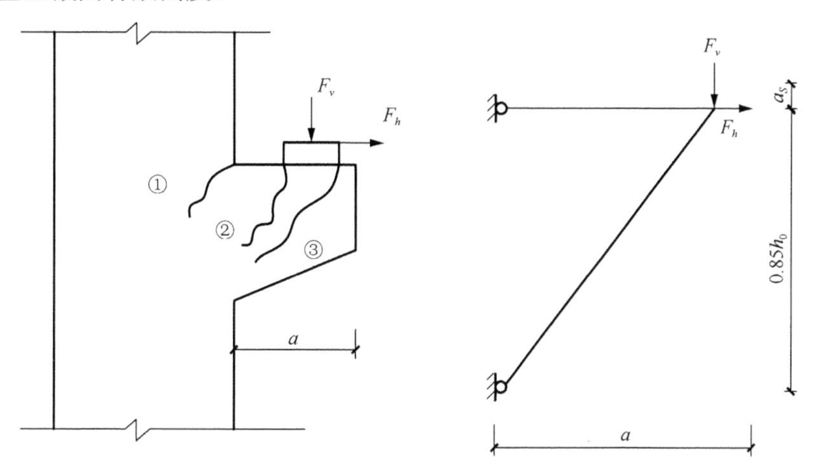

图7-14　牛腿裂缝示意与计算图

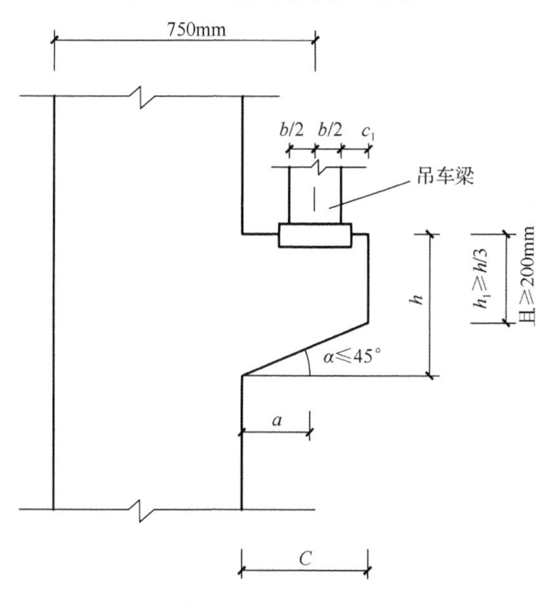

图7-15　牛腿截面

牛腿顶面纵向受力钢筋总面积A_s的计算式为

$$A_s \geqslant \frac{F_v a}{0.85 f_y h_0} + 1.2\frac{F_h}{f_y} \tag{7-5}$$

式中，F_v为作用于牛腿顶部的竖向力设计值；F_h为作用于牛腿顶部的水平拉力设计值；f_y为钢筋抗拉强度设计值；a为竖向力作用点至下柱边缘的水平距离。

牛腿钢筋构造如图7-16所示，顶部的纵筋宜采用HRB400或HRB500级热轧钢筋，全部纵筋及弯起钢筋宜沿牛腿外边缘向下深入下柱内150mm后截断。对于纵筋及弯起钢筋伸入上柱的锚固长度，当采用直线锚固时应符合受拉钢筋锚固长度 l_a 的规定；当上柱尺寸不足以设置直线锚固长度时，上部纵筋应伸至节点对边并向下 90° 弯折，其弯折前的水平投影长度不应小于 $0.4l_a$，弯折后的垂直投影长度不应小于 $5d$。承受竖向力所需的纵筋的配筋率不应小于 0.2%及 $0.45\dfrac{f_t}{f_y}$，也不宜大于 0.6%，且根数不少于 4 根，直径不小于 12mm。

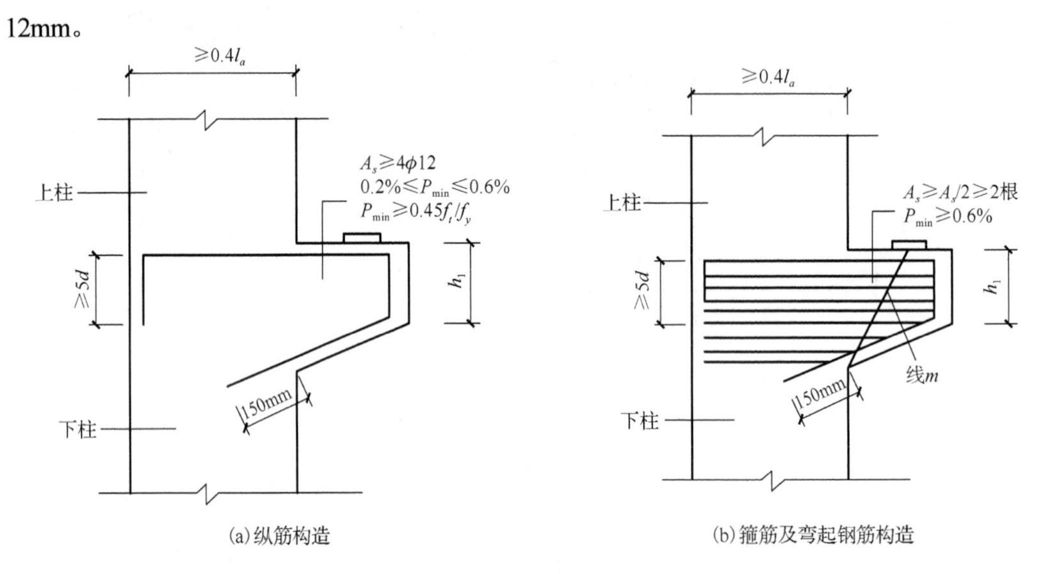

图 7-16　牛腿钢筋构造

牛腿中应设置水平箍筋，以便形成钢筋骨架和限制斜裂缝开展。水平箍筋的直径宜取 6～12mm，间距取 100～150mm，且在上部 $\dfrac{2h_0}{3}$ 范围内的水平箍筋总截面面积不宜小于承受竖向力的受拉钢筋截面面积的 1/2。

当牛腿的剪跨比 $\dfrac{a}{h_0}\geqslant 3$ 时，需设置弯起钢筋。弯起钢筋宜采用变形钢筋，并配置在牛腿上部 $\dfrac{l}{6}\sim\dfrac{l}{2}$ 处，l 为线 m（图 7-16(b)）的长度，其截面面积不宜小于承受竖向力的受拉钢筋截面面积的 1/2，根数不少于 2 根，直径不小于 12mm。受拉纵筋不得同时作为弯起钢筋。

4. 柱下独立基础的设计与计算

1) 柱下独立基础的设计

单层厂房柱下独立基础的常用形式是扩展基础，有阶梯形和锥形两种，如图 7-17 所示。预制柱下基础又称为杯形基础。

单层厂房中的柱基础最常用的是预制柱下杯形基础。这种基础虽然在结构上与现浇柱下基础有所不同，但当杯口灌封混凝土达到强度后，其受力性能和现浇柱下基础完全一样，因此柱下独立基础可按现浇柱下基础进行计算。由于柱下扩展基础的底面积不大，因此假定基础是刚性的且地基土反力呈线性分布。

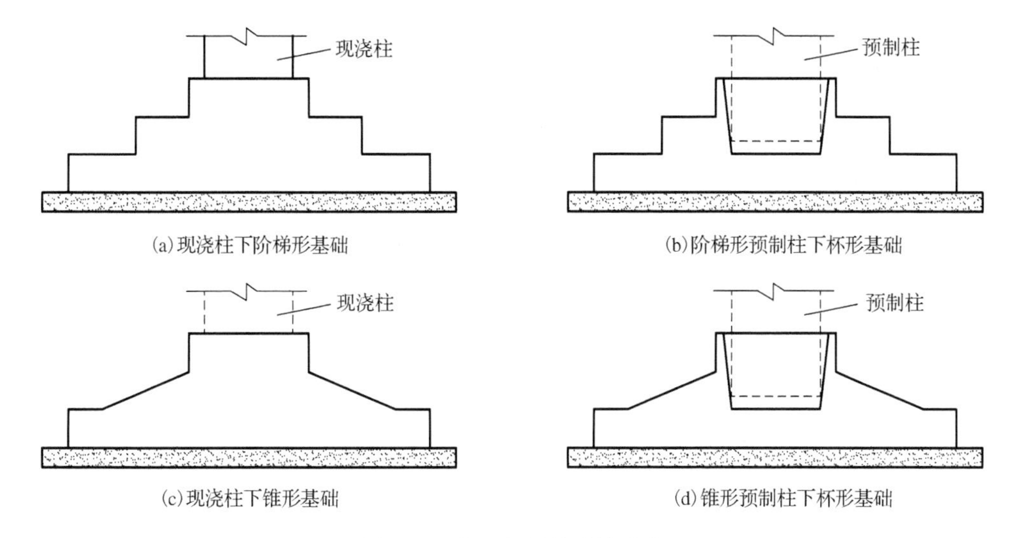

图 7-17　柱下扩展基础的形式

柱下基础轴心受压时(图 7-18)，假定基础底面的压力均匀分布，设计时应满足式(7-6)的要求：

$$P_k = \frac{N_k + G_k}{A} \leqslant f_a \tag{7-6}$$

式中，N_k 为相应于荷载效应标准组合时，上部结构传至基础顶面的竖向力值；G_k 为基础及基础上方土的重力标准值；A 为基础底面面积；f_a 为经过深度和宽度修正后的地基承载力特征值。

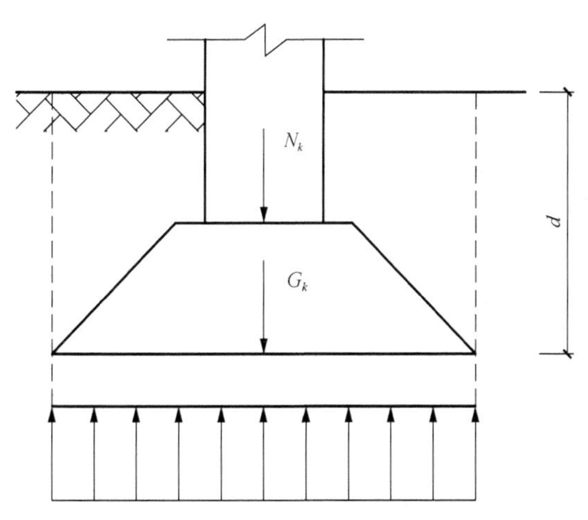

图 7-18　轴心受压基础计算简图

设 d 为基础埋置深度，并设基础及其上面土的重力密度平均值为 γ_m，γ_m 近似取 20kN/m^3，则 $G_k \approx \gamma_m dA$，代入式(7-6)可得

$$A \geqslant \frac{N_k}{f_a - \gamma_m d} \tag{7-7}$$

当偏心荷载作用下基础底面全截面受压时(图 7-19)，假定基础底面的压力呈线性分布，这时基础底面边缘的最大和最小压力可按式(7-8)计算：

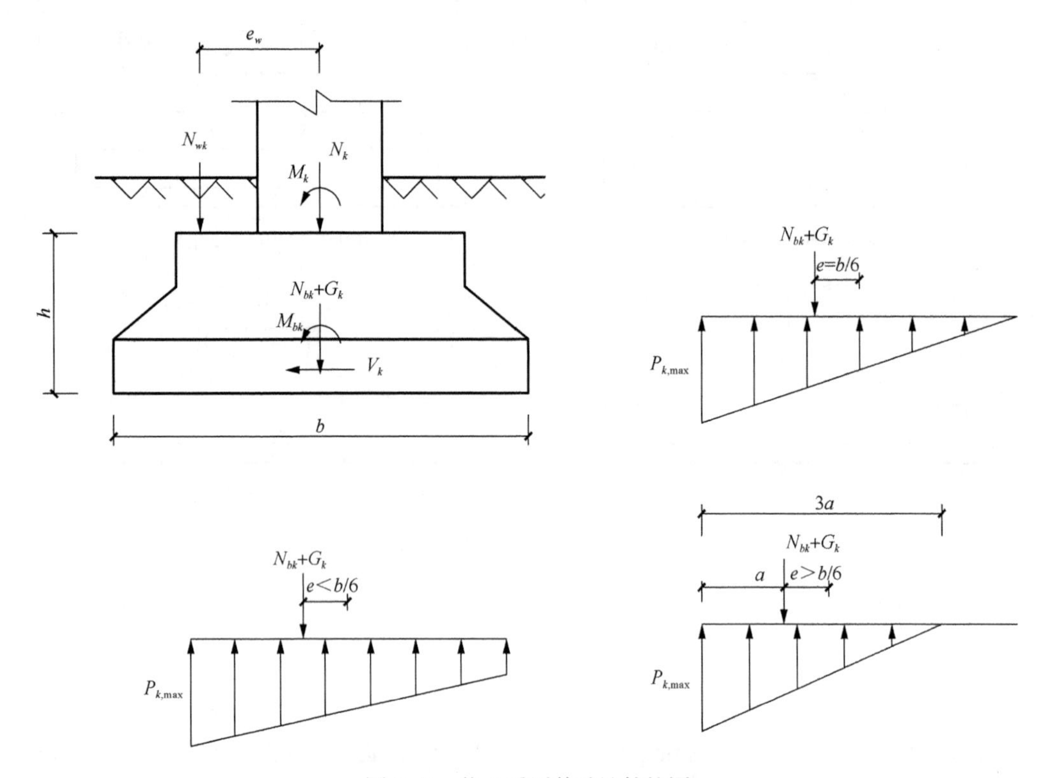

图 7-19　偏心受压基础计算简图

$$P_{k,\max(\min)}=\frac{N_{bk}+G_k}{A}\pm\frac{M_{bk}}{W} \tag{7-8}$$

式中，M_{bk}为作用于基础底面上的力矩标准组合值，为$M_k+N_{wk}e_w$，e_w为基础梁中心线至基础底面形心的距离；W为基础底面面积的抵抗矩；N_{bk}为由柱和基础梁传至基础底面的轴向力标准组合值，为N_b+N_{wk}，N_{wk}为基础梁传来的竖向力标准值。

令$e=M_{bk}/(N_{bk}+G_k)$，并将$W=lb^2/6$代入式(7-8)可得

$$P_{k,\max(\min)}=\frac{N_{bk}+G_k}{A}\left(1\pm\frac{6e}{b}\right) \tag{7-9}$$

由式(7-9)可知，当$e<b/6$时，$P_{k,\min}>0$，这时地基反力图形为梯形，当$e=b/6$时，$P_{k,\min}=0$，地基反力为三角形，当$e>b/6$时，$P_{k,\min}<0$。说明基础底面的一部分将产生拉应力，但由于基础与地基的接触面是不可能受拉的，因此这部分基础底面与地基之间是脱离的，此时应按式(7-10)计算地基反力：

$$P_{k,\max}=\frac{2(N_{bk}+G_k)}{3al} \tag{7-10}$$

$$a=\frac{b}{2}-e$$

式中，a为合力$N_{bk}+G_k$作用点至基础底面最大受压边缘的距离；l为垂直于力矩作用方向的基础底面边长。

按下列要求确定偏心受压基础的底面尺寸：

$$P_k = 0.5(P_{k,\max} + P_{k,\min}) \leqslant f_a \tag{7-11}$$

$$P_{k,\max} \leqslant 1.2 f_a \tag{7-12}$$

由于 $P_{k,\max}$ 只在基础边缘局部出现，而且 $P_{k,\max}$ 大部分是由活荷载产生的，因此地基承载力特征值提高了 20%。

确定偏心受压基础底面尺寸一般采用试算法，按轴心受压基础所需的底面积增大 20%～40%，验算是否符合式(7-11)和式(7-12)的要求。若不满足，则另行假定尺寸，直至满足要求。

冲切承载力按式(7-13)计算(图 7-20)：

$$\begin{aligned} F_1 &\leqslant 0.7\beta_{hp} f_t a_m h_0 \\ F_1 &= p_j A_1 \\ a_m &= 0.5(a_t + a_b) \end{aligned} \tag{7-13}$$

式中，a_t 为冲切破坏锥体最不利一侧斜截面的上边长；a_b 为冲切破坏最不利一侧斜截面在基础底面范围内的下边长；a_m 为冲切破坏锥体最不利一侧计算长度；h_0 为冲切破坏锥体的有效高度；β_{hp} 为受冲切承载力截面高度影响系数，以 h 小于 800mm 和 h 不大于 200mm 为准，分别取 1.0 和 0.9，其他值按内插法取用；f_t 为混凝土轴心抗拉强度设计值；A_1 为冲切验算时取用的部分基底面积；F_1 为作用在 A_1 上的地基土净反力设计值；p_j 为基本荷载效应组合的地基土单位面积上的净反力。

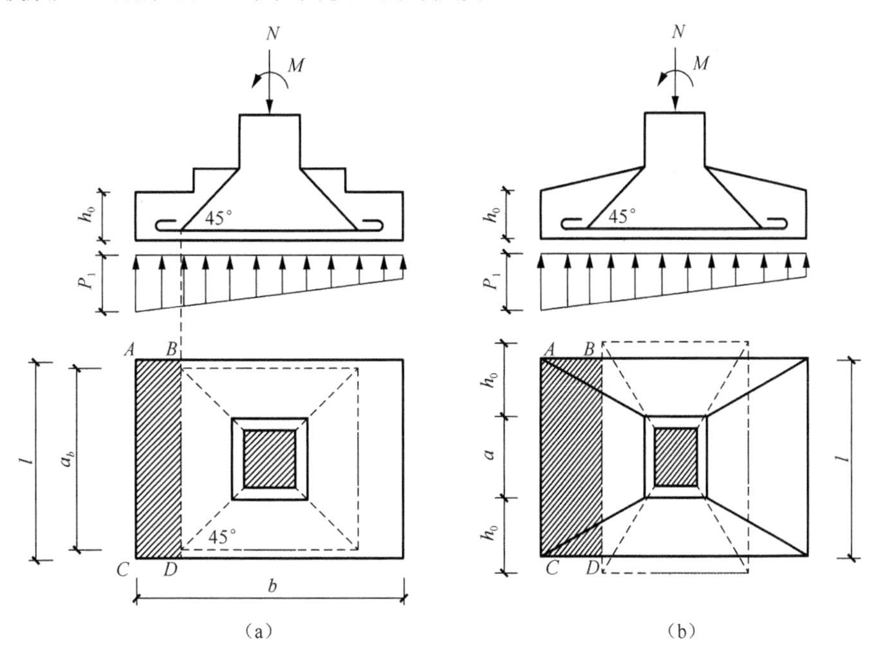

图 7-20　冲切承载力计算示意图

2) 计算底板受力钢筋

在横向与纵向布置基础底板受力钢筋，其计算控制截面位置和选取如图 7-21 所示。

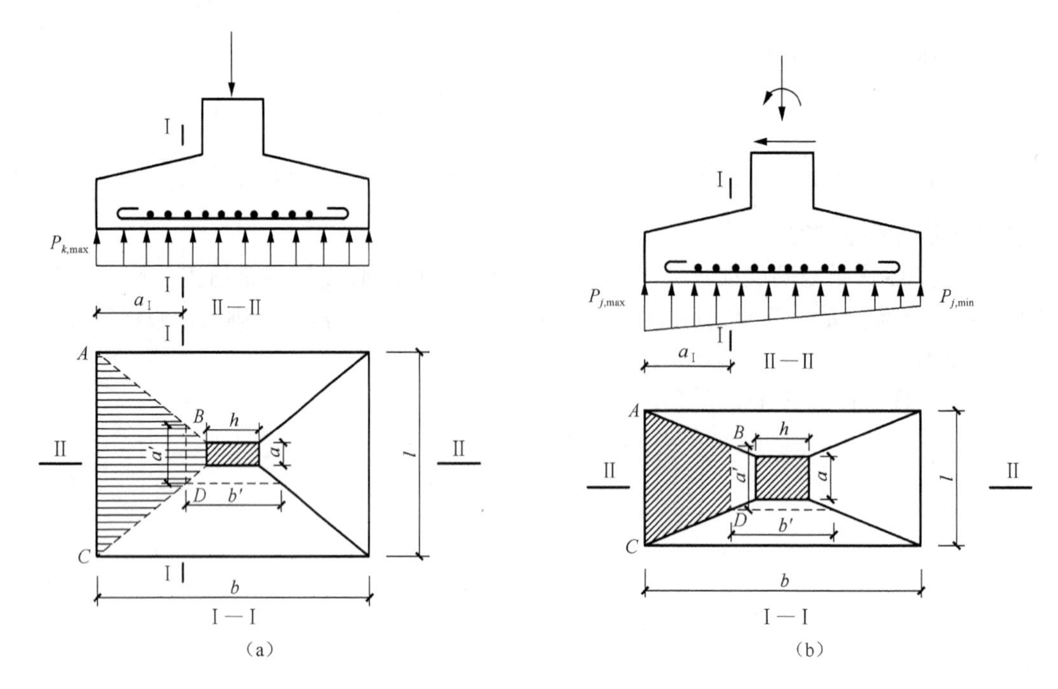

图 7-21　矩形基础底板计算简图

对轴心受压基础，沿基础长边方向的截面 I—I 处的弯矩 M_{I} 等于作用在梯形 $ABCD$ 面积形心处的地基净反力 P_j 的合力与形心到柱边截面的距离的积。因此可得出

$$M_{\mathrm{I}}=\frac{1}{6}a_{\mathrm{I}}^{2}(2b+2b')P_j \tag{7-14}$$

沿长边方向的受拉钢筋截面面积按式(7-15)计算：

$$A_{s\mathrm{I}}=\frac{M_{\mathrm{I}}}{0.9f_y h_{0\mathrm{I}}}-e \tag{7-15}$$

式中，$h_{0\mathrm{I}}$ 为截面 I—I 的有效高度，$h_{0\mathrm{I}}=h-a_{s\mathrm{I}}$，当基础下有混凝土垫层时，$a_{s\mathrm{I}}$ 取 40mm；无混凝土垫层时，取 70mm。

同理，沿短边 l 方向，对柱边截面Ⅱ—Ⅱ的弯矩 M_{II} 为

$$M_{\mathrm{II}}=\frac{1}{24}(2b+2b')^{2}(2a+a')P_j \tag{7-16}$$

截面Ⅱ—Ⅱ的有效高度 $h_{0\mathrm{II}}=h_{0\mathrm{I}}-d$，沿短边方向的钢筋截面面积 $A_{s\mathrm{II}}$ 为

$$A_{s\mathrm{II}}=\frac{M_{\mathrm{II}}}{0.9f_y(h_{0\mathrm{I}}-d)} \tag{7-17}$$

当偏心距小于或等于 1/6 的基础宽度 b 时，沿弯矩作用方向在任意截面 I—I 处及垂直于弯矩作用方向在任意截面Ⅱ—Ⅱ处相应于荷载效应基本组合时的弯矩设计值 M_{I}、M_{II} 可分别按式(7-18)和式(7-19)计算：

$$M_{\mathrm{I}}=\frac{1}{12}a_{\mathrm{I}}^{2}[(2l+a')(P_{j,\max}P_{j,\mathrm{I}})+(P_{j,\max}-P_{j,\mathrm{I}})l] \tag{7-18}$$

$$M_{\mathrm{II}}=\frac{1}{48}(l-a')^{2}(2b+b')(P_{j,\max}+P_{j,\min}) \tag{7-19}$$

式中，a_{I}为任意截面 I—I 至基底边缘最大反力处的距离；$P_{j,\max}$、$P_{j,\min}$分别为相应于荷载效应基本组合时，基础底面边缘的最大和最小地基净反力设计值；$P_{j,\mathrm{I}}$为相应于荷载效应基本组合时，在任意截面 I—I 处的基础底面地基净反力设计值。

当偏心距大于 1/6 的基础宽度 b 时，由于地基土不承受拉力，因此沿弯矩作用方向基础底面的一部分应力为零，呈三角形。任意截面 I—I 处的弯矩设计值M_{I}仍可按式(7-18)计算；在垂直于弯矩作用方向上，任意截面处相应于荷载效应基本组合时的弯矩设计值M_{II}应按应力分布计算。

3）构造要求

轴心受压基础与偏心受压基础的弯矩作用方向与长边相同，长边与短边比值为 1.2～2.0，不超过 3.0。

锥形基础的边缘高度应在 300mm 以上；阶梯形基础的每阶高度为 300～500mm。

混凝土设计强度应大于 C20，且垫层强度为 C15，厚度为 100mm，垫层本身伸出基边 100mm。

一般采用 HRB335 或 HRB300 级钢筋作为底板受力筋，直径最小为 8mm，间距在 200mm 以内，带垫层的受力钢筋保护层应在 35mm 以上，无垫层时为 70mm 以上。

基础宽度≥2.5m 时，此方向的钢筋可减少 10%的长度，并交错布置(图 7-22)。

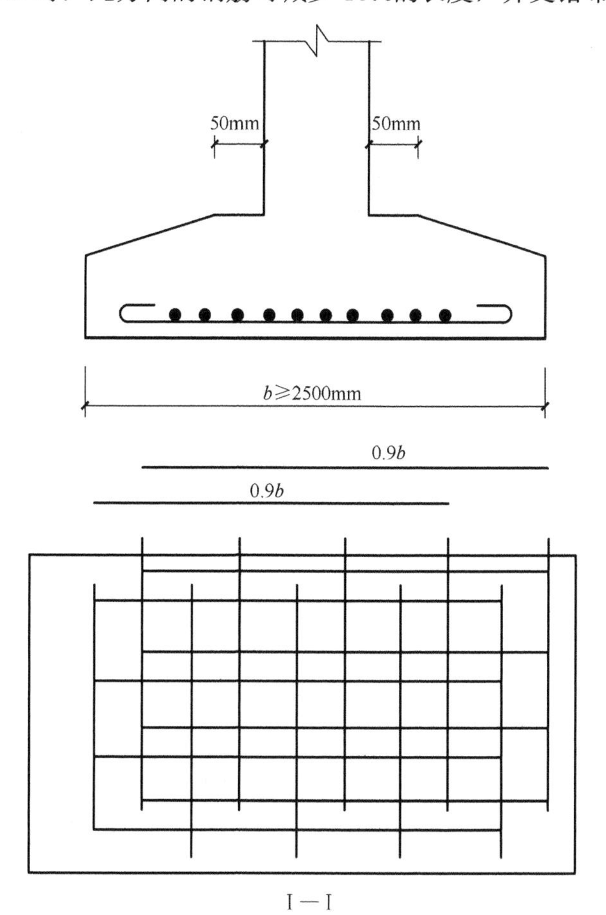

图 7-22　基础宽度≥2500mm 时的底部配筋示意图

对于现浇柱基础，插筋在基础内的锚固长度(图 7-23)，无抗震设防要求时为 l_a，有抗震设防要求时为l_{aE}：一、二级抗震等级$l_{aE}=1.15l_a$，三级抗震等级$l_{aE}=1.05l_a$，四级抗震等级$l_{aE}=l_a$。

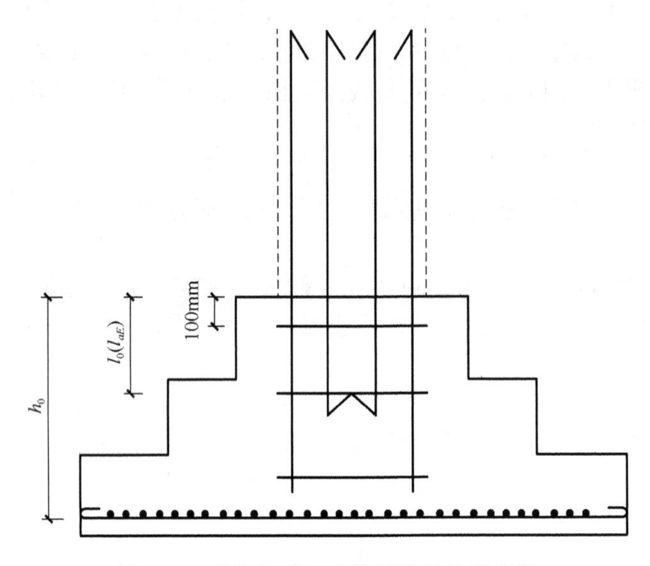

图 7-23　现浇柱基础中的插筋构造示意图

当预制柱的截面为矩形及工字形时，柱基础采用单杯口形式；当为双肢柱时，可采用双杯口形式，也可采用单杯口形式(图 7-24)。

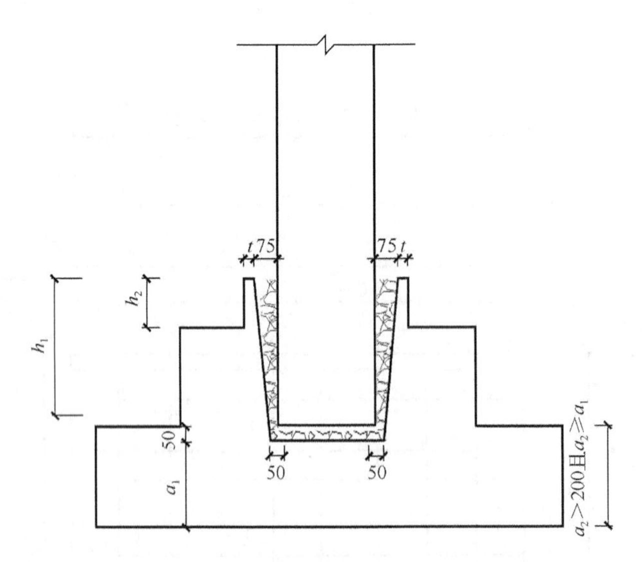

图 7-24　预制柱的杯口构造示意图(单位：mm)

为保证预制柱嵌固在基础中，其插入基础杯口应有足够的深度，按照表 7-3 规定的插入深度选取，同时应大于柱长的 5%。

基础的杯底厚度 a_1、杯壁厚度 t 可按表 7-4 选用。

表 7-3　柱的插入深度 h_1　　（单位：mm）

矩形或工字形				双肢柱
h<500	500≤h<800	800≤h≤1000	h>1000	
h～1.2h	h	0.9h 且≥800	0.8h 且≥1000	(1/3～2/3)h_a (1.5～1.8)h_b

注：① h 为柱截面长边尺寸；h_a 为双肢柱全截面长边尺寸；h_b 为双肢柱全截面短边尺寸。

② 柱轴心受压或小偏心受压时，h_1 可适当减小，偏心距大于 2h 时 h_1 应适当加大。

表 7-4　基础的杯底厚度和杯壁厚度

柱截面长边尺寸 h/mm	杯底厚度 a_1/mm	杯壁厚度 t/mm
h<500	≥150	150～200
500≤h<800	≥200	≥200
800≤h<1000	≥200	≥300
1000≤h<1500	≥250	≥350
1500≤h<2000	≥300	≥400

注：① 当有基础梁时，基础梁下的杯壁厚度应满足其支撑宽度的要求。

② 柱插入杯口部分的表面应凿毛，柱与杯口空隙用高一等级的细石混凝土填充，达到设计强度的 70%时方能吊装。

当柱为轴心或小偏心受压且 $t/h_2 \geqslant 0.65$ 时，或大偏心受压且 $t/h_2 \geqslant 0.75$ 时，杯壁可不配筋；当柱为轴心或小偏心受压且 $0.5 \leqslant t/h_2 < 0.65$ 时，按照表 7-5 所示的构造要求进行配筋，如图 7-25 所示，钢筋布置在杯口顶部，其他情况按计算配筋。

表 7-5　杯壁的构造配筋

柱截面长边尺寸/mm	h<1000	1000≤h<1500	1500≤h≤2000
钢筋直径/mm	8～10	10～12	12～16

注：表中钢筋布置于杯口顶部，每边 2 根。

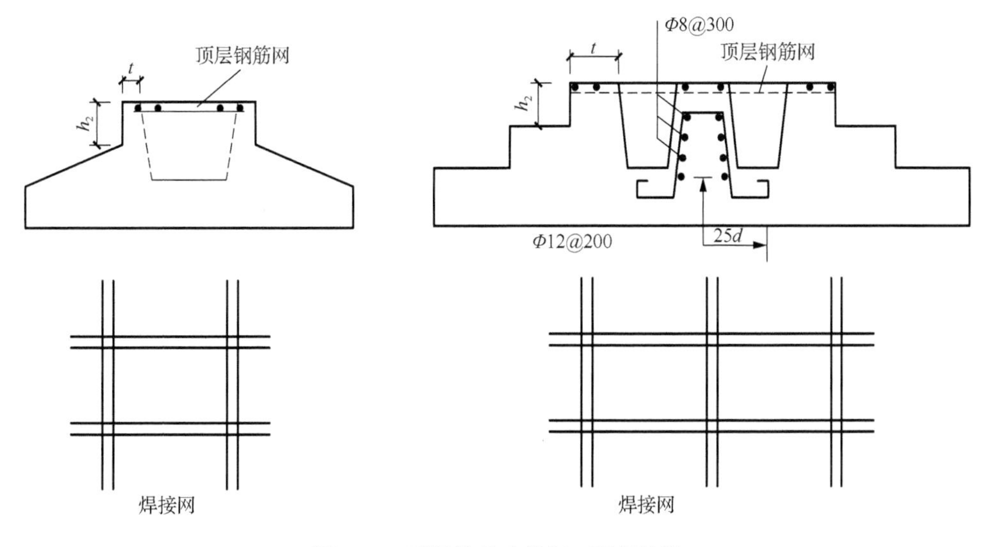

图 7-25　无短柱基础的杯口配筋构造

当双杯口基础的中间隔板宽度小于 400mm 时，应在隔板内配置 Φ 12@200 的纵筋和 Φ 8@300 的横向钢筋。

7.2　航空配餐楼结构设计

航空配餐楼可为航空客运提供餐饮等一系列服务。在 20 世纪 80 年代初期，我国开启航空配餐服务，并在客运业务蓬勃发展的推动下，我国航空配餐业务不断创新，逐步形成既符合国际标准，又具有中国特色的航空餐饮业务。

航空配餐楼是为飞机上的旅客与机组提供餐饮的机构，具有以下功能：回收站台、餐具的清洗与存储，食品原料的冷冻与储存，出货与配套设施，食品的加工及储存，员工辅助设施。因此航空配餐楼主体建筑形态宜为规整矩形体块，以保证主要功能的正常运作。

7.2.1　结构体系

由于配餐楼的功能需求，宜采用框架结构体系，按照施工方法的不同，钢筋混凝土框架可以分为现浇整体式框架、装配式框架、装配整体式框架与半现浇框架，以适应不同规模与不同环境的建设。

现浇整体式框架具有整体性好、刚度大、利于抗震、预埋件少等优点，但存在现浇工程量大、模板耗费多、工期较长等缺点。

装配式框架的构件采用预制的方法，便可以将构件的截面尺寸、长度、承载力等指标进行标准化、定型化，从而实现机械化生产，相比现浇整体式框架结构可以节约模板、缩短工期、减少劳动力。但是有预埋件多、用钢量大、整体性不好等缺点。

7.2.2　抗震设计

(1) 梁柱构件的刚度直接影响框架结构整体的侧移刚度，当结构高度增加时，其内力和侧移增加很快，结构的抗震性能会受到影响。

根据《民用机场工程项目建设标准》中对机上供应品库和客舱服务部用房规模指标的规定，配餐车间的建筑面积一般按每生产一份航空食品需要 1m^2 确定。一般每 600～800 份配餐量配备一台餐车。规模大小见表 7-6。

表 7-6　机上供应品库与客舱服务部用房规模指标　(单位：m^2)

项目名称	旅客航站区指标			
	$50 < P < 200$	$200 \leqslant P < 1000$	$1000 \leqslant P < 2000$	$P \geqslant 2000$
机上供应品库	100～300	800～2000	800～2000	2000～4000
客舱服务部用房	200～300	500～1500	500～1500	1500～3000

注：P 为年旅客吞吐量(万人次)。

对于结构抗震，不同抗震设防烈度对设计高度有不同要求，如表 7-7 所示。

表 7-7　框架结构适用的最大高度　(单位：m)

结构类型	抗震设防烈度				
	6 度	7 度	8 度(0.2g)	8 度(0.3g)	9 度
钢筋混凝土框架	60	50	40	35	24
钢框架	110	90	95	70	50

注：括号内数值为设计基本地震加速度。

(2)结构布置。

结构受到地震作用(图 7-26)时可能因扭转变形而产生剪力，使得单元两端拐角处的应力增大，受力变得复杂，容易造成破坏，因此像楼梯间、电梯间一类的非结构构件不宜设在结构单元的两端拐角处。

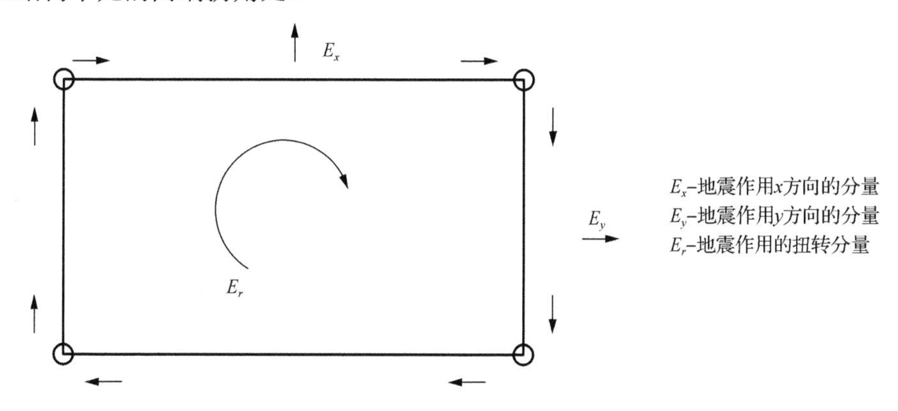

图 7-26　地震作用下结构的扭转效应

(3)构件截面。

在外力作用下，构件产生内力并以应力的形式分布在构件截面上，则此应力的分布形式及大小与截面的几何特性有关。

为了防止梁发生剪切破坏而降低其延性，应保证梁截面满足一定的几何要求。梁截面高度应在 200mm 以上，高宽比不大于 4，梁的净跨与截面高度之比应大于 4。

地震作用下，柱横截面上的平均剪力若太大，会使柱产生脆性的剪切破坏。截面应力与其形状尺寸有关，因此在进行柱的设计时，高度与宽度不能小于 300mm，剪跨比最小为 2，截面宽高比不大于 3。

同时，若柱截面上的平均压力太大，则会降低柱的变形性能，因此抗震等级一级、二级、三级和四级的框架柱的轴压比限值分别为 0.65、0.75、0.85 和 0.90。

为减小内力偏心对构件承载力的影响，梁与柱轴线宜重合，不能重合时，其最大偏心距不宜大于柱宽的 1/4。

7.2.3　内力计算

1. 计算假定

进行平面框架计算时通常不计结构构件之间的空间作用。由于框架结构布置形式较规则，作用于整个结构上的荷载也较均匀，一般情况下取具有代表性的横向框架或纵向框架相邻的 1/2 两侧跨距的典型区域作为计算单元(图 7-27)，而框架承受的竖向荷载范围则由楼盖结构的布置方案确定。

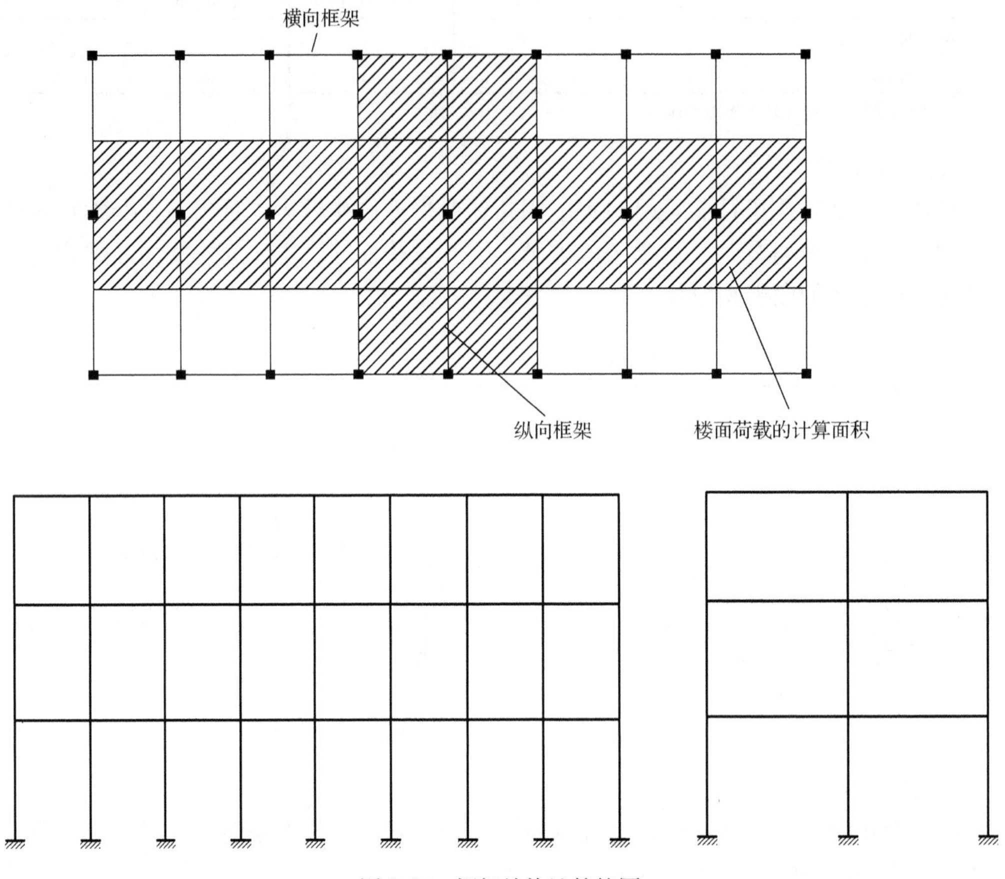

图 7-27　框架结构计算简图

框架层高的取值是对一般层直接取层高，底层则取基础顶面到一层楼盖梁顶面之间的距离，如果基顶标高不能确定，可取底层层高增加 1m 为底层柱高，对坡度不大于 1/8 的斜向框架梁或折线形横梁，简化时应按水平直杆考虑。跨度差在 10%以内的不等跨框架也可按等跨框架计算。

框架梁截面惯性矩 I_b 的计算应考虑板与梁的共同作用。梁与板的连接方式不同，框架梁截面惯性矩 I_b 的取值也不同。

作用于框架上的水平与竖向荷载的抗震验算均考虑水平地震的作用，其中竖向荷载有均布荷载也有集中力，水平荷载一般为节点处的集中力。

2. 结构内力计算

荷载作用在多层框架结构的竖直方向上时可不考虑其水平侧移，各楼层的梁荷载所产生的应力只作用在当前层梁与其相连的上下柱上。而对其他层梁及柱的内力影响可忽略不计，因而可采用分层法进行近似计算。

在计算竖向荷载作用下的框架内力时，可以用弯矩分配法逐层计算各单元框架的弯矩，叠加起来即为整个框架的弯矩，每一层柱的最终弯矩由上、下层单元框架所得弯矩叠加得到。弯矩分配法就是将各节点的不平衡弯矩同时进行分配与传递，内力与刚度、分配系数以及传递系数等有关。

如图7-28所示，A端发生单位转角产生的弯矩为A端的转动刚度，其转动刚度与杆件的弯曲刚度和另一端的支撑条件有关。远端固定时$S_{AB}=4i$，远端铰支时$S_{AB}=3i$，远端滑动时$S_{AB}=i$。杆件转动刚度与相交各杆转动刚度和的比值为力矩分配系数，记为μ_e。各分配单元的分配系数之和均为1。力矩分配系数的计算方法为$\mu_{AB}=S_{AB}\sum S$，$S_{AB}=C_{AB}\cdot M_{AB}$。其中，远端固定时$C=0.5$，远端滑动时$C=-1$，远端铰支时$C=0$。

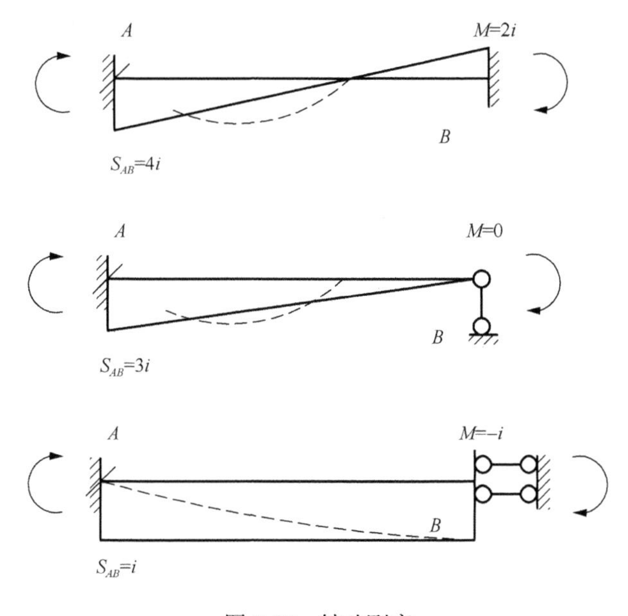

图7-28　转动刚度

节点上的集中力偶按分配系数分配给各杆的近端，近端弯矩乘以传递系数为远端弯矩。

当框架承受侧向力时可采用近似的计算方法，一般采用反弯点法和D值法进行水平地震作用下框架分布内力的计算。

7.3　行政办公楼结构设计

7.3.1　结构体系

机场行政办公楼的结构设计宜采用框架或框架-剪力墙结构体系。框架-剪力墙结构体系适合用于高层建筑，当建筑高度为20～30层时，剪力墙可在两个方向布置，形成筒体，也可布置少量单片剪力墙。

机场行政办公楼的结构体系是指梁、柱、板、墙等基本构件的空间组合方式，用于承受以自重为主的竖向荷载以及风、地震作用等产生的水平荷载。构件在荷载作用下产生轴力、弯矩、位移等荷载效应，当建筑物承受自重时，建筑高度越高，受到的轴力越大，而承受水平均布荷载时，弯矩与水平位移与建筑高度呈正比关系。因此在进行建筑结构设计时，关键在于满足竖向承载前提下的结构抗水平力设计。

建筑结构的主要材料为钢材与混凝土，这两种材料可用于高层结构的钢筋混凝土构件、钢构件、型钢混凝土构件和钢管混凝土构件等。相对于钢结构和钢筋混凝土结构，型钢混凝土和钢管混凝土结构具有更好的刚度和抗震性能，施工方便且成本较低。在进行高层建筑混凝土结构的构件选择时，应满足《高层建筑混凝土结构技术规程》(JGJ 3—2010)的相关规定。

刚度和延性是机场行政办公楼设计的两个重要方面。首先，为保证建筑的使用安全和舒适性，需要控制水平荷载作用下的侧向位移，这要求建筑物必须具有足够的刚度；其次，因地震会对建筑物产生附加应力，当应力水平超过材料强度时，结构就会破坏，要减小结构的附加应力，需要建筑物具有足够的变形能力以耗散地震能，即建筑物必须具有足够的延性。

7.3.2　抗震设计

(1)结构高度。

对于框架-剪力墙结构，根据建筑所在地区而确定的地震设防烈度为 6 度、7 度、8 度(0.2g)、8 度(0.3g)和 9 度时，最大使用高度分别为 130m、120m、100m、80m 和 50m。

(2)结构布置。

框架-剪力墙结构应设计成双向抗侧力体系。抗震设计时，结构两主轴方向应布置剪力墙。框架-剪力墙结构布置主要有两种不同的组合方式。

①柱网与剪力墙正交布置，正交布置适用于房屋平面形状有矩形单元正交组合的情况，具体形式有一字形、L 形、H 形等。剪力墙的设置又分纵向、纵横向均布置两种，纵向设置剪力墙时，房屋的横向刚度由刚接框架和剪力墙共同保证，纵向刚度仅由刚接框架来保证。一般房屋横向较短，纵向较长，为了提高横向刚度，非抗震设计时多采用横向布置。把房屋的山墙和楼梯间、电梯间墙或内墙做成现浇钢筋混凝土的以作为剪力墙。纵横向均布置剪力墙，即房屋的纵横向刚度均由刚接框架和剪力墙共同保证。剪力墙在平面内保留一定距离，这样可以有效地增强整个房屋的侧向刚度和抗扭刚度。由于剪力墙的侧向刚度与抗扭刚度较差，因此不宜横向设置，当结构的横向刚度较差时可采用双向布置。②当房屋平面形状任意时，柱网和剪力墙不能采用正交布置，可采用如图 7-29 所示的布置方式。

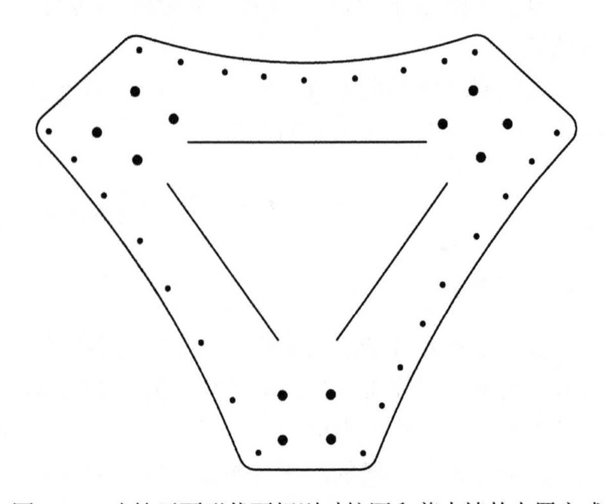

图 7-29　建筑平面形状不规则时柱网和剪力墙的布置方式

(3) 构件截面。

抗震墙的最小厚度为 160mm，底部加强部位的抗震墙最小厚度为 200mm。抗震墙的竖向和横向分布钢筋，钢筋最小直径为 10mm 且间距在 300mm 以内，配筋率最小为 0.25%，采用双排形式布置钢筋并将拉筋设置在分布的钢筋中间。楼面梁不宜在洞口连梁上与抗震墙平面外连接，此时梁的纵筋锚固在墙内，也可以设置在支撑梁位置或暗柱上，并计算其截面与配筋。

(4) 结构破坏模式。

结构的变形主要靠楼板来协调。变形协调后的框架-剪力墙结构，上部位移大于框架而小于剪力墙，下部位移大于剪力墙而小于框架，二者之间产生相互作用。结构的上部框架与下部剪力墙均承担较大的水平力(图 7-30)。

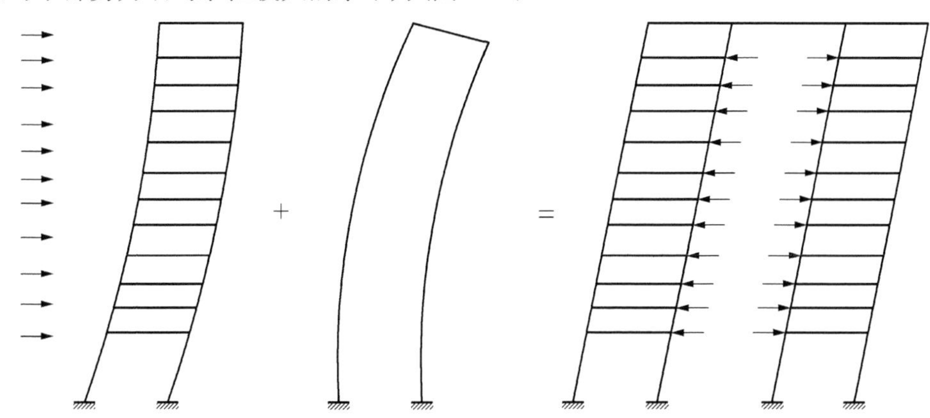

图 7-30　侧向力作用下框架-剪力墙结构的变形

剪力墙的作用即在框架-剪力墙结构中保证竖向承载力，因此要保证剪力墙的强度。平面形状或刚度变化在地震荷载等水平力作用下会产生不利的内力，横向剪力墙宜布置在靠近房屋区段的两端，这样可以有效增加整个结构的抗扭刚度，承担由地震作用等水平力产生的弯矩。

对于剪力墙的布置，纵向剪力墙需采取施工缝以减少温度与收缩应力。为保证楼板有足够的水平刚度，剪力墙间距不宜过大。否则在水平荷载作用下，楼板会在自身平面内发生弯曲变形和剪切变形，使框架承担的实际荷载比计算的大。

7.3.3　内力计算

工程中一般对框架-剪力墙结构协同工作的计算，采用在基本假设基础上简化的方法。

1. 计算单元

由于水平荷载通过结构的抗侧刚度中心，楼盖仅发生沿荷载作用方向的平移。在荷载作用方向，每榀框架和每榀剪力墙在楼盖处有相同的侧移，所承担的剪力与其抗侧刚度成正比，而与框架和剪力墙所处的平面位置无关。

剪力墙与框架之间为刚接时，剪力墙受其连梁的转动约束，若铰接，则剪力墙起到楼盖连杆作用，如图 7-31 所示。

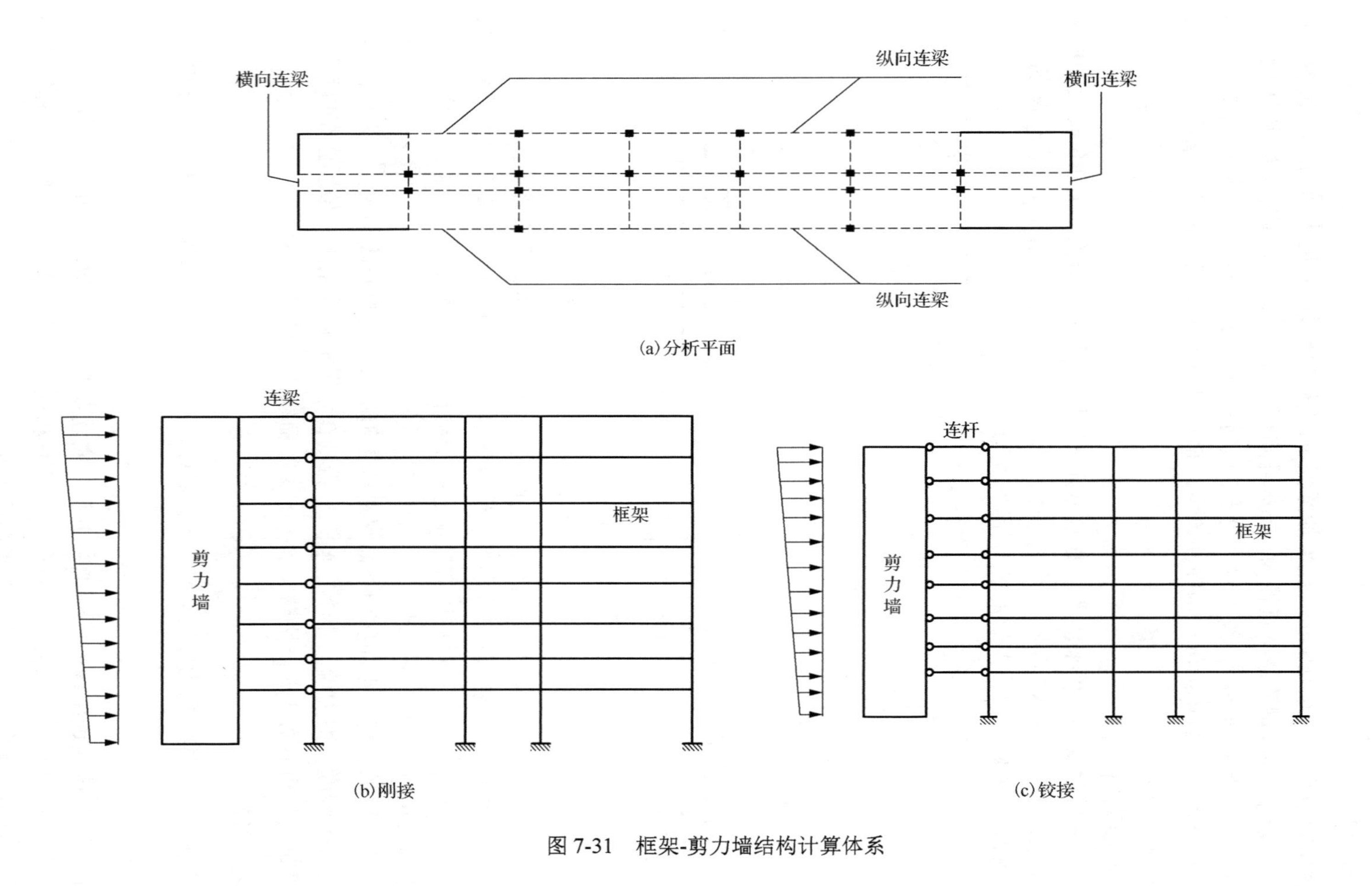

图 7-31　框架-剪力墙结构计算体系

2. 结构内力计算

总剪力墙的抗弯刚度 $EI_W=\sum_i EI_{eqi}$， EI_{eqi} 为第 i 片墙的等效抗弯刚度。

总框架包含梁与柱的单元总和，所有框架柱的抗剪刚度和为总框架抗剪刚度。框架的抗剪刚度是产生单位层间变形所需的剪力 C_F， C_F 可以由框架柱的 D 值求出来。总框架抗剪刚度为

$$C_F=\sum_i C_{fi}=\sum_i \frac{V_i}{\Delta u_i/h}=\sum_i h\cdot D_i \tag{7-20}$$

式中，V_i 为第 i 层总框架剪力；h 为层高；Δu_i 为第 i 层框架剪切角。

可根据图 7-32 和图 7-33 进行铰接体系连续化的计算。

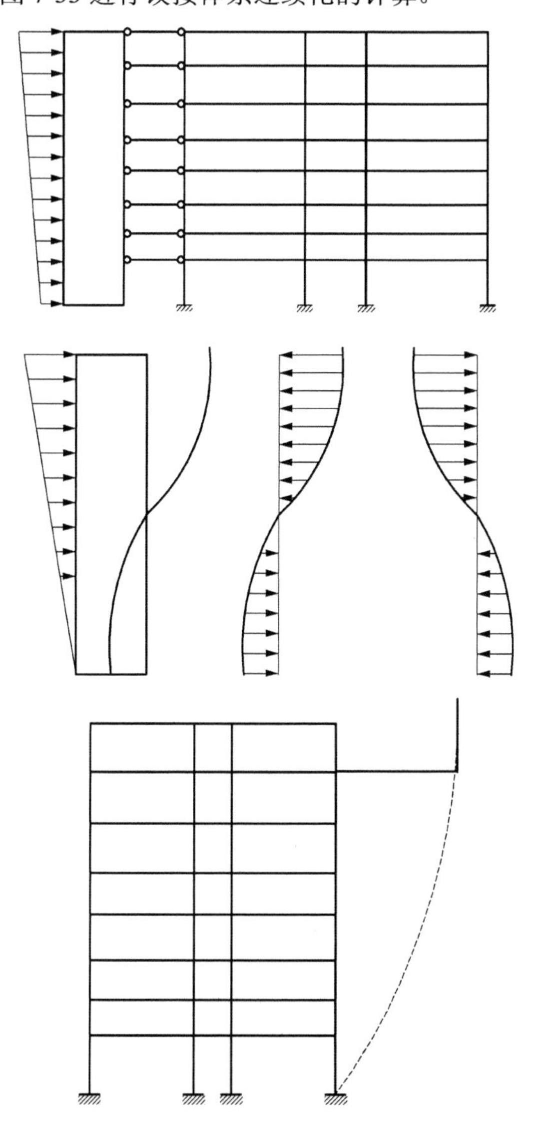

图 7-32　框架-剪力墙结构计算简图

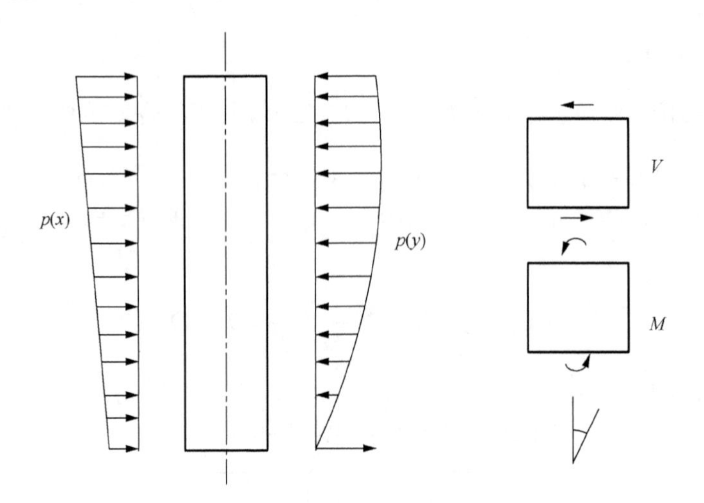

图 7-33　剪力墙的荷载和内力

悬臂墙除承受分布荷载 $p(x)$ 外，还承受框架给它的弹性反力 p_F 。剪力墙的弯曲变形、内力和荷载间有如下关系：

$$\begin{cases} M_W = EI_W \dfrac{\mathrm{d}^2 y}{\mathrm{d}x^2} \\ V_W = EI_W \dfrac{\mathrm{d}^3 y}{\mathrm{d}x^3} \\ p_W = p(x) - p_F = EI_W \dfrac{\mathrm{d}^4 y}{\mathrm{d}x^4} \end{cases} \tag{7-21}$$

框架结构的变形为 $\theta\left(\theta = \dfrac{\mathrm{d}y}{\mathrm{d}x}\right)$ 时，其剪力为

$$V_F = C_F \theta = C_F \frac{\mathrm{d}y}{\mathrm{d}x} \tag{7-22}$$

引入 $\xi = \dfrac{x}{H}$，$\lambda = \sqrt{\dfrac{H^2 C_F}{EI_W}}$，联立式(7-21)和式(7-22)可得 $\dfrac{\mathrm{d}^4 y}{\mathrm{d}\xi^4} - \lambda^2 \dfrac{\mathrm{d}^2 y}{\mathrm{d}\xi^2} = \dfrac{pH^4}{EI_W}$ 。由均布荷载、倒三角分布荷载和定点集中荷载三种荷载形式得到三种边界条件，解方程可得出三种荷载形式下框架-剪力墙结构的侧向位移、剪力分布和弯矩分布，其框架受力与变形如图 7-34 所示。

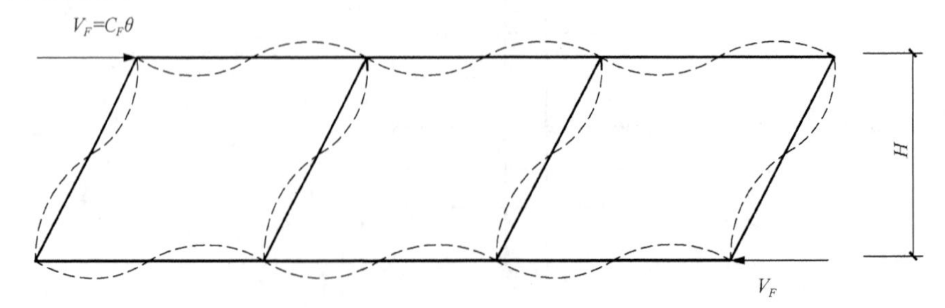

图 7-34　框架受力与变形

为了方便，用相对值表示，其中u_0为外荷载作用于剪力墙时结构顶点的侧向位移值，M_0为外荷载在结构底部产生的总弯矩，V_0为外荷载在结构底部产生的总剪力。框架-剪力墙结构的侧向位移值为

$$\frac{u}{u_0}=\begin{cases}\dfrac{8}{\lambda^2}\left\{\dfrac{1+\lambda\sin\lambda}{\cosh\lambda}[\cosh(\lambda\xi-1)]-\lambda\sinh(\lambda\xi)+\lambda^2(\xi-0.5\xi^2)\right\}\\ \dfrac{120}{11\lambda^3}\left\{\dfrac{\lambda+0.5\lambda^2\sinh\lambda-\sinh\lambda}{\cosh\lambda}[\cosh(\lambda\xi)-1]+(0.5\lambda^2-1)[\lambda\xi-\sinh(\lambda\xi)]-\dfrac{\lambda^3\xi^3}{6}\right\}\\ \dfrac{3}{\lambda^3}\left\{\dfrac{\sinh\lambda}{\cosh\lambda}[\cosh(\lambda\xi)-1]-\sinh(\lambda\xi)+\lambda\xi\right\}\end{cases}\tag{7-23}$$

框架-剪力墙结构的弯矩分布为

$$\frac{M_W}{M_0}=\begin{cases}\dfrac{2}{\lambda^2}\left[\dfrac{1+\lambda\sin\lambda}{\cosh\lambda}\cosh(\lambda\xi)-\lambda\sin(\lambda\xi)-1\right]\\ \dfrac{3}{\lambda^3}\left[\dfrac{\lambda+0.5\lambda^2\sinh\lambda-\sinh\lambda}{\cosh\lambda}\cosh(\lambda\xi)-(0.5\lambda^2-1)\sinh(\lambda\xi)-\lambda\xi\right]\\ \dfrac{1}{\lambda}\left[\dfrac{\sinh\lambda}{\cosh\lambda}\cosh(\lambda\xi)-\sinh(\lambda\xi)\right]\end{cases}\tag{7-24}$$

框架-剪力墙结构的剪力分布为

$$\frac{V_W}{V_0}=\begin{cases}\dfrac{1}{\lambda}\left[-\dfrac{1+\lambda\sin\lambda}{\cos\lambda}\sinh(\lambda\xi)+\lambda\cosh(\lambda\xi)\right]\\ \dfrac{2}{\lambda^2}\left[-\dfrac{\lambda+0.5\lambda^2\sinh\lambda-\sinh\lambda}{\cosh\lambda}\sinh(\lambda\xi)+(0.5\lambda^2-1)\cosh(\lambda\xi)+1\right]\\ -\dfrac{\sinh\lambda}{\cosh\lambda}\sinh(\lambda\xi)+\cosh(\lambda\xi)\end{cases}\tag{7-25}$$

参 考 文 献

卜龙瑰, 吴中群, 束伟农, 等, 2018. 海口美兰国际机场 T2 航站楼跨层隔震设计研究[J]. 建筑结构, 48(20):79-82.

傅国华, 2005. 新思维下的机场航站楼设计[J]. 世界建筑(1):100-104.

傅国华, 2012. 机场航站楼的设计理念[M]. 上海：同济大学出版社.

ICAO14-机场 第 I 卷 机场设计和运行[S]. 8 版. 国际民用航空组织.

李爱群, 2007. 工程结构减振控制[M]. 北京：机械工业出版社.

李明捷, 2015. 机场规划与设计[M]. 北京：中国民航出版社.

陆伟东, 刘伟庆, 吴晓飞, 等, 2011. 昆明新国际机场航站楼 A 区结构模型振动台试验研究[J]. 建筑结构学报, 32(6):27-33.

纽弗威尔, 欧都尼, 2006. 机场系统:规划, 设计和管理[M]. 高金华，等译. 北京：中国民航出版社.

裴永忠, 寇岩滔, 朱丹, 等, 2008. 北京 A380 机库风洞试验及风振响应分析[J]. 土木工程学报, 41(2):22-28.

彭红霞, 2012. 首都机场滑行东桥旧桥面拆除施工技术[J]. 机场建设(3): 43-45.

束伟农, 朱忠义, 卜龙瑰, 等, 2019. 机场航站楼结构隔震设计研究与应用[J]. 建筑结构, 49 (18):5-12.

束伟农, 朱忠义, 柯长华, 等, 2009. 昆明新机场航站楼工程结构设计介绍[J], 建筑结构, 39 (5):12-17.

束伟农, 朱忠义, 张琳, 等, 2017. 北京新机场航站楼隔震设计与探讨[J]. 建筑结构, 47 (18):6-9.

吴念祖, 2008. 浦东国际机场: 二号航站楼屋盖系统[M]. 上海：上海科学技术出版社.

张作运, 刘辰, 刘满怀, 等, 2013. 中型机库结构设计[J]. 建筑结构, 43(3):102, 112-116.

郑建勋, 潘文, 2010. 昆明新机场航站楼隔震支座安装工艺研究[J]. 施工技术, 39(6):102-103, 112.

中国民用航空局, 2021. 民用机场飞行区技术标准(MH 5001-2021)[S]. 北京：中国民航出版社.

中国民用航空局机场司, 2019IB-CA-2019-02.飞机荷载桥梁在机场工程中的应用[R].中国民用航空局机场司.

中华人民共和国国家标准 GB55001—2021, 2021. 工程结构通用规范[S]. 北京：中国建筑工业出版社.

中华人民共和国住房和城乡建设部, 2008. 建筑工程抗震设防分类标准(GB 50223—2008)[S]. 北京: 中国建筑工业出版社.

中华人民共和国住房和城乡建设部, 2009.飞机库设计防火规范(GB 50284—2008)[S]. 北京: 中国计划出版社.

中华人民共和国住房和城乡建设部, 2018. 建筑结构可靠度设计统一标准(GB 50068—2018)[S]. 北京：中国建筑工业出版社.

中华人民共和国住房和城乡建设部, 2019. 高耸结构设计规范(GB 50135—2019)[S]. 北京：中国计划出版社.

中华人民共和国住房和城乡建设部, 2021. 工程结构通用规范(GB 55001—2021)[S]. 北京：中国建筑工业出版社.

AC 150/5300-13B, 2020. Airport Design[S]. Federal Aviation Administration(Draft).

BRUCE A, MOULDS, 2001. Design considerations for aircraft bridges[J]. Journal of bridge engineering, 6(6):498-505.

MALERBA P G, COMAITA G, 2015. Design and construction of two integral bridges for the runway of Milan Malpensa Airport[J]. Structure and infrastructure engineering, 11(4): 486-500.

SCHMIDT S, ZIERATH F, AMANN H, et al., 2012. The taxiway bridges of the new runway northwest at the airport Frankfurt/Main[J]. Beton-und Stahlbetonbau, 107(3): 0005-9900.